可持续太阳能住宅

—— 策略与解决方案

（上册）

［瑞士］罗伯特·黑斯廷斯
［瑞典］玛丽娅·沃尔　　编著

邹　涛　译

U0214005

中国建筑工业出版社

著作权合同登记图字：01-2008-3163号

图书在版编目（CIP）数据

可持续太阳能住宅——策略与解决方案（上册）/（瑞士）黑斯廷斯，
（瑞典）沃尔编著；邹涛译. —北京：中国建筑工业出版社，2012.3
ISBN 978-7-112-13810-4

Ⅰ.①可…　Ⅱ.①黑…②沃…③邹…　Ⅲ.①太阳能住宅 – 建筑设计
Ⅳ.① TU241.91

中国版本图书馆CIP数据核字（2011）第255708号

First published by Earthscan in the UK and USA in 2007
Copyright © Solar Heating & Cooling Implementing Agreement on behalf of the International
Energy Agency，2007
All rights reserved
Translation © 2012 China Architecture & Building Press

本书由英国 Earthscan 出版社授权翻译出版

责任编辑：程素荣　尹珺祥
责任设计：赵明霞
责任校对：陈晶晶　赵　颖

可持续太阳能住宅
——策略与解决方案
（上册）

［瑞士］罗伯特·黑斯廷斯
　　　　　　　　　　　　编著
［瑞典］玛丽娅·沃尔

邹　涛　译

＊

中国建筑工业出版社出版、发行（北京西郊百万庄）
各地新华书店、建筑书店经销
北 京 嘉 泰 利 德 公 司 制 版
北京中科印刷有限公司印刷

＊

开本：787×1092毫米　1/16　印张：19　字数：560千字
2012年5月第一版　2012年5月第一次印刷
定价：**58.00**元
ISBN 978-7-112-13810-4
　　　（21587）

前　言

在过去的十年里，我们见证了新一代建筑的发展历程。新建筑所需要的能源仅为普通建筑的十分之一，却能够提供更高的舒适性。它的基本原理，是将建筑与不利的外部环境有效地隔离，并创造出良好的内部环境。新建筑具有高水平的保温和气密性，新风进入机械通风系统时，首先会被废气热回收装置进行预热，太阳能用于供热、照明，以及发电。这一切能够实现，要得益于高效供热设备、控制系统、照明系统、光热系统和光伏发电系统的发展。而玻璃系统的巨大改善，使人们能够享受更多的阳光和风景。最后一点，如果室外环境良好，应该可以将建筑敞开，关闭所有系统，这才是建筑应该具有的最节能高效的运行模式。

新建筑的设计是一个挑战。20 世纪中叶的建筑紧追时尚潮流。建筑师在完成设计后，就把设计方案转交给工程师，以使其适于居住和使用。然而因此导致建筑的能源需求超过 $700 \, kWh/(m^2 \cdot a)$ 的情况并不少见。相比之下，现在精心设计的低能耗建筑仅需 $10—15 \, kWh/(m^2 \cdot a)$！

实现这样高的效率是需要一些技能的，就如同设计飞机一样，这不能只依靠直觉。必须追求两个相互依存的目标：一是最充分地降低能源损失；二是最充分地提高可再生能源的利用水平。这首先要求建立十分明确的概念，最终是为了选择和确定适当的系统。撰写本书的目标是要提供一种参考，书中给出了来自 15 个国家的 30 位专家的实践经验，也是他们参与国际能源署（IEA）两个计划框架中的五年项目的研究成果。各章节的作者包括咨询工程师、建筑物理学家、建筑师、生态学家、营销专家甚至银行家。我们希望本书能够对设计者们有所裨益，帮助人们在这个新的能源时代开发具有创新性的住宅解决方案。

Robert Hastings

S · 罗伯特 · 黑斯廷斯
AEU 建筑、能源和环境有限公司
瑞士，瓦利塞伦

Maria Wall

玛丽娅 · 沃尔
能源与建筑设计部
隆德大学
瑞典，隆德

目 录

前言

导论

第一部分 策略

第二部分　解决方案

导　论

S.Robert Hastings

I.1　高性能住宅的发展历程

20 世纪初，住宅节能设计曾经十分受到人们的重视。但到 20 世纪中叶，随着油气资源供应充裕而价格低廉，住宅与节能之间似乎失去了联系。今天，住宅节能设计再次受到广泛关注。此时简要回顾过去百年历史的发展轮回是非常有益的，这能够减少我们的错觉。毕竟住宅建筑要使用几十年，甚至上百年。

20 世纪初期

20 世纪初期的住宅，通常并不供暖，即便有，也只会在个别房间内进行。城市中最常见的热源是煤油炉。一小部分城市住宅拥有奢侈的燃煤集中供暖，即便如此，出于经济性的考虑，这种供暖措施并不能覆盖所有房间。这一时期，多数人口仍然生活在农村（农耕社会），木头是最主要的热源。热水供应，则大概会是在每个星期六的晚上，将水在火炉上方或里面的某种装置里加热，然后转运到厨房，倒进一个大马口铁盆中备用（不管这时候是否有人需要洗澡）。

和人们的收入相比，燃料显得十分昂贵，供暖的过程也很费事。燃料必须人工送到炉子里。煤炉必须每天早上取火点燃并除灰。柴草则必须经过收割、劈裂、干燥，然后投入炉中，最后将炉灰清理干净。与供暖成本和耗费的力气形成鲜明对比的是，住宅建造质量之差令人吃惊。建筑保温层极薄或者根本就没有，且严重漏风。每年秋天，为了最大程度地减小漏风的单层玻璃窗造成的热损失，人们需要用细长形的垫子蜿蜒地塞在窗槛中，或者干脆在窗户外面加一层"防风窗"，到了春天再将它们取下。想要减缓房屋内宝贵热量的流失，实在是很费劲的事。

然而这就为引入太阳能系统造就了一个完美的情境——它不需要燃料、不需要打扫、操作时无须维护。美国的企业家通过掌握欧洲的专业知识和经验技能，开发了第一个商用太阳能屋顶热水系统。巴尔的摩的 Clarence M.Kemp 将其开发的 Climax 太阳能热水器首先投放市场。而 Frank Walter 则改进了这一概念，并将屋顶一体化系统上市销售。太阳能热水器产业繁荣起来，尤其是在加利福尼亚州。然而，在 20 世纪 30 年代，人们发现了巨大的天然气储量。于是，年轻的主动式太阳能产业就此夭折（Butti and Perlin，1980）。

1935 年，Libbey Owen-Ford 发明了保温玻璃，从而引发了关于被动式太阳能利用的广泛讨论，因为这一发明使得窗户有可能在寒冷气候中成为能源的净生产者。一些建筑师，如伊利诺伊州的 George Fredrick Keck 等，建造了有大面积南向窗户和高热质量室内环境的住宅。测量显示，邓肯住宅在环境温度为 20℃时，房屋在 8：30—18：30 之间不需要采暖，这在当时引起了轰动。

在第二次世界大战期间，住宅建设处于停滞阶段。战后，能源价格降低到了历史最低水平。中央空调可以使建筑内部环境与外部气候完全脱钩，于是低能耗建筑便从人们的话题中消失了。

图I.1 George Fredrick Keck设计的住宅内部
资料来源：Pilkington North America，Inc

　　1972 年的石油危机使人们重新开始关注可再生能源，以期减少对石油的依赖。美国能源与研究开发机构开展了一个大型研究示范项目。被动式和主动式太阳能住宅立刻成为国家优先考虑的大事！全国各种竞赛相继举办，人们开始建造试验住宅和试验房间来验证计算机模型，并且出版了许多指导手册。这场太阳能运动还迅速跨越大西洋，扩展到了欧洲。

　　与此同时，有不少试验项目甚至可以证明"零能耗"住宅也是可能的。一个著名的例子是 1974 年在丹麦灵比建造的 Nul-Energihus，设计者是 Vagn Korsgaard。他将大型主动式太阳能系统与高水平保温围护结构结合起来。在当时，和已经很厚保温墙体相比，窗户仍然是一个薄弱环节，而该方案则应用了可拆卸的外窗保温板。这一时期，太阳能产业再次繁荣起来，这主要得益于众多慷慨的奖励计划。

　　到了 20 世纪 90 年代，欧洲成为低能耗住宅设计的领先者。而这一课题在美国却再度失宠，伴随着相关奖励计划的终止，太阳能产业几乎消失殆尽。在其他国家，如奥地利，集热器的人均产量却在刷新着世界纪录，人们对于"零能耗"住宅的迷恋仍在持续。1992 年建造的弗赖堡太阳能住宅，以高保温性能透明保温材料围护结构、极大面积的主动式太阳能集热器和光伏（PV）电池板，以及制氢蓄能等技术手段，实现了总体能源的完全自给（City of Freiburg，2000）。和过去所有零能耗住宅一样，它是一个成功的先例，但也都因其高昂造价而无法在短期内得到推广。德国物理学家（Wolfgang Feist）和瑞典工程师（Bo Adamson）则提出了一个更为现实可行的方案。

图I.2　试验住宅

资料来源：S.Robert Hastings，NIST（1978）

　　他们的"被动房"（Passivhaus）联排住宅范例有极好的保温，密封的构造，以及热回收效率很高的机械通风系统。全年大部分时间里，这些住宅是自供暖的。这是一个非常简单而有效的概念，本书提出的许多方法就是以此为基础的。

　　如今，到了21世纪初，有一种观念正被日益认同，那就是使用不可再生能源将造成资源耗竭。与此同时，在横跨中欧、北至瑞典哥德堡的广大地区，已经有超过4000个"被动房"项目建成。各种高性能成品构件，现在都可以在市场上买到，比如超级保温窗、高效通风热交换器、多功能机械系统和优化太阳能集热系统等。光伏系统更因相关补贴而得到迅速发展，如今它们已被视为普通建筑构件了。

　　在不远的将来，最值得关注的发展方向，大概并非技术上的突破，而是实现市场的突破。一些目前还是雏形的技术，可能成为未来的标准，譬如真空保温技术。家庭自动化系统，将使住户像驾驶汽车那样可以自如地控制调节自己的住宅。而最大的跨越，很可能是新一代高性能住宅在市场上的大举突破。在这一过程中，必须考虑到若干因素的影响，例如年长而仍有活动能力的人群的特殊需求。同时，人们对舒适度的期望值将提高（尤其是制冷），与此伴随的，则是对住宅能耗的成本更加敏感。

　　此时此刻，恰是设计低能耗住宅的良好时机。可持续发展已成为大众焦点话题之一。随着能源价格的持续上涨，以可再生能源替代昂贵的化石能源，将会更有利于住宅的营销。

图I.3　"被动房"联排住宅
资料来源：W.Feist，PHI，Darmstadt

I.2　本书讨论的范围

在规划设计超低能耗住宅的过程中，借鉴欧洲各地已建成项目的经验是十分有益的。本书将介绍来自建筑师、能源专家、建筑物理学家，以及市场专家乃至银行家们的深刻见解。

本书将讨论三种住宅类型：公寓楼，联排住宅和独栋住宅。适合各住宅类型的示范方案将针对三类气候区进行优化组合：寒冷气候（斯德哥尔摩）、温和气候（苏黎世）和温暖气候（米兰）。为使辅助性的不可再生能源需求降至最低，这里将讨论两种不同的策略：热损失最小化（节能），以及可再生能源利用最大化。

在某些气候类型下，某些住宅类型明显更适合采取某种特定的策略，所以在此并没有研究所有18种方案组合（3×3×2）。显而易见，最佳方案是同时采用这两种策略，尽管有些方面会有冲突。例如，要使被动式太阳能得热最大化，就需要更大面积的窗户。这就会与热损失最小化的目标相矛盾，因为即使是最好的窗户，热损失率也会是高水平保温围护结构的5—8倍。因而，必须首先确定到底什么才是我们要优先解决的问题。

I.3　目标

今天，建造一座能源自给自足的住宅还是"容易"做到的。问题并不在技术方面，更主要是经济层面的问题。于是，这个问题演变成为：在市场可接受的增量成本范围内，能耗标准应当被压低到什么程度。在本次国际研究和示范项目的早期阶段，有专家主张能源目标应该较容易实现，以促进市场性的突破。其他专家则认为，这样一来，研究成果与将要付出的努力相比，就会显得太保守。最后确定的能源目标是：对于采用节能策略的方案，室内采暖需求要降低到原来的1/4，对于采用可再生能源策略的方案，采暖需求要降低到1/3。而采暖、热水以及相关系统电气设备的一次能源需求总量，要降低到原来的1/2。其中风机、泵和控制器的用电量则乘以换算系数2.35，这是考虑到了欧洲各种混合电力类型中必有一部分是不可再生一次能源。

事实证明，设定一个难度更大的目标是正确的，因为已经有超过4000个住宅项目达到了这个标准。高性能建筑构件的制造厂商也已经在跟进市场不断扩大的需求，结果是目前高性能住宅的成本在持续下降。

为了明确目标值，我们针对各气候区的各有关国家，分别计算了满足该国2000年[1]建筑规范的住宅建筑的能源需求。从而使各气候区的目标设定不再困难。一个有趣的发现是，温暖气候区的常规住宅在采暖方面竟要比寒冷气候区的住宅消耗更多能源，而这正是由于寒冷地区的建筑规范更加严格的结果。

考虑因素

如果目标是要建造可持续住宅，那么能源当然仅仅是应考虑的因素之一。什么是"可持续性"？世界环境与发展委员会（WCED，1987）布伦特兰报告给出了以下定义："可持续发展是既满足当代人的需求，又不损害后代人满足其需求之能力的发展"。因此，在建造住宅以提高生品质的过程中，还必须对以下三个领域作出长远考虑：社会、环境和经济。

尽管本书着重介绍能源因素，但在第一部分针对策略的讨论中，也包含了生态学和经济学的相关问题。为了对规划设计过程有所帮助，第5章还探讨了多标准决策问题。最后，即使是最佳的住宅解决方案也必须考虑市场因素，否则还是会存在某些问题。

作者们希望本书能帮助人们更好地应对可持续低能耗住宅建设的诸多挑战。

注释

1 布伦特兰委员会曾由挪威前总理 Gro Harlem Brundtland 担任主席，其报告《我们共同的未来》在1987年出版，被普遍称为《布伦特兰报告》。这份标志性的报告促成了广泛行动的展开，包括1992年和2002年的联合国地球峰会、国际气候变化大会和全球21世纪议程。在《布伦特兰报告》鼓舞下，北欧各城镇于1990年建立了布伦特兰城市能源网络，该网络将能源利用作为行动的起点。

参考文献

Butti, K. and Perlin, J. (1980) *A Golden Thread*, Cheshire Books, Palo Alto, CA
City of Freiburg (2000) *Freiburg Solar Energy Guide*, City of Freiburg, Germany
Simon, M. J. (1947) *Your Solar House*, Simon and Schuster, New York
WCED (World Commission on Environment and Development) (1987) *Our Common Future*, Oxford
　University Press, New York

---

1 原文如此，后续章节为"2001年"。——译者注

第一部分

策　略

STRATEGIES

第1章 引言

本章讨论了一系列以可持续性为目标的超低能耗住宅设计策略。

最大的挑战，是要在众多迥异的策略之间实现平衡，让它们符合业主或投资者的个人价值观和喜好。显然，首要问题是如何在提高舒适度的同时，大幅减少住宅的不可再生能源消耗。若要使其符合生态目标，则除了能源之外，也要强调一些其他因素，而且关注的时间范围也要扩展至全生命周期。

为了系统地衡量相关的增量和减量，人们已研究出各种方法。而这些多准则决策工具在住宅设计中也可以得到运用。在不断的决策过程中，确保从设计到施工全过程的质量控制非常重要。不断妥协会使其危害性逐渐累积，导致在建筑竣工时发现项目开始时的美好设想没能实现。

规划过程中的决策还要考虑其在住宅市场中的定位。为新产品打开市场需要专业技能，低能耗可持续生态住宅就是一种新的产品，然而这种市场技能却无法从培养建筑师、工程师或建筑物理学家的常规教育体系中获得。

关于可持续住宅设计还有许多其他主题。这里所呈现的主题和策略展现了各专家学者在本次国际项目的时间和预算范围内完成的工作。

第2章 能源

2.1 简介

Joachim Morhenne

本节介绍了一系列以实现可持续性为目标的低能耗住宅设计策略。

第一部分策略是针对能源的。第一种能源策略很简单：以尽可能少的能源创造舒适性。事实上，最环保的方式，就是不使用非必需的能源，因而首要的任务就是节能。不过，即便为建筑建造了高水平保温和高气密性的围护结构，并且进行了废热回收，我们依然需要使用一部分能源，而这部分最好能利用可再生能源来满足需求。于是，接下来的策略就是要充分利用这些"免费"的能源，即被动式太阳能得热、阳光和主动式太阳能集热系统。这些能源其实已经能够满足剩余需求[1]了。不过，更为经济的手段是尽量高效利用常规能源来补足最后一小部分的缺口。

以低生态影响为目标，就必须关注住宅整个使用寿命期内所产生的能量流和物质流。量化评价这些生态影响的两种方法，包括累积能量需求分析法和全生命周期分析法。与此同时，"可持续性"是又一个必须考虑的更广泛的主题，它将涉及社会、经济和能源方面的影响。本书其中一章将专门探讨这一宏大主题中的"建筑学"。

低能耗建筑部品必须具备经济合理性，根据本书各项目分析所得的经验，我们可以看到实际上设计决策大都只基于短期目标，因而建筑部品质量其实比设计更为"昂贵"。在此，我们将探讨高性能住宅的设计在哪些方面提高了增量成本，并根据观察到的趋势对成本发展动向提出看法。

显然我们有很多策略可供选择。然而部分策略可能会与另一部分策略相互矛盾，并且无论如何预算都难以同时满足运用所有策略。因而必须明确应该优先采用哪些策略。决策过程中可以采用两种方法：多准则决策方法和全面质量评估方法。

最后，这种"奇特住宅"（wonder housing）必须实现市场化。在此，专家们将提供他们在可持续住宅的建造和营销过程中的经验与心得，譬如哪些方法最为有效，哪些做法对购买者影响甚微。市场营销既是一种科学，也是一门艺术。

如果有可能根据项目具体条件和机会，有所选择地采取前述各种策略，将会有助于提高这些低能耗、生态、经济型住宅在建设和销售方面获得成功的几率——而这正是本书的目的所在。

---

1 剩余需求，remaining demand，指建筑在采取了各种节能措施之后，仍然需要使用的能源，后文出现的"剩余能源需求"（remaining energy demand）、"剩余能源"（remaining energy）同此意。——译者注

2.2 节能

	设计建议
最低保温值	围护结构U值 0.15W/（m²·K）（墙体和屋顶） （保温层厚度 25—40cm） 窗户U值 0.8W/（m²·K）（窗框+玻璃的平均值） g值 > 0.50 （三层玻璃窗含双层低辐射镀膜并填充惰性气体）
热桥	$\Psi \leqslant 0.01$W/（m·K）
气密性	50Pa压力下每小时换气少于0.6次
新风	每人30m³
换热器效率	> 0.75
每立方米新风电耗	每立方米空气 ≤ 0.4W
资料来源：Feist et al（2005）	

实现低能耗、高舒适度的目标可以采取以下两种基本方法：

1. 节能；
2. 使用低排放或零排放能源。

对已建成项目的分析表明：这两种策略都可以实现节能目标，但也各有其局限性。本节将讨论节能方式的潜力和局限。

节能策略必须减少以下各方面所需的能源：热传导损失和空气渗透损失、新风供应调温、制备热水和技术系统运行（风机、泵和控制器）。由于规划人员无法掌握居住者在房屋全生命周期内对家电的选择，因而这些终端能耗在此不做探讨。

图 2.2.1 所示为依照建筑规范建造的常规住宅中四种主要终端能耗的比例。

在这几个方面实施节能可有以下几种选择：

· 减少需求；
· 提高设备效率；

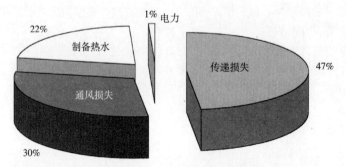

图2.2.1　联排住宅的能量损失（温和气候参照建筑）

资料来源：Joachim Morhenne

- 回收热量。

终端能耗方式不同，相应的策略也会有所差别。减少能量需求可通过降低传递损失实现，但却不是降低通风损失或制备热水的首选目标。住宅的最低换气率则取决于人的需求和卫生要求，不可能大幅降低。设计者也不可能让居住者减少热水用量。对于这两种终端能耗，回收热量是应该优先考虑的办法。对于技术系统的电耗，最主要的节能方法就是使用高能效的设备并降低其工作负荷。

2.2.1 降低传递损失

可通过以下方法大幅降低传递损失：

- 提高建筑的保温性能；
- 使用积极保温（即透明保温材料，TIM），以被动式太阳能得热补偿围护结构热损失；
- 阻断建筑结构间的热桥；
- 使建筑体量更紧凑（减小面积体积比），以降低围护结构热损失。

建筑的朝向、遮挡情况和内部得热，都对透明保温材料的应用效果有影响。热桥的问题则会在建筑整体保温水平提高时更加突显。值得注意的是：传递损失虽然可以大幅减少，却不能完全消失，即便把保温材料增加到超过任何可实现的厚度亦将如此。此时，进一步节能的办法就是在维持体量的同时减小围护结构面积（即紧缩性）。

高水平保温围护结构的另一个好处是可以实现更好的室内舒适性，这是因为室内表面温度会更高一些。应用高水平保温围护结构很重要，因为它的使用寿命需要很长，这意味着未来很多年内都不能再增添任何保温材料。相对而言，机械系统的使用寿命较短，因而可在需要更换设备时安装更高效的设备，譬如将来也许一个小型燃料电池就能以成套设备的形式完全满足住宅的热电联供。

2.2.2 降低通风损失

如前文所述，最低通风量是给定的。典型的最低通风量为每人每小时 $30m^3$，这个通风量不能再降低了，而且应该考虑到住宅在全生命周期中的换气率会有所提高。为了降低通风换气损耗的能源，首先要确保没有过度通风。下一步则是在满足换气量指标的同时，减小风机电耗。应优化管道长度和布局以减少水压降（短即是美）。最后，若从换热效率和电功率两方面同时考虑，某些通风系统（风机和换热器）的效率会更高。确定一次能源电力转换系数后，电功率会是一个很重要的考虑因素。热回收，则是在室内废气排出房屋之前，通过使用高效的空气对空气换热器或热泵，尽可能多地从中获取热量。

对于高性能住宅，气密性是一项基本要求，这也是 Passivhaus（Feist et al, 2005）或 MINERGIE-P（MINERGIE, 2005）等许多自愿性标准提出的要求。这些标准要求进行密封增压试验，以检验是否达到了高气密性（"风机门"产生 50Pa 左右的压强时换气率为 0.6）。关键问题是如何长期确保气密性维持达标水平。譬如胶粘剂的黏性必须能维持数十年。

2.2.3 减少生活热水的能源需求

热水需求量属于个人行为问题，因而设计时会采用标准消耗量作为控制指标。精确的指标可以在主动式太阳能系统的设计指导文件中找到。在这一方面，不同国家之间存在很大差异。显然，关键是要应用热水需求量最小的设备。但是由于此类设备寿命较短，所以其他措施也很重要。总的来说，可以采用以下两种策略：

1. 能量回收；
2. 使用可再生资源。

下水道废水热量对热回收而言是一个颇具吸引力的对象。但是这样的热回收系统可能需要相当频繁地维护而最终难以维系。对于房屋业主，可再生资源产热（包括热泵、生物质或主动式太阳能系统）可能是更具吸引力的解决方案。

2.2.4　结论

节能，是实现高性能住宅的一个十分上算的办法，因为最经济、最环保的就是不消耗能源。在选择节能对象时，应按照终端能耗的重要程度来排列其优先性。尽管技术系统电耗只占全部终端能耗中的一小部分，但若考虑到发电所需的一次能源需求，其重要程度便会增加。降低由传导和空气渗透造成的围护结构热损失，可以提高舒适性。最后，热回收是一种有效方法，它相当于开发利用了一种已在房屋中以某种目的使用过的"免费"能源。

参考文献

Feist, W., Pfluger, R., Kaufmann, B., Schnieders, J. and Kah, O. (2005) *Passivhaus Projektierungs Paket 2004*, Passivhaus Institut, Darmstadt, Germany, www.passiv.de
MINERGIE (2005) *Reglement zur Nutzung des Produktes MINERGIE®-P*, Geschäftsstelle MINERGIE® MINERGIE® Agentur Bau, Steinerstrasse 37, CH-3006, www.minergie.ch

2.3　高性能住宅中被动式太阳能的作用

S.Robert Hastings

2.3.1　简介

冬季利用窗户透射阳光取暖的做法古已有之。这种做法的效果伴随着窗户的改进而逐步提高。在过去十年里，玻璃产品的保温性能比原先提高了五倍；而同时，需热量减少十倍的住宅也进入了市场。这两个方面的发展为被动式太阳能设计创造了新的条件。本节将回顾这一发展演化过程，并针对需热量极少的房屋应如何应用被动式太阳能设计提出建议。

2.3.2　被动式太阳能供热的发展

冬季时节从建筑物南向开口获取阳光热量的方法，早在古罗马时期便为人们所知。公元前100年，古罗马人就已经制造了玻璃的雏形。温泉理疗的罗马火坑或汗蒸房的墙洞就安装了这种玻璃以获取太阳的热量。

被动式太阳能设计在20世纪初期曾受到广泛关注。包括路易斯·康等著名建筑师也开始设计直接得热式房屋（见图2.3.1）。20世纪中期，由于能源供应不成问题，人们便不再关心这一主题。中央

设计建议	
最大窗墙比	南立面50%（南向+/-45°）
窗户性能	平均U值 0.8－1.0 W/（m²·K）（玻璃和窗框）
	g 值≥0.50
窗户比例	尽可能选择大的方形窗户以减少窗框边缘散热
太阳能使用率	开敞平面设计，以最大程度减小局部过热问题
	在阳光可照射的地方应用高热质量材料
	快速反应辅助热源（送风供暖而非地板采暖）
实际期望	高性能住宅在中纬度温和气候区实现热量平衡，北方寒冷气候可仍存在净热损失
过热防护	对常规住宅和高性能住宅都很重要，最好是窗外遮阳（可调节百叶）
可拆卸窗体保温板	历史遗留做法，有了高水平保温玻璃就不必采用了

图2.3.1　路易斯·康设计的直接得热式房屋原型

资料来源：Simon（1947）with permission from Pilkington North America

空调技术的突破使建筑设计与气候的关系脱钩，演变成为单纯的形式游戏。

1972 年，第一次石油危机唤起了人们对能源的关注。到 20 世纪 70 年代中期，当时才成立不久的美国能源调查署（ERDA）启动了一项数百万美元的计划。其中就包括了被动式太阳能建筑设计，而且每年都要针对这一主题召开全国性会议。到 20 世纪 80 年代早期，欧洲也涌现出了大量的被动式太阳能住宅。

21 世纪的今天，与常规住宅相比，房屋的需热量降低 10 倍已经可以实现。主要的策略包括：

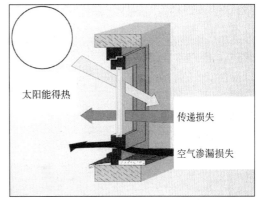

图2.3.2　窗户的热量平衡
资料来源：Robert Hastings

- 以高水平保温、高密封性的围护结构降低热损失；
- 回收废气中的热量；
- 高效产热。

这三种策略对被动式太阳能利用都有一定的影响。而特别需要引起注意的是，由于这类新住宅对微型采暖系统的容错能力很小，设计上的失误造成的问题，会比以往更加突出。

2.3.3 原则

太阳能输入大于窗户的热损失时，即实现被动式太阳能净得热收益。高性能窗户比常规窗户更容易获得净得热收益。尽管穿透玻璃涂层进入室内的太阳能辐射（g 值）会有所减少，但仍将高于其热损失。下面两个例子是室外平均气温为 0℃的晴天和阴天的能源"簿记"（book-keeping）。这个例子使用的是现代的常规窗户，而不是高水平保温窗（见图 2.3.3）。

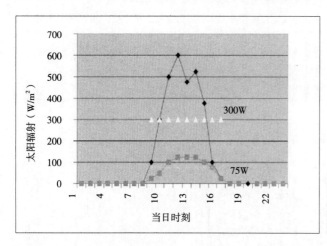

图 2.3.3　正南方向的太阳辐射水平，晴天为 300W/m^2，阴天为 75W/m^2

资料来源：Robert Hastings

"收益"（太阳辐射）

晴天　　$G_{sol} = 9 \, h \times 300 \, W_{average}$

太阳能使用率：$\eta = 85\%$

阴天　$G_{sol} = 9 \, h \times 75 \, W_{average}$

太阳能使用率：$\eta = 100\%$

透过窗户的直接与间接热量之和与投射给玻璃的总辐射能量之比：$g = 0.6$

"支出"（热损失）

窗户面积：$A = 1 \, m^2$

保温性能（U 值）：$U = 1.0 W/(m^2 \cdot K)$

室温：$T_{room} = 20℃$

室外环境温度：$T_{amb} = 0℃$

温差：$dT = 20 \, K$

平衡：

$Q_{gain} = (G_{sol} \times g \times \eta) \times 9 \, h$

$Q_{loss} = (U \times A \times dT) \times 24 \, h$

晴天：

$Q_{gain} = (300W \times 0.6 \times 0.85) \times 9 \, h$ 　　　　　 $= 1377 Wh$

$Q_{loss} = [1.0 W/(m^2 \cdot K) \times 1 \, m^2 \times 20 \, K] \times 24 = 480 Wh$

$$净收益 = +900\,Wh$$

阴天：

$$Q_{gain} = （75\,W \times 0.6 \times 1.00）\times 9\,h \qquad\qquad = 405\,Wh$$

$$Q_{loss} = [1.0\,W/（m^2 \cdot K）\times 1\,m^2 \times 20\,K] \times 24 = 480\,Wh$$

$$净收益 = -75\,Wh$$

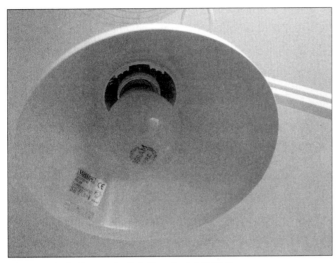

图2.3.4 灯泡（75 Wh）产生的一小时内部得热

资料来源：Robert Hastings

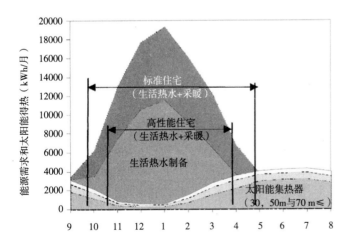

图2.3.5 每平方米采暖面积的供热需求和太阳能得热（南向）

资料来源：Helena Gajbert，隆德大学

于是我们可以看到，白天平均室外气温为0℃时，即便是一个常规的南向窗户，也能够通过太阳能得热补偿它的热损失。高性能窗户的平衡会更好，所以关键问题并非可否实现平衡，而是能否在太阳能可利用的时候充分地获取利用它。

2.3.4 高性能住宅中的直接太阳能得热

高性能（hp）住宅的特殊情况可能会限制被动式太阳能得热的使用率。高性能窗户的净能源收益和损失量都较小，其平衡容易被打破，从"盈"变为"亏"。因此需要仔细审查一下"账单"。

"收益"（太阳能得热）

影响"收益"的四个因素是：气象、玻璃透射率（g）、窗户面积和以"收益"抵偿"支出"的效率（η）。

气象（G_{sol}）：当热损失很小时，内部得热就已能够使房屋保持舒适性，而不需要像普通住房那样，在深秋和初春时仍需要采暖。于是采暖季缩短为冬季时白天最短、太阳辐射最弱的那几个月（见图2.3.5）。通常情况下，被动式太阳能得热在春天最有用，这段时间仍有采暖需求，白天较长且阳光较充足。

玻璃透射率（g）：高性能住宅需要高性能玻璃。三层低辐射涂层玻璃会减少进入房屋的太阳辐射。标准住宅中常用的保温玻璃[$U=1.1$W/（ $m^2 \cdot K$ ）]的 g 值是 0.6。而对于高性能玻璃[$U=0.5$ W /（ $m^2 \cdot K$ ）]，g 值很容易就会达到 0.4，这样会导致进入房间的日光能量减少三分之一。因而高性能玻璃的期望 g 值应该大于或等于 0.50。

效率（η）：在被动式太阳能得热的使用率方面，高性能住宅有一个优点，即采用了有热回收的机械通风。可以从有阳光照射的房间抽取空气和热量，通过换热器预热新风。不过，我们也不能高估这方面的收益。以 35m^2 的起居室为例，其通风抽气率是每小时 0.45 次。如果阳光能将室温从 20℃提高到 26℃，那么所抽出的空气也仅能使换热器供热增加 80 W。

对于高性能住宅和常规住宅，窗户的得热效果可以由以下途径得到提高：

- 建筑内部为高热质量结构，最好在其表面有大量阳光照射；
- 开放式平面布置，能更好地分配太阳能得热；
- 应使南向 +/−45 度范围建筑立面的窗户面积最大。

与标准房屋不同，高性能房屋应不再存在过热问题。标准房屋因缺乏遮阳措施、窗户面积过大将产生过热现象。采取了窗户遮阳措施的高性能房屋，将会比标准房屋更加凉爽。屋顶和墙体保温性能的增强，则可在夏季防止外表面因受阳光照射产生热量聚集。

"支出"

热损失：窗户（窗玻璃和窗框）的理想 U 值是 0.8W /（$m^2 \cdot K$）。与 U 值为 0.15 W /（$m^2 \cdot K$）的保温性好的墙体相比，窗户的热损失率是墙体的 5 倍以上。如果希望在环境温度为 −10℃时将室温保持在20℃，那么与同样面积的墙体相比，每平方米窗户面积就需要供热系统增加输出功率 19.5 W。于是相应的，对窗户面积起主要限制作用的因素就是供热功率需求。

2.3.5 模拟结果

对温和气候中一座公寓楼的动态模拟表明：增加窗体面积并不一定会增加供热能源需求，甚至可能还会略微降低。参见图 2.3.6 中顶层中间户的情况。图中最下面的曲线代表了高水平保温玻璃的情况，这是对前述观点的最好证明。极端的例子是中间楼层中间户的情况：尽管其采暖期会大幅缩短（因仅有两面外墙存在热损失），其热量平衡依然可以实现。随着窗户面积的增大，太阳能得热仍足以抵消热损失的增长。但是，在寒冷气候中同样的模拟实验则表明，住宅窗户须按照确保良好自然采光的最小面积设计。因为那里寒冷阴暗的冬季里，微弱的太阳能得热是无法抵消寒冷环境造成的较高热损失的。

2.3.6 监测结果

针对德国弗赖堡一栋公寓楼的监测数据证实了直接太阳能得热可降低峰值热负荷的幅度（Voss et al，2004）。在图 2.3.7 中，上方的实线表示在无太阳辐射、无内部得热且室内恒温 20℃的条件下，理论峰值热负荷是环境温度的函数；下方的虚线则表示假设室内得热 2.1W/m^2（100% 可用）将会使需热量降低；点代表实测得到的峰值热负荷因太阳辐射强度的变化而变化：其中菱形代表太阳辐射小于25W/m^2 时的峰值热负荷，三角形代表太阳辐射为 25—90W/m^2 时的峰值热负荷，而圆形则代表太阳辐

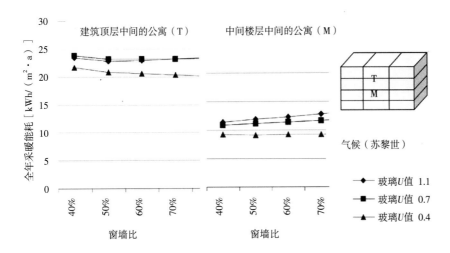

图2.3.6　对于顶层中间公寓和中层中间的公寓，需热量降低与窗墙比和玻璃性能呈函数关系
资料来源：Lars Junghans，AEU

射大于 90W/m² 时的峰值热负荷。

根据以上数据，可以得到两点：

1. 太阳辐射的增加会使峰值热负荷降低：如果南向窗户没有阳台或树木遮挡，降低幅度会更为显著。
2. 随着环境温度的降低，实测峰值热负荷会逐渐偏离理论需求曲线（图中虚线）。这是因为 8W/m² 的采暖系统实际上无法实现 20℃的设计温度。由于室温偏离到设计温度以下，相应的峰值热负荷也就有所降低。

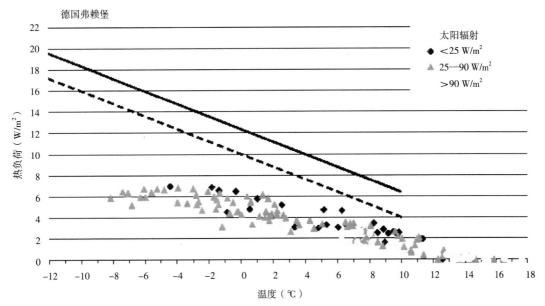

图2.3.7　弗赖堡i.B公寓楼生活工作区的峰值热负荷与环境温度的关系
资料来源：K.Voss，Fraunhofer ISE，D

2.3.7 结论

对于需热量已经很小的住宅而言，窗户的太阳能得热贡献能够起到一些作用，但也并不算大。贡献较小的原因是高水平保温和通风热回收已经导致了住宅采暖季的缩短。于是关键问题演变为：在一定的设计条件下，由窗户导致的需热量增加到底会有多大。

窗户面积不应该过大（譬如超过南立面的 50%），而且应当使用高水平保温玻璃［$U_窗$=0.8—1.0W/（$m^2 \cdot K$）］和性能优良的窗框。

在需热量极低的情况下（例如一个中间楼层中间位置的房间），太阳能得热刚好可以补偿窗户的热损失，当然这也要取决于住户如何使用这些高性能的窗户。监测数据验证了高性能住宅中这种虽然小而正面的被动式太阳能存在的贡献，即便窗户局部被阳台和树木遮挡也是如此。不过在欧洲北方的寒冷气候中，被动式太阳能得热将不能抵消热损失，窗户面积应调整至适宜自然采光的大小。

最后不要忘记一点，大面积窗户就算只是刚好实现热量平衡，考虑到阳光、风景和房产价值，它们依旧会是一种重要的资产。而有了良好的窗体结构和有效的外部遮阳措施，被动式太阳能得热就能部分降低冬季辅助采暖需求，并在夏季避免过热。

参考文献

Simon, M. J. (1947) *Your Solar House*, Simon and Schuster Inc, New York

Voss, K., Russ, C., Petersdorff, C., Erhorn, H. and Reiss, J. (2004) *Design Insights from the Analysis of 50 Sustainable Solar Houses – Task 28/Annex 38 – D Sustainable Solar Housing*, Technical Report, Fraunhofer-Institut Solare Energie-systeme ISE, Gruppe Solares Bauen, Freiburg, Germany

2.4 利用采光

S.Robert Hastings 和 Lars Junghans

图2.4.1 参照房间的电脑效果图

资料来源：L.Junghans，AEU GmbH

设计建议	
窗户尺寸：	窗墙比50%时采光增量最大。
	同时光对比度和眩光问题也最小。
窗台高度：	要足够低，居住者坐着就可看到窗外风景。
窗楣高度：	较高的窗户让光照射更深，光线分配更均衡，房间更明亮。
窗户位置：	靠边角的窗户会使房间里其他角落显得黑暗，让房间看起来光线暗淡。
相邻墙体的双侧外窗：	引入不同方向的光源颇为理想。
窗框：	选择窄框的窗户。
导光：	光导管很有效，效果显著。
玻璃：	低铁玻璃可增加采光高达6%。
房间表面：	显然首选亮色，特别是侧墙和地面。
眩光/隐私控制：	窗帘/百叶窗应可以完全收起，以保证不会妨碍采光（特别是在窗户顶端）。

2.4.1　简介

窗户实际上是房屋保温围护结构上的洞口，热量通过它向外散失，而光则通过它进入房屋。前者增加了供暖成本，而后者则会影响房屋的出售、租赁，以及未来居住者的生活质量。

进入一个房间，自然采光的质量会给人们的第一印象形成强烈影响。采光良好、没有眩光的明亮空间能给人好的印象。而角落黑暗、有眩光或亮度随房间进深急剧减弱，都会给人留下不好的印象。通常建筑师的第一反应是要设计很大的窗户。然而在高水平保温的建筑中，即使是性能很好的窗户，其热损失也是高水平保温不透明墙体的 5 倍。所以设计者面临着一个矛盾：是用大窗户来获得更好的采光，还是用小窗户来更好地保存热量。

幸运的是，窗户尺寸并非影响房间采光质量的唯一因素，还有许多参数都会改变人们对房间内部光线的感知，包括：

- 窗户的比例；
- 窗户的位置；
- 墙体窗洞的横截面；
- 房间内饰面的处理；
- 眩光的防范。

本节将讨论在某一参照房间中，这些参数如何影响采光质量。结果将通过电脑效果图和亮度曲线图进行说明，结论将给出设计建议。

2.4.2　参照房间和设定条件

参照房间的尺寸是 $3m \times 5m \times 2.5m$（宽 × 长 × 高）。首先，窗户面积选择了较为保守的 $3m^2$。由此计算得出 20% 的窗地比和 40% 的南立面窗墙比，都是十分常见的情况。玻璃的可见光投射率为

62%。房间各表面吸收率选用典型数值：地板70%，墙面40%，顶棚30%。窗洞深40cm，对于高水平保温住宅而言这是正常的墙体厚度。性能分析是针对三个纬度和气候条件（斯德哥尔摩、苏黎世和米兰）进行的。分析的日期选定为9月21日，因为这一天不存在极端季节性气候条件。时间选定中午，这时光线照进房间随进深变化最大。分析选择了多云天气，因为晴天会由于照度值过大导致不同测试方案之间的差异变得不明显。在此采用Radiance（Minamihara，2005）程序进行分析。

2.4.3　窗户尺寸

窗户尺寸是影响人对房间第一印象的决定性因素。我们对南立面窗墙比为10%—100%的情况进行了分析。理论上讲，照度随着窗洞尺寸的增大而提高。然而事实上，这一点仅在窗墙比小于50%时才是正确的。当窗墙比更大时，进入房间的日光并不会显著增多，如图2.4.2所示为中纬度地区的情况。在高纬度地区，曲线甚至还会更加平展。而在低纬度地区，窗墙比超过50%时，照度还会继续升高。

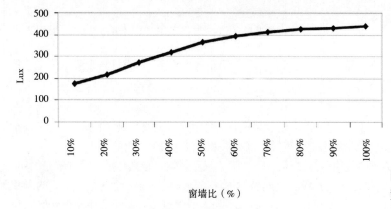

图2.4.2　自然采光和窗墙比的关系
资料来源：Lars Junghans，AEU Ltd

窗墙比达到50%时，不但采光的绝对量提高了，而且亮度对比和随之产生的眩光也减少了。人们进入这样的房间时会有更好的第一印象。

2.4.4　窗户比例和位置

参照房间的采光质量分析中考虑了不同的窗户形状和比例。不论是哪种方案（包括有两个窗户的情况），窗户总面积都保持在3m²。图2.4.3所示为参照窗户方案下房间照度值的分布情况，以作为比较基准。

落地窗（如玻璃门）

这种形状给居住者提供了从天空到地面的大范围纵向视野。人们进入房间的第一印象比较好（见图2.4.4）。尤其在经常阴天的气候中，高玻璃门会特别有优势。阴天时天顶亮度是地平线天空亮度的3倍，因而窗户越高，自然光照进房间的距离就越深。

水平窗户

该方案是一个横跨房间面宽的水平长窗。虽然房间进光量最少，但人们对房间的印象仍然比较好（见图2.4.5）。对于东西朝向的窗户，由于太阳照射角度比较低，自然光照进房间的距离会比较远。横向窗

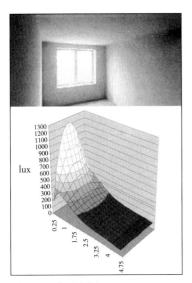

图2.4.3 参照案例

资料来源：Lars Junghans，AEU Ltd

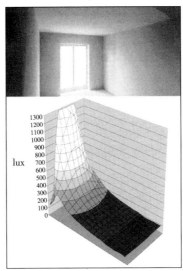

图2.4.4 落地窗

资料来源：Lars Junghans，AEU Ltd

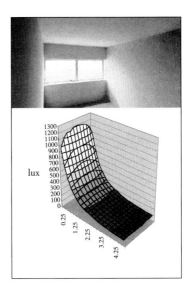

图2.4.5 水平长窗

资料来源：Lars Junghans，AEU Ltd

户前方设置工作区的做法非常可取。理想的情况是窗台足够低，让使用者能够从桌子的高度看到外面和楼下的风景。

高低窗组合

高窗的功能是实现良好的自然采光效果，而低窗的作用是提供室外风景。此时，房间深处的光分布略有改善，但给人印象仍然不太好，因为总体视野受限，其他角落太暗（见图 2.4.6）。

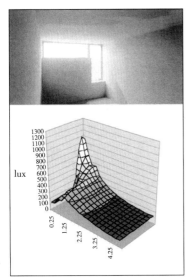

图2.4.6 高低窗组合（总面积不变）

资料来源：Lars Junghans，AEU Ltd

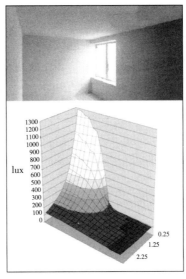

图2.4.7 边角窗

资料来源：Lars Junghans，AEU Ltd

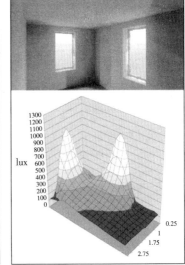

图2.4.8 双侧窗

资料来源：Lars Junghans，AEU Ltd

边角单侧窗

边角处的单侧窗会显著照亮相邻墙壁和所在角落。这可以极大地降低对比眩光。但另一个角落却会很黑暗。在这种情况下，家具摆放和房间使用必须为适应这种不对称性而进行调整（见图 2.4.7）。

双侧窗

该方案在西立面上增加了一个窗户，而南立面的窗户尺寸则缩小，以使窗户总面积与基准方案一致。该方案形成了很好的采光效果，譬如白天时可在房间各处阅读。不过由于窗户比较小，眩光问题会更为突出（见图 2.4.8）。

2.4.5　窗框和玻璃

窗框面积通常可以占到窗洞面积的 30%。窗框挡住了光，其 U 值也不比现在的高性能玻璃更好。所以，窄窗框结构能够同时提高采光效果和热工性能。最好能把窗框安装在外保温材料后方（靠室内一侧——译者注），这样可使热损失最小化。另外，窗框朝向房间的表面涂成浅色，可以帮助减少对比眩光。

高性能玻璃的多道涂层会吸收阳光。如果选用价格更高的低铁玻璃，问题则可以有所缓解。与常规玻璃相比，这种玻璃的采光量能增加高达 6%。

图2.4.9　房间窗户形成的"亮边"
资料来源：Lars Junghans，AEU Ltd

2.4.6　窗洞断面

在高保温结构的厚墙上，窗洞断面对采光和视觉舒适度有强烈的影响。最好把窗户设置在墙体窗洞外侧，以避免热桥。这也会使较深的窗洞在室内一侧形成"亮边"，就像在城堡或修道院的厚石墙上看到的那样。

我们分析了会在室内一侧形成"亮边"的窗楣（顶部）、窗榛（侧部）和窗台（底部）的多种组合。结论是"亮边"会造成人们对窗户尺寸的印象要比实际大许多。另外，由于"亮边"表面降低了墙壁和窗户间的光对比度，所以视觉舒适度也大幅提高了。东西朝向的窗户比较特别。如果东西朝向窗户的南向窗榛形成"亮边"，那么房间获得充分采光的时间会延长，也就是早间阳光离开得更晚，而午后阳光出现得更早。较高纬度地区这种收益会更明显。窗台则可以进一步水平向延展甚至凸向室内，而浅色的窗台能提高房间深处的采光系数可达 10%（Lenzlinger，1995）。

2.4.7　表面

房间的亮度完全取决于房间表面能够吸收多少阳光，各种表面的重要性亦有所不同。

墙壁

如图 2.4.10 所示，窗户两边（垂直——译者注）的墙壁非常重要。将这两侧墙壁的颜色从吸收率 80% 的深色变为吸收率 15% 的白色，房间照度会上升 100lux。如果想将其中一面墙涂成深色调，那么可在房间内侧对面、距离窗户最远的墙壁上实现，这样对房间照度的影响比较小。窗户周边侧墙对照度影响最小，但如果这面墙壁色调太暗，就会和明亮的窗户形成对比眩光。

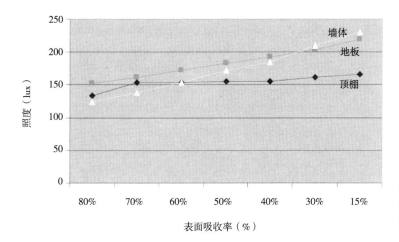

图2.4.10　房间表面吸收率对照度的影响

资料来源：Lars Junghans，AEU Ltd

地板

地板色调也有很大影响，因为从窗户进来的光大多都照在了地板上。尽管浅色地板使房间看起来更亮，但深色地板仍然十分常见，因为它们看起来更结实稳固。另外，如果地面用了厚重材料，如瓷砖、石头或砖块，那么深色调将有利于更多地吸收阳光并储存热量。比较好的折中办法是使地面颜色比墙面颜色略深一点。

顶棚

顶棚色调的影响比地板或墙面要小。吸收率 70% 和吸收率 10% 之间的计算差值仅为 15lux，但深色顶棚会给人压抑的感觉。此外，顶棚是房间中最不易处置的表面，所以一般情况下整个顶棚都能形成反射光。

2.4.8　导光

天窗

在联排住宅和独栋住宅中，给藏在住宅深处的房间"开天窗"是颇具吸引力的做法。楼梯上方的天窗就是很好的例子，用天窗采光的浴室则更别具一格，因为沐浴者既能享受阳光和天空的风景，又无碍于隐私保护。

光导管

　　天窗不适用于高大中庭，这时可以用光导管替代。虽然绝对进光量受开孔面积限制，但光导管的效率极高，其管内表面反射率高达 98%。管道末端则有一块漫射玻璃将光分布到其下的空间。与标准 100W 白炽灯泡的 1200lm 光通量相比，一根长 1.8m、直径 250mm 的光导管可高达 4000 lm。直径 530mm 的光导管能够传递高达 18000lm 的光通量（Hanley，2005）。

图2.4.11　日内瓦某案例的光导管

资料来源：Solatube Global Marketing，Inc.，Carlsbad，CA，www.solatube.com

采光井

　　多数情况下，地下室的自然采光和通风都很差，仅能透过窄小高窗看到狭窄的下沉式半圆钢或水泥排水沟。这种窗井十分丑陋且对采光无甚价值。不过，地下室是房屋中建造成本最高的空间之一，而且实际上地下室的功能可以远超人们的料想。仅需一小笔投资就能显著改善这个空间。如果地下室完全处于地面以下，比较理想的办法是将室外地坪降低到地下室窗户的高度。由此形成室外斜坡，并可用浅色石头或植物装饰，从而令地下室窗户不再那么功利而乏味。

2.4.9　眩光控制

窗帘和帷幕

　　窗帘可以有效削弱眩光，但同时也降低了采光水平。窗户上部的短窗帘会妨碍天光进入房间。对于侧拉式窗帘，滑轨应延伸至窗户边界以外，以便完全拉开窗帘而不遮挡窗洞。

　　常规的活动百叶窗，即使板条是白色，也会因其倾斜角度而妨碍进光。即便板条是水平的，也只能将极少量的光反射到顶棚上。房间给人的印象将会是窗户明亮但室内昏暗。

　　固定的建筑构件（例如房檐）的遮挡可能产生采光问题，阴天时房间会特别暗，而且房间里永远也无法直接看到上方的天空，也可令人感到不快。

2.4.10 结论

高效采光对住宅的市场营销和未来房主的生活质量都十分重要。通过详细的光模拟分析，可以给出以下设计建议：

- 南向窗墙比为50%的方案是较好的（进深较大的房间需要更大的窗墙比和更高的顶棚）。当窗墙比大于50%时，照度并不会呈现正相关地显著提高。

- 窗户形状会对房间的光分布产生影响，包括感知上和实际的分布情况。高大的窗户（例如落地窗）会使光投射到房间深处，并为居住者提供从天空到地面的良好视野。透过水平长窗进入房间的光照射最浅，但却能形成理想的工作环境。房间边角单侧墙上的窗户能够照亮相邻的墙壁，眩光问题最小，但房间其他角落却会显得很暗。理想的情况是能在相邻两面墙上都有窗户，从而形成双向且更为均匀的光分布。

- 墙壁窗洞内的"亮边"可改善光分布和视觉舒适度。窗楣形成的"亮边"能提高房间照度，特别是阴天。如果窗楣和窗梃同时形成"亮边"则最适宜，此时照度对比较小，房间看起来也更明亮。较宽的浅色窗台也会提高照度。

- 浅色的室内表面会极大提高房间照度，但在这方面各表面重要性有所不同。最重要的是靠近窗户的地板和两垂直侧墙壁。顶棚对照度的影响相对次要。尽管如此，由于顶棚通常比较光洁，它会在很大程度上影响人们对房间亮度的感觉。

- 对房屋深处的空间（如楼梯或浴室）实施自然采光的做法是不错的。在不能使用天窗的地方使用光导管则很有效。改善地下室采光也很必要，前提是投入建设成本，并使地下室能多功能化。

- 窗帘的安装应使其可以完全收起，避开窗口区域。固定的建筑遮挡（如房檐）挡住了宝贵的天顶光（阴天时这个方向的光最强）。

参考文献

Baker, N., Fanchiotti, A. and Steemers, K. (1993) *Daylighting in Architecture: A European Reference Book*, James and James Ltd, London

Fontoynont, M. (1999) *Daylight Performance of Buildings*, James and James Ltd, London

Hanley, B. (2005) Information from Brett Hanley at Solatube Global Marketing Inc, Carlsbad, CA, www.solatube.com

Lenzlinger, M. (1995) 'Regeln für Gutes Tageslicht', *Diane Projekt Tageslichtnutzung*, no 805.165d, Bern, Germany

Minamihara, M. (2005) *Radiance: Building Technologies Program*, Publications Coordinator, Lawrence Berkeley National Laboratory, Berkeley, CA, mminamihara@lbl.gov, www.radsite.lbl.gov/radiance/HOME.html

2.5 应用主动式太阳能

Helena Gajbert

设计建议

高性能住宅的生活热水能耗占所需总能耗的比例较大，而一个主动式太阳能系统能够轻易地满足该需求的50%。以下是模拟得到的大致经验（见本书第二部分）。

北方或温和气候太阳能系统的合适尺寸：

一栋公寓楼（约1600m²，16套公寓、48位居住者）

- 储水箱容积：3000—5000L/楼，或60—100L/人。
- 集热器面积：30—80m²/楼，或0.6—1.75m²/人

独栋住宅（约150m²，4位居住者）

- 储水箱容积：400—600L/户，或100—150 L/人
- 集热器面积：5—10m²/栋，或1.3—2.5m²/人

集热器倾角：　　对于生活热水（DHW）系统，倾角约为40°—50°。对于联合系统，斜度最好更陡一些，不过这会需要更大的集热器面积。

经济性：　　如果要用以水为热媒的热量分配系统（例如低温地板采暖系统），则应用太阳能联合系统直接向地板采暖系统输入光热能量是个不错的选择。

2.5.1 简介

　　高性能住宅能源需求很少，主动式太阳能采暖系统获得的热量就能满足大部分需求。由于室内采暖需求非常低，所以生活热水系统（DHW）全年能耗的比重变得相对更大。主动式太阳能系统可满足大部分热水供应能源需求，其贡献率常超过50%，因为即使是夏季也会有热水供应需求。于是接下来的问题是：如果打算应用太阳能系统，为何不扩大一些，用它同时为采暖提供能源（即建立"联合系统"）呢？在考虑高性能住宅采暖季较短的前提下，此时的关键问题在于需要估算太阳能系统对采暖的实际贡献。

2.5.2 太阳能热系统设计

　　如果住户想要一个以水为热媒的采暖系统，那么适合使用太阳能联合系统。太阳能联合系统灵活性强，市场上有很多不错的系统设计，不同系统由于区域差异和地区辅助能源的差异而有所不同（Weiss，2003）。储水箱可同时服务于生活热水系统和采暖系统，它可以视情况选择热源，包括辅助系统或太阳能系统。如图2.5.1所示，系统利用了木质颗粒燃料锅炉和电阻式加热器作为辅助能源，以作为太阳能回路的备用系统。该系统装有一个装置，能够加强储水箱中的热量分层。生活热水则通过外置换热器加热。

　　一个重要的设计条件是夏季经常出现太阳能得热最多，而需求量却最小的情况。为了尽量减少系

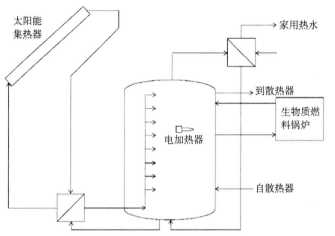

图2.5.1 生活热水系统（DHW）和采暖系统共用储水箱的太阳能联合系统

资料来源：Helena Gajbert, Lund University SE

统过热现象，太阳能系统的规模应做到刚好满足夏季期间的能源需求。尽管此时冬季太阳能贡献会相对变小，但这样设计的一个重要优势是在夏季可以关闭后备热源，即可以停止后备系统的短循环，从而延长系统的预期寿命。

与常规住宅相比，高性能住宅的采暖季更短，这会使太阳能得热和室内采暖需求之间的季节不匹配性更为明显。这一点在图 2.5.2 中以寒冷气候（斯德哥尔摩）的一座公寓楼为参照案例进行了说明。这里假设了一年中的生活热水需求恒定不变，尽管这种需求在夏季通常偏低（譬如休假外出）。

为减少系统过热问题，可采用比系统设计要求更大的储水箱。但这种办法更昂贵，并且将占用较多的空间，还会导致更大的热损失。

也有其他较好的控制方案可供选择，例如在集热器停用时使用局部蒸发方法将其清空。停用期间还可利用小容量散热器，以水蒸气为热媒主动清除热量。或者也可通过在夜间循环集热器中的热媒，或采用空气冷却器的方法冷却储水箱（Hausner and Fink，2002；Weiss，2003）。尽管如此，更谨慎的设计策略仍旧是要避免集热器面积过大。

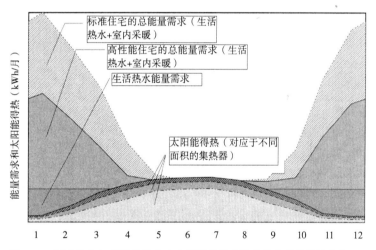

图2.5.2 标准住宅与高性能住宅中太阳能得热和供热需求的季节性变化

资料来源：Helena Gajbert, Lund University SE

联合系统的一个优点是在采暖季，储水箱可以回收室内采暖用的能量，从而能降低集热器工作温度，提高集热效率。这种情况一般发生在秋季和春季。如果太阳能集热器直接为低温地板采暖供热，则系统效率会最大限度得到提高，如图 2.5.3 所示。这需要良好的控制方法。这种系统在法国、丹麦和德国很常见（Weiss，2003）。

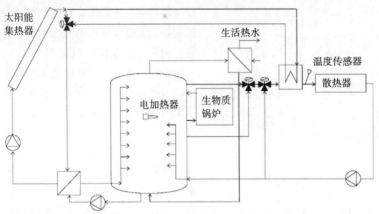

图2.5.3 不经过储水箱而直接将太阳能热量传递给采暖系统的太阳能联合系统

资料来源：Helena Gajbert, Lund University SE

为了平衡太阳能得热和供热需求，一个更好的方法是将集热器在立面上或以较大的倾角安装。这种布置方法可以更好地利用冬季较低的日照角，同时抑制夏季过热情况的发生。这还能够使太阳能得热全年分配更为均匀；但是会需要更大的集热器面积来满足夏季生活热水需求。图 2.5.4 所示为集热器倾斜角度分别是 40°和 90° 时，太阳能保证率是如何随集热器面积的增大而提高的。这一结果是应用 Polysun

对寒冷气候中一栋独栋住宅的平板式联合系统进行模拟得出的。

集热器的最佳倾角范围大致是 35°（纬度 45° 附近）到 50°（纬度 60° 附近）之间，对于较大面积的集热器，在这个角度区间以上相应地增加倾角就不会导致过热问题，图 2.5.5 给出了在确保系统过热问题最小化时，满足 95% 夏季热水需求的集热器面积。结果是应用 Polysun 对寒冷气候中一座公寓楼的平板式联合系统进行模拟得出的。

当住宅间距较小时，太阳能集中供

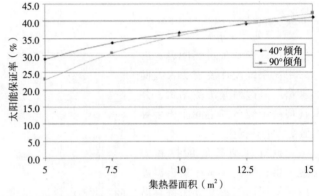

图2.5.4 集热器倾角和面积对太阳能保证率的影响

资料来源：T. Boström

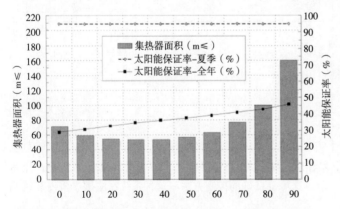

图 2.5.5 不同倾角下满足 95% 夏季热水需求的集热器面积；图中同时给出全年和夏季的太阳能保证率

资料来源：Helena Gajbert, Lund University SE

热微网系统或许会比较合理。各栋住宅上的集热器共用一个大容量半季节性储水箱，从而能在夏季将多余的太阳能得热储存，留到秋季使用。大容量储水箱的面积体积比有利于降低总体热损失。共用系统还能够平衡高峰需求或供应过剩问题。其缺点是管网热损失较高，与之相比满足采暖需求的比例反而要小，而且所需的成本和管理费用也更高。而德国的示范项目证明，这种热分配微网系统用于联排住宅是比较行之有效的（Russ，2005）。

2.5.3 集热器类型和安装

现在的市场上有许多高效可靠的集热器，并有多种类型可供选择。

目前的平板式集热器已高度优化，具有优质的吸热涂层、低铁抗反光涂层玻璃、高耐候性的框架和垫片以及高效背部保温。

真空管集热器保温性能极好，能够以极少的热损失在较高温度下工作。由于热损失特别小，所以它甚至能够在冬季和阴天等辐照度极低的情况下传递热量。因而这种集热器十分适用于采暖季较短的高性能住宅。由于每根集热管都可以旋转至最佳吸热倾角，安装时具有高度的灵活性，当然真空管之间不应互相遮挡。考虑到重力流的形成，热管集热器（heat pipe collector）安装时倾斜度需要较小。麻烦的问题是管上的积雪。在立面上安装该系统可基本解决这个问题（Kovacs and Pettersson，2002）。

可以考虑采用集中式平板集热器，尽管从商业角度看并不适于住宅。此类原型系统已在瑞典、英国和澳大利亚等地建成并进行了测试。应用低成本反射镜可提高吸热体上的辐照度。系统几何结构也可根据春天和秋天的日照角进行优化。虽然这种做法抑制了系统在夏季的性能，但在全年太阳能得热和需热量之间实现了更好的平衡。将反射镜对准真空管集热器的做法也颇有应用前景。

太阳能空气集热器，对于常规住宅及其改造是个有吸引力的选项，不过还难以证明其对高性能住宅的经济合理性。通风系统换热器和太阳能空气集热器之间存在竞争。系统彼此间的工作效率会相互制约。可能更合理的构造是用低成本金属薄板太阳能空气集热器覆盖整个屋顶斜面。在夏季，一个空气对水换热器就应该能够容易地满足全部或大部分生活热水的能源需求。而在秋季和春季，该系统能满足大部分室内采暖需求。而预制钢筋混凝土中空楼板或大孔砌体墙也能用于储存和分配热量（Morhenne，2000）。

2.5.4 储水箱位置

储水箱位置十分重要。将储水箱安置在建筑保温围护结构内是比较明智的。保温良好的储水箱即便有一点热损失，也不会向房屋外流失，而是留存在室内（尽管在夏季是个缺点）。采用短管可使循环热损失更小。而储水箱更适于安装在浴室内部或附近。储水箱温暖的表面可以提高浴室内的舒适度。这一点很有用，因为一般而言整个起居空间的废气通常都从浴室排出，居住者在沐浴之后可能会感觉比较冷。储水箱和最大需求点之间的管道应当最短，这样便降低了管道热损失，并使水龙头很快就出热水。浴室设在楼上比较理想，因为这时通向屋顶集热器的管道最短。尽管如此，让储水箱占用宝贵的建筑内部空间不是很划算。所以把它放在地下室也不错，这可以使地下室寒冷的空间稍微暖和一些，同时提高居住者使用地下空间时的舒适度。另外，从储水箱伸出的管道应尽量包裹在房屋的采暖体量之内。

2.5.5 地区设计差异

在业主偏爱热水辐射采暖的地区销售太阳能联合系统（特别是低温系统）是最容易的。常用油或木质颗粒采暖的地区，也已被证明是联合系统（甚至经常是大型系统）的良好市场。太阳能联合系统在德国、奥地利、瑞士、瑞典、丹麦和挪威的销售情况很好。在主要使用电力或燃气进行采暖的地区，例如荷兰，销售联合系统似乎比较困难（Weiss，2003）。

2.5.6　结论

太阳能联合供热系统对于可持续住宅颇有价值。系统规模和经济性必须和更小的采暖需求和更短的采暖季相互匹配。对于高性能住宅，如果全年生活热水需求量比较稳定且业主无意承担以水为热媒的热分配系统的成本，则太阳能生活热水系统会比太阳能联合系统更具有说服力。如果住户想要辐射采暖系统，那么联合系统就很合适，生活热水系统和采暖系统便可以共用一个储水箱，由太阳能集热器或辅助热源共同加热。在这种情况下，集热器倾角升高能够帮助在采暖需求和季节性太阳能得热之间实现更好的平衡，尽管这会需要更大面积的集热器。在立面上安装集热器是非常适宜的，这还降低了系统夏季过热问题的几率。对于可持续低能耗住宅而言，使用太阳能是一种自然而然并且适合市场营销的概念。

参考文献

Hausner, R. and Fink, C. (2002) *Stagnation Behaviour of Solar Thermal Systems: A Report of IEA SHC –
　Task 26*, AEE INTEC, Austria, www.iea-shc.org/
Kovacs, P. and Pettersson, U. (2002) *Solvärmda Kombisystem: En Jämförelse Mellan Vakuumrör och Plan
　Solfångare Genom Mätning och Simulering*, SP rapport 200220, SP Swedish National Testing and
　Research Institute, Borås, Sweden
Morhenne, J. (2000) 'Controls', in *Solar Air Systems: A Design Handbook*, James and James Ltd, London,
　Chapter 5
Russ, C. (2005) *Demonstration Buildings: Design, Monitoring and Evaluation*, IEA, Task 28, Subtask D,
　www.iea-shc.org.
Weiss, W. (ed) (2003) *Solar Heating Systems for Houses: A Design Handbook for Solar Combisystems*,
　IEA Task 26, James and James Ltd, London

2.6　高效地满足剩余能量需求

S.Robert Hastings

2.6.1　简介

对于高性能住宅，应如何满足剩余能量需求是一个重要问题。所谓剩余能量需求，是指在采取了节能措施（可包括主动式太阳能热利用或光伏发电等）之后，仍然需要的能量。

本节将概要性地介绍一些系统案例，并将分析这些系统应用于高性能住宅的适宜性。但本节内容不包括本章2.5节中提到的那些太阳能系统，因为它们或需要大量投资，也不包括非常依赖地理区位（如地热系统）或尚不成熟（如燃料电池）的系统。本节中各相关系统的更多信息，参见本书的姊妹作：《可持续太阳能住宅（下册）：示范建筑与技术》。

选择产热系统的关键指标是供能的固定成本最小化。以燃气为例，尽管冷凝燃气炉的名义效率能达到100%以上，但由于消耗的燃气量极少，导致其固定成本超过能源成本，如下例所示（表2.6.1），高达235%：

设计建议

为高性能住宅补足剩余能量需求的设备具有的一些重要特征包括：

- *简单性*：由于剩余的能量需求比较少，供热量要求很低，因而系统投资成本也应当比较低。简单的系统更可靠，错误安装或错误使用的几率也更低。
- *反应迅速*：由于高性能住宅对被动式太阳能或内部得热的反馈十分迅速，采暖系统也需要能作出快速的回应，以避免在不需要热量时（如应用最低水量平板散热器和管路系统或最小质量辐射表面采暖系统时）还在不停供热。
- *保温良好*：发热设备应有良好的保温，从而使启动热损失最小；做好储水箱的保温，将其固定热损失降至最低；管道和阀门等部件应保温良好，以使循环损失降至最低。
- *少即是多*：如果能避免用储水箱（采用流过式加热器代替）且保证管道较短，就可以节约投资成本，使热损失最小化，降低用于转移水或空气的寄生功率（parasitic power）。
- *低寄生功率*：高性能住宅中，在确定系统运行时长和电力一次能源系数的条件下，用于提供助燃空气和驱除废气的风机电耗，以及用于循环热量的泵和风机的电耗，会占去总一次能源的大部分。对于面积为1200m²的联排住宅，一个60W的循环泵每天运行12小时，会增加超过3kWh/m²的一次能源。用通风系统、换热器除冰、循环泵、燃料注入和太阳能系统运行的一次能源可达到9—10kWh/（m²·a）（Feist，2002）。
- *低基础成本*：由于采暖所需的能量很少，最好要使供能的固定成本最小化，除非是几个家庭可以共用一套采暖设备。

高性能住宅燃气采暖成本实例	表 2.6.1

设定条件	
采暖面积	150 m²
供热指标	15 kWh/（m²·a）
燃气炉效率	98%
总室内采暖量	2295 kWh/a
燃气价格（2005）	€ 0.024/kWh
燃气可变成本	
可变成本	€ 55
固定成本	
基价	€ 5.00
电表电价/年	€ 70.0
废气检查费	€ 20.00
服务费	€ 40.00
总计	€ 135.00
总价	€ 190
可变成本	29%
固定成本	71%

注：€为欧元符号。——编者著

2.6.2 燃烧系统

化石燃料燃烧系统

针对高性能住宅仅需很小供热量的情况，燃气或燃油供热设施最好采取多栋住宅共用的形式。对于独栋住宅而言，固定成本（含市政连接费、仪表读取、烟囱清洁和废弃检查费用等）会和消耗的气或油的实际成本比例失衡。

如今，冷凝式燃气设备（现在也有燃油供热设备）十分常见。从废气中回收热量可以提高系统全年效率。这类燃气系统通过冷凝式余热回收得到的收益，要比燃油系统多（大约是11%：6%），而且冷凝产物酸性较弱，在许多地方它是可以直接排入住宅下水道的。而燃油的优点则是可以储存在房屋里，而不像燃气必须完全依赖市政基础设施的不间断供给。

生物质燃烧系统

生物质可包括许多不同的东西，如污水底泥产生的沼气、葵花油、木材等。在这里我们只讨论后者。尽管木材的蕴能大约为5kWh/kg，只有油的一半，但其"碳中和"的特性更令人关注。燃烧产生的CO_2实际来源于树木曾经从大气中捕获的CO_2。不过，我们常会忽略一个事实：木材燃烧还会释放微小颗粒物，这会加重逆温现象，导致的建成区本来就很严重的空气污染问题进一步恶化。

有三种燃木系统比较常见：

1. 现在的燃木炉已拥有了精密控制的燃气供应、精心设计的换热器（与空气或水进行热交换）和缓速燃烧（仅纵向放置两到三块木柴）的特性，十分符合高性能住宅供热量较低的情况（见图2.6.1）。燃木炉可设置在起居空间内，带有窗户，可以提升房间的"氛围"。不过燃木炉必须手工添加燃料，而且要手工清理炉灰。在依赖机械通风的气密型住宅中，炉膛必须是密封的并且100%由外部空气支持燃烧。这类高性能燃木炉的产能成本很高，但其他好处仍然使它们广受大众欢迎。

2. 颗粒燃料锅炉的最大优点是全自动化，而且热力输出量可调节至与需求相匹配。颗粒燃料锅炉也可放置在起居空间内，优点是辐射热和对流热仍会留在房屋的采暖体量内，而不会流失。颗粒炉的缺点是采用电子点火，因而需要合理控制，避免出现频繁循环现象。

图2.6.1　高效燃木炉

资料来源：TOPOLINO，www.twlag.ch

3. 木屑炉在大规模项目（如公寓楼或采用区域供热的社区集中系统）中十分常见。木屑炉的缺点显然是体量问题：木屑需要经过运输并进行储存，跟用废木料或木柴压缩成的颗粒相比更占空间。

热电联产系统

燃烧产生的热量也可以用来发电。例如，天然气或丙烷点燃内燃机，进而推动发电机，电动机产生的"废热"可以用于供暖和供应生活热水。这种系统的缺点是维护成本高，需要隔离噪声和振动，以及高额的初投资成本。而且，这种系统应至少服务20个住户才能算是合理。

2.6.3 热泵

环境空气热源

本书中的电力一次能源系数设定值为2.354，它反映了电力中的不可再生能源的消耗量。在欧洲，平均而言，热泵的性能系数（COP）需要大于上述指标才有价值。而通常空气源热泵的COP仅在2.5—2.75之间，因而其他类型的热泵会更具吸引力。

地下/地表水热源

地面以下1.5—2m即具有季节性储能作用，其温度稳定在年平均气温上下。这会大幅提高热泵的COP值。

废空气热源

所谓"紧凑型供热通风热水系统"是将通风换热器排出的废气作为热源（见图2.6.3）。其效果是可以将COP提升到3或以上；但前提是系统的温度需求不能太高（应<60℃）。这类系统通常与市政电网相连，功率仅为500—700W，却能够提供1.5—2.0kW的热力。为防止换热器冻结，需要在埋深1.5—2m的地埋管中预热新风。

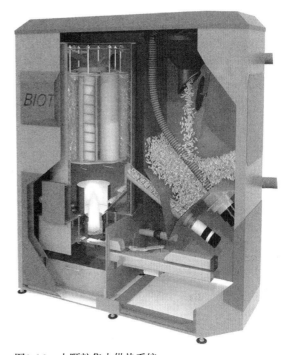

图2.6.2 木颗粒集中供热系统
资料来源：Biotech Hugler AG，www.huggler-technik.ch

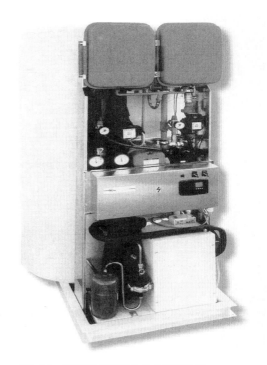

图2.6.3 紧凑型热泵联合热水通风系统
资料来源：Friap Ag，www.friap.ch

2.6.4 直接电加热

高性能住宅的需热量很小，直接用电加热也颇具吸引力。应用护壁板电采暖可以实现房间独立控制。生活热水也很简单，只需在储水箱里安装一个电气元件即可。当然，直接电加热方式将难以实现较低的一次能源消耗，除非电力一次能源系数非常低，也就是要求可再生能源发电量的比例要很高。不过，现在由于欧洲电网实现了国际性连接，争论的声音已经减弱了。

2.6.5 结论

不管打算采用哪种系统来补足剩余能量需求，能源本身的成本很可能不是主要问题——无论是天然气、油还是木料。关键的问题是总成本，即要包括市政连接费、公营事业管理费和分期清偿设备投资在内的各种固定成本。最经济合理的解决方案是要与一种市政体系中的能源载体相连。由于住宅总是需要用电的，逻辑推论得到的理想选择即用电，如采用热泵系统。如果电力一次能源系数（以及㶲值）很高，这可能会提高其他方案——如生物质——的吸引力。如果热量可在较低温度下传导，譬如应用了辐射表面采暖，那么系统性能和效率将能得到提高。不过要想切实提高系统效率，这还需要满足一个条件，即当被动式太阳能和室内得热已经实现了所需的室内温度时，系统必须能够立刻停止热传导。

参考文献

Feist, W. (1998) *Das Niedrigenergiehaus – Neuer Standarf für Energiebewusstes Bauen*, C. F. Müller Publishers, Heidelberg, Germany

Feist, W. (ed) (2000) *Arbeitskreis Kostengünstige Passivhäuser, Protokollband no 6, Haustechnik im Passivhaus, Protokollband no 20 Passivhaus*, Versorgungstechnik Passivhaus Institut, Darmstadt, Germany, www.passiv.de

Feist, W., Pfluger, R., Kaufmann, B., Schnieders, J. and Kah, O. (2005) *Passivhaus Projektierungs Paket 2004*, Passivhaus Institut, Darmstadt, Germany

Hoffmann, C., Hastings, R. and Voss, K. (2005) *Wohnbauten mit geringem Energieverbrauch – 12 Gebäude Planung, umsetzung und Realität*, C. F. Müller Publishers, Heidelberg, Germany

第3章 生态

3.1 简介

Carsten Petersdorff

在低能耗高舒适性的住宅中，建造过程所需的能量是建筑全生命周期能耗重要组成部分。因此，在试图减少住宅全生命周期能量消耗的过程中，有时候选用蕴能极低的结构类型或建筑构件，会比采取供热节能措施更为有效。选择建筑构件时要考虑的另一个重要因素是生产过程中的物质流过程。包括原材料提取、加工、制造、安装，一直到拆除和处理 / 再循环的全过程。问题随即呈现：什么是可持续性？

1987 年，挪威前首相及世界环境与发展委员会主席布伦特兰（Gro Harlem Brundtland）向联合国提交名为《我们共同的未来》（Our Common Future）（WCED，1987）的报告，其中第一次提出"可持续性"一词。该报告也称为《布伦特兰报告》，其中将可持续发展定义为"在满足当代人需求的同时，不损害后代满足其自身需求能力的发展"。

总的来说，可持续发展即兼顾经济、环境和社会各个方面的全面发展模式。在不同专业背景下，各类研究者的重点也各不相同：经济学家更注重可持续经济发展，生态学家强调人类与自然系统的可持续互动关系，而社会学家则将重点放在生存质量问题上。

本书将介绍四种用于评估建筑可持续性的方法：

1. 累积能量需求（CED），涵盖建筑全生命周期（生产、建造、使用、拆除和处理），着重于全生命周期中能量消耗的定量分析。
2. 全生命周期分析（LCA），重点关注生态层面（例如污染）。
3. 全面质量评估（TQA），涉及生态、经济和社会各个层面，并对相关影响作出量化评价。
4. 可持续性建筑方法（ATS）则探索了建筑在环境、社会、经济以及政治层面，或所谓"宏观环境"（the milieu）中的表现，从而提高我们的生存质量。

本章介绍第 1、第 2 和第 4 种方法，全面质量评估（TQA）将在第 5 章中介绍。不是每个方法都能够平衡兼顾所有三个层面（即建筑在生态、经济和社会层面的影响），每种方法都有其特定的关注重点（见图 3.1.1）。而表 3.1.1 则列出了不同方法的目标、输入要求和结果类型。该列表并不十分全面，这里所讨论的方法都是在此项国际能源署（IEA）任务中使用过的。如果希望全面了解相关方法或工具，详情参见：

- IEA BCS 附件 31：与能源相关的建筑环境影响（Energy Related Environmental Impact of Buildings）
  （www.uni-weimar.de/sce/PRO/TOOLS/index.html）；以及

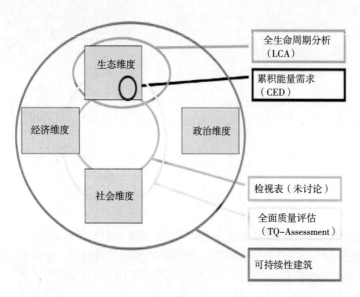

全生命周期分析
（LCA）

累积能量需求
（CED）

检视表（未讨论）

全面质量评估
（TQ–Assessment）

可持续性建筑

图3.1.1 不同方法涉及的各个方面

资料来源：Kristel de Myttenaere，University Catholique de Louvain

不同方法的特性　　　　　　　　　　　　　　　　　　表3.1.1

工具	目标	所需数据	结论	可能的使用者	应用潜力	局限性
累积能源需求（CED）	建筑全生命周期的生态评估，只考虑累积能量需求。评估不考虑特定时间和地点。	所有建筑构件和能耗的调查数据。所有构件和能源系统的累积能量系数。	定量的。	专家。	可以定量比较。可作为建筑能源系统优化的基础。提供了能源环境影响的相关信息。	只包括能源方面。数据库和边界条件不同。
全生命周期分析（LCA）	整个建筑生命周期的生态评估。全球、区域和地方的环境影响。评估不考虑特定时间和地点。	所有建筑构件和能耗的调查数据。所有构件和能源系统的环境影响评估因子。	定量的。对结果的解释和敏感性分析很重要。	专家。	可以定量比较。作为建筑能源系统优化的基础。提供了生态环境影响的相关信息。	数据库缺乏连贯一致性。复杂性妨碍了对多方面的包容兼顾。设计早期阶段尚存在不确定性。只考虑生态方面。
全面质量评估（TQA）	各种建筑可持续性标准的定量指标，包括生态、社会和资金层面。	建筑设计和质量控制（材料和能源）的数据。原材料调查数据和权重系数。	9个不同方面的定量结论。建筑质量认证。建筑业主文书。	建筑师和规划师。	可以定量比较。可在规划阶段和建筑移交前应用。全面包括可持续性的各个方面。	不包括使用者的行为。部分生态影响因素因缺乏可参照的经验而被去除。
可持续性建筑（ATS）	定性整合为宏观环境中的特殊性判断。包括环境、社会、经济和政治方面。	—	—	建筑师和规划师。	—	—

- 澳大利亚环境与遗产部的项目"建筑全生命周期绿色化"（Greening the Building Life Cycle）
（www.buildlca.rmit.edu.au/matrix.htm）.

参考文献

WCED (World Commission on Environment and Development) (1987) *Our Common Future*, The Brundtland Report, Oxford University Press, Oxford

3.2 累积能量需求（CED）

Carsten Petersdorff

3.2.1 简介

在建筑设计或审批过程中，通常要估算建筑全年运行能耗。对于高性能住宅，由于保温性能改善导致建筑采暖能耗降低，从而使建筑建造能耗的比重比常规住宅更高，因而这部分能耗也就必须考虑在内。

累积能量需求（CED）是指产品或服务在全生命周期中的全部一次能源消耗量。它是评估建筑生态平衡的一个很好的指标，因为它是包含了材料和构件生产过程以及整个使用期运行能耗的总和。

累积能量的潜在观点是：每个技术过程都需要消耗能量。而能量供应过程与许多环境问题都相关。因此，能耗总量反映了产品的环境影响。基于全生命周期能耗的分析，我们就可以公平比较产品和服务。为了比较不同类型的能源——不论是热能、机械能、化学能还是电能，都统一转化为一次能源的计算单位。

评估 CED 时要考虑以下参数：

- 使用材料总量；
- 材料加工过程中的能耗；
- 材料寿命；
- 材料全生命周期直至其任何部分、构件或材料的处理或再循环过程中的能耗；
- 生产、使用和处理过程中与能量转换相关的各类排放。

3.2.2 概述和边界条件

为计量 CED，本研究根据德国工程师协会（VDI）指导准则 4600（VDI1997）使用一个标准化单位。该准则为判断设计、生产、使用和处理过程中节能措施的优先性方面提供了有用的基础信息。

CED 包括生产（CED_P）、使用（CED_U）和处理（CED_D）过程中的全部一次能耗需求。

$$CED = CED_P + CED_U + CED_D \qquad (3.2.1)$$

产品 CED 的计算范围要从其原材料初始生产，直至产品的最终处理或存放。计算 CED 要求对计算边界作明确界定，并对其间的物质流、能量流进行量化。边界应根据地点、时间和技术标准确定，但也常会相互交叉，这会使分析变得复杂。

3.2.3   平衡方法概述

为平衡计算产品或服务的 CED，可以调查整个流程链，或应用输入输出分析法进行分析。

- 输入—输出分析通常依赖于国民经济统计和能量使用数据。这是一种经济学方法，用于追踪经济体中的资源和产品。生产者和消费者会根据所需输入资源和产出产品划分为不同支系。输入—输出量通常以货币形式表示。尽管如此，由于数据聚合度过高，以及对货币价值过度依赖，该方法不能直接用于确定产品的 CED。当然，有了输入—输出的能量、材料和产品的调查数据，就能够估计产品的累积能量需求。

- 我们对全过程链（见图 3.2.1）可以进行微观或宏观分析。宏观分析中，能耗数据聚合度较高（至少是整个工厂群），因而它通常只能形成模糊的结论。而微观分析中，数据聚合度很小或几乎没有。在此，生产程序细分成多个独立过程，并逐一进行研究。尽管如此，这种方法只有在数据充足时才具备可行性。要确定 CED，建议应用微观分析和宏观分析相结合的渐进估算法。

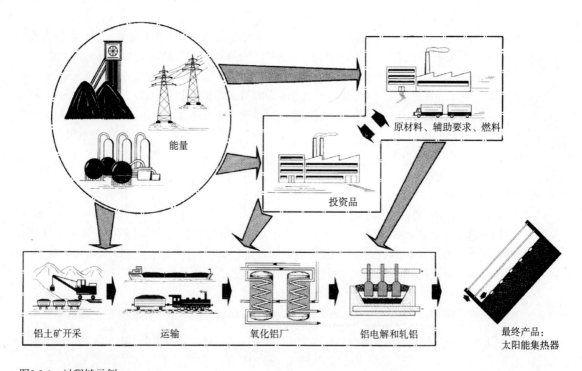

图3.2.1   过程链示例

资料来源：VDI（1997），http://www.vdi.de

3.2.4 建筑具体方面

CED 可以在建筑项目的各个尺度上得到应用。

- 对于特定建筑材料，可以查找到其生产和处理阶段的能耗。从各类数据库中获得产品的具体数据将有助于合理选材。
- 通过对功能性构件（如给定 U 值或其他特征的 $1m^2$ 外墙）进行 CED 评估，可以对规划设计决策的制定有所帮助。不仅要考虑生产过程的平均能耗，也要考虑其他能量需求，如交通运输或建造过程。功能性构件的寿命和维护都是评估中要求输入的项目。
- 整体建筑的评估要求精心选择评估标准。从功能性层面（每平方米居住面积）还是生存质量层面（每户、每人）进行比较，哪个会更为合适呢？通常结果都会包括建筑建造和拆除的能耗、使用过程中采暖和生活热水的能耗，以及维护能耗。
- 城市规划也可以使用 CED 法来评估其建筑和基础设施。

3.2.5 潜力与限制

评估过程链树状图上所有平行阶段的 CED 不可能总是毫无误差。过程链通常十分复杂，各个独立阶段能耗之间的关系也常会具有其他层次的意义。这种不确定性无法避免，所以应该对结果中的误差、边界条件设置标准，以及评估过程链的方法作出说明，这是很重要的。建筑及其构件的预期使用寿命常会与实际情况有很大差别，因而报告也必须对这些假设作出说明。

不过相对而言，CED 本身可以算得上是评估建筑环境影响并统观建筑使用期内各种关键问题的比较简便的方法。它的评估结果可以与其他方法相比较。

3.2.6 建议

以下是 CED 应用的总体准则：

- 在标准建筑的全生命周期中，采暖和生活热水供应的能耗将占 CED 的大部分。而对于能耗极低的建筑，建筑全生命过程中的能量使用大为减少，甚至与建造能耗达到了相同的数量级。因此，如果目标是降低建筑全生命周期中的能耗，那么选择合适的建筑构件，大概最终会和改善系统能效措施的效果差不多。
- 在建造和维护阶段，能耗主要是围护结构。紧凑的建筑（例如公寓楼）减少了建筑围护结构的比重，于是也减少了建造、采暖以及制冷的能耗。
- 通常轻型结构住宅在建造和维护方面的累积能源需求较小。轻型结构中大块木材的 CED 值比胶合板低 25%。而且这类木材处理不会产生不良排放物。对于大体量建筑，低温烧制砌块（例如石灰石）的 CED 值最佳。通常坚硬材料（例如砖）需要消耗更多能量。
- 应尽可能少使用钢筋混凝土，因为水泥和钢筋的生产以及建筑寿命结束时的拆除处理都需要消耗大量能量。
- 建筑保温的效果是正面的，即便是根据被动式房屋标准来衡量也是如此。以循环材料为原料制成的保温材料（例如纤维板）的 CED 值最佳。
- 用于填充保温气体间层的气体（例如氪）对建设期的能量平衡有不利影响；但是建筑全生命

周期内的总体效果是积极的。

- 应该考虑用轻型构件来取代高能量密度的结构（譬如说，应建造花园棚屋而避免修筑混凝土基础，要车棚而不要车库等）。

- 最后一个重要的方面是，选择长寿命构件能在建筑全生命周期中节约大量能量。

参考文献

Boermans, T. and Petersdorff, C. (2003) 'KEA als Entscheidungsparameter in Solarsiedlungen – Analyse der Solarsiedlung Koldenfeld' in *Rahmen des Projektes Anwendung und Kommunikation des kumulierten Energieaufwandes (KEA) als praktikabler Entscheidungsindikator für nachhaltige Produkte und Dienstleistungen hinsichtlich Reduzierung des Ressource und Energieverbrauchs*, Ecofys, Köln, Germany

Fritsche, U. R. (2003) *Global Emission Model for Integrated Systems*, Manual, Ökoinstitut, Darmstadt, Germany

VDI (1997) *Kumulierter Energieaufwand: Begriffe, Definitionen, Berechnungsmethoden (Cumulative Energy Demand: Terms, Definitions, Methods of Calculation)*, VDI-Richtlinie 4600, VDI-Gesellschaft Energietechnik, Düsseldorf, Germany

Wagner, H.J., Schuchardt, R., Siraki, K., Petersdorff, C. and Boermans, T. (2002) *Ökologische Bewertung im Gebäudebereich – KEA: Untersuchung der Solarsiedlung Gelsenkirchen*, Endbericht, AG Solar NRW, Universität GH Essen, Essen, Germany

WCED (World Commission on Environment and Development) (1987) *Our Common Future*, The Brundtland Report, Oxford University Press, Oxford

3.3 全生命周期分析（LCA）

Alex Primas

3.3.1   简介

全生命周期分析（LCA）正被日渐广泛地用于评估建筑的环境影响。就像它的名称那样，全生命周期分析研究的对象是一件产品或一个过程（在此讨论的是建筑）的整个生命周期；研究要从原料提取、生产和使用，一直到最终的处理或解构。对于该生命周期的不同阶段，都将列出一个调查数据清单，包括能量与材料的消耗，以及环境排放。这才有可能判断该产品或过程能够在哪些方面改善环境。由于建设过程的环境影响复杂多样，不可能以简单的数字作为结论。而结论分析也需要考虑数据和方法的不确定性。

3.3.2   综述

全生命周期分析包括三步：

1. 确定目标和范围；
2. 调查数据清单和全生命周期影响评估；
3. 结果分析（见图 3.3.1）。

这些步骤需反复进行。在第三步得到结论之后，可能需要改变第一步所设定的内容，因而这通常会是一个循环反复的过程。

全生命周期分析的规范和有关定义在很大程度上由以下机构确立：

- 环境毒物学与化学学会（The Society of Environmental Toxicology and Chemical）（SETAC）（Consoli et al, 1993）；

- 荷兰莱顿大学环境科技学院（Centrum voor Milieukunde Leiden）（CML）（Heijungs et al, 1992）；

- 全生命周期评估北欧地区指南（The Nordic Guidelines on Life-Cycle Assessment）（Lindfors et al, 1995）；

- 国际标准化组织（ISO），该组织在 ISO14040 标准中实现了全生命周期评估方法框架的标准化。

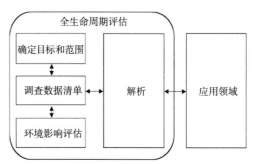

图3.3.1 全生命周期评估框架
资料来源：ISO（1997）

确定目标和范围

该步骤包括规定研究的目标和范围、产品的生命周期、系统边界、功能单位（FU）[1]和数据质量要求。功能单位必须被清晰鉴别而且是可衡量的，因为它是进行比较的基础。

全生命周期数据调查（LCI）

调查数据和分析包括数据采集和（以物理单位）量化产品系统投入—产出的计算过程。除了资源消耗和排放，这些数据还包括内含的产品或过程（例如钢材、电或运输）。调查数据必须与每个基本过程的参照流有关，进而依据研究用的功能单位，将投入和产出量化并归一。建筑材料、建筑过程和能源供给过程的调查数据必须有相同的系统边界，以保证数据库的一致性。

许多情况下，一个过程可能生产出不同的产品。此时环境负荷将切分给不同的产品。切分过程在ISO（1997）中有说明，但定义切分要点的方法还未能被明确提出。在某些情况下，可以通过扩大系统边界来避免切分步骤。

调查表包括大量资源使用数据，包括来自大自然的（如油、矿石或土地空间）或（以不同的物理单位）排放到大自然的空气、水和土壤。

全生命周期环境影响评估

大量的调查数据是难以进行分析的，所以必须对数据进行累计。资源使用及其排放影响要被归类，并量化到有限的类别中，然后可能要为这些类别赋予权重。海容斯（Heijungs，1992）提出了对调查数据按其环境影响程度进行分类的方法，分为五个步骤：

1. 环境影响类别的定义（例如温室气体、不可再生资源等）。
2. 分类：在分类步骤中，根据物质对环境的影响进行分类。某些物质可以不只包含在一个类别之中。
3. 特征化：物质对环境的影响会有所不同，所以必须根据参考物来对它们进行权衡。
4. 归一化：以该类别的总体影响为基准，对每种影响进行归一化分析。
5. 评估：对不同的归一化分值进行权重叠加。

---

1 functional unit，缩写形式 FU，指 LCA 研究系统对象（及其服务）功能的基本测度单位，所有相关数据（调查数据、输入、输出）均须以 FU 为基本单位进行量化。如建筑 LCA 的功能单位可以是每居民、每家庭户、每平方米建筑使用面积、采暖面积等。——译者注

权衡环境影响有多种不同的方法。"生态指标 99"（Eco-indicator 99）（Goedkoop and Spriensma, 2001）提供了许多叠加计算方法，其中对所有的环境影响进行了权重分析。分析结论是一个数值，表示总的环境影响。生态指标 99 对三种环境影响加以区别：人体健康、生态系统质量和资源损耗。

评估建筑的生态性能，可以应用许多不同的以全生命周期分析为基础的工具。IEA（1999）和 RMIT（2001）推出了一个工具表，其中包含了对其使用方法及用途的说明。

解析

完成了 LCA 的每一步骤之后，数据即可被解析。这就可以包括灵敏度分析（即对建筑的生命周期环境影响降低可能性的系统性评估）。

结果

分析的结论将给出该过程或产品在全球层面的生态影响。结论将有助于实现更优化的生态解决方案，同时也会显示不同方案对生态系统的影响。

3.3.3 建筑的具体方面

建筑全生命周期分析的功能单位可以是居民、公寓、每平方米建筑使用面积或采暖面积。如果比较的是城市结构，那么以"居民"或"公寓"为功能单位可能比"面积"更合适些，尽管这种功能单位又会使建筑之间的比较变得比较困难。如果将建筑使用面积作为单位，则在进行 LCA 分析比较时会优先考虑材料上的差异。如果以房屋采暖面积作为功能单位，进行比较时会优先考虑房屋运营能耗的差异。本书中的功能单位设定为房屋采暖面积 [所有房间内部尺寸之和或净使用面积（floor and carpeted）] 和运营年份，包括对建筑使用寿命的设定。

对于使用期长的产品（例如建筑），全生命周期包括对服务寿命、使用和维护情况、构件维修和更换、主要翻新或整修以及拆毁和再循环方案的设定。

然而，LCA 中对建筑后处理的方式充其量也只能是推测性的，因而这部分应当分开撰写报告和展现，以保证结论的清晰性。

LCA 可以在设计新建筑或修整现有建筑时使用。进一步的 LCA 可深入提供一些有用的信息，如建筑开发中还有哪些在依据 ISO14000 开展工作的公司，及其在生态改善方面的发展。LCA 也可用于建立构件或建设类型的生态性能数据库，以作为从业者的一个指南。

3.3.4 潜力和限制

潜力

LCA 以比较容易阅读的方式，提供了建筑在生态性能方面的信息，从而有助于规划决策。定量结果可用来比较不同的解决方案。这就把"如何识别建筑在全生命周期中存在的问题"这个困难的任务作了简化。

限制

- 在建筑相关产品的全生命周期调查清单方面，仍然缺乏稳定和普遍公认的国际性数据库。

2003年9月，瑞士全生命周期调查数据中心发布了一个基于网络的、高一致性数据集的LCA中央数据库（Ecoinvent，2003）。随着它的日渐完善，该数据库应当可以填补这方面的空白，至少目前已能区域性地实现这一目标。

- 在设计初期，规划者能够确定下来的事情其实非常少；然而，LCA却需要详细的结构数据。
- LCA对于因建筑地理位置不同而造成的交通出行方面的影响很难被反映出来。另外，LCA只研究生态影响，不涉及社会或经济方面。并且对生态影响的判断是以全球范围为基础的，可能不适合于区域或地方尺度的评估。
- 与"简要对照表"等其他方法相比，LCA需要的工作量更大。

3.3.5 结论和建议

与常规建筑相比，高性能住宅在全生命周期中的总环境影响可以降低50%。常规建筑在使用期间的节能对其影响最大；但由于高性能建筑使用期能量需求低，建筑在建造和修缮方面的节能就变得更为重要。较大的节能潜力其实存在于建筑的基本概念中，主要包括以下几点：

- 紧凑的建筑设计可实现低能量需求，同时减少材料需求量。因而应当采用最小体形系数。
- 用木材取代水泥。木结构在全生命周期中的环境影响较低，故其评价更高。如果出于保温目的而需要厚重的地板，那么理想的材料就是天然石板（铺设在木质结构托起的干燥地板构造上）。尽管如此，建造木结构时，处理本地木材也不宜使用化学方法。
- 应使用耐用的可循环建筑材料。
- 避免使用复合材料。如果使用高蕴能材料（塑料、铁），那么这些材料应当能够被拆解分离，以便循环利用。

住宅使用期内的重要能量问题包括：

- 节能最重要。保温材料的选择对环境的影响并不大，高水平的保温是非常好的。
- 每平方米净取暖建筑面积对应的太阳能集热器面积超过 $0.1m^2$ 以上时，全生命周期能量需求并不会呈现正相关线性降低。
- 对通风系统性能的评价必须包含风机的用电需求，如果有可能还应包括后备加热系统的用电量。材料的选择是相对次要的。
- 选用最高能效等级的家用电器，用电量可大幅降低。
- 对于使用热泵的住宅，如果再有部分电力来自可再生资源（如光伏或风），那么这个混合的供电结构将非常有利于获得更好的全生命周期分析结论。

参考文献

Consoli, F., Allen, D. Boustead, I., Fava, J., Franklin, W., Jensen, A.A., de Oude, N.,Parrish, R., Perriman, R. Postlethwaite, D., Quay, B., Seguin J. and Vigon, B. (1993) *Guidelines for Life-Cycle Assessment: A Code of Practice*, Society of Environmental Toxicology and Chemistry (SETAC), Brussels

Ecoinvent (2003) *Ecoinvent Database*, Swiss Centre for Life Cycle Inventories, Duebendorf, www.ecoinvent.ch/en/index.htm

Goedkoop, M. and Spriensma, R. (2001) *The Eco-indicator 99: A Damage Oriented Method for Life Cycle Impact Assessment*, Methodology Report, third revised edition, PRé Consultants B.V., Amersfoort, The Netherlands

Heijungs R., Guinée, J. B., Huppes, G., Lankreijer, R. M., Udo de Haes, H. A., Wegener Sleeswijk, A., Ansems, A. M. M., Eggels, P. G., van Duin, R. and de Goede, H. P. (1992) *Environmental Life Cycle Assessment of Products – Guide*, Centre of Environmental Science, Leiden, The Netherlands

IEA (1999) *IEA Annex 31: Energy Related Environmental Impact of Buildings*, www.uni-weimar.de/scc/PRO/TOOLS/index.html

ISO (1997) *Environmental Management – Life Cycle Assessment: Principles and Framework*, ISO/FDIS 140401997 (E), International Organization of Standardization, Geneva

Lindfors, L. G., Christiansen, K., Hoffman, L., Virtanen, Y., Junttila, V., Hanssen, O.J., Rønning, A., Ekvall, T. and Finnveden, G. (1995) *Nordic Guidelines on Life-Cycle Assessment*, Nord 199520, Nordic Council of Ministers, Copenhagen.

RMIT (2001) *Greening the Building Life Cycle: Life Cycle Assessment (LCA) Tools in Building Construction*, Environment Australia Centre for Design, RMIT University, Australia, www.buildlca.rmit.edu.au.

3.4　可持续性建筑（ATS）

Kristel de Myttenaere

3.4.1　简介

可持续性建筑不仅仅是节能或零排放的建筑。可持续性建筑必须适应并尊重"宏观环境"这个更大范围的概念。这就包括了自然、生态、生态经济、文化和社会环境。一个成功的解决方案必须满足以下出自《里约宣言》（Rio Declaration）（WCED，1992）的原则。

- *共同但有区别的责任*：我们这些地球公民都必须对地球的未来负责，西方人负有更多责任。这种共同的责任存在于个人、机构、国家及其周围的生态系统之间。这些责任必然约束着所有人。

- *内部公平和代际公平*：无论是现在还是未来，全世界人民都有权享受一定质量和数量的健康环境。从现在到未来共同的责任意味着我们是健康环境的管护者，而且下一代也有享受健康环境的权利。

- *可持续发展要素的整合（环境、社会、经济和政治）*：为实现可持续发展，环境保护必须成为发展过程的一个不可分割的部分，不能孤立看待；跨领域的处理方法是很重要的。反思发展过程中环境、社会、政治和经济之间的关系，需要涉及不同领域的多方参与者。事实证明这是一种成功的方法，是适时并有效的。

- *对不确定性的防范和承认*：我们必须限制推定的或潜在的风险。我们要对当前行为所造成的结果负责。协作整合方法可以作为一种工具，在不损害下一代利益的前提下有助于在多种发展要素之间达成平衡。

- *参与以及良好的管理*：我们有责任获取更多的知识，以完全掌握地区及全球性问题作出准确定位并采取行动。接受教育和获取信息的机会是非常重要的。我们共同的责任是世界性的。每个人的参与都在给予我们一种选择和一种心声。

3.4.2 将原则应用于规划中

共同的责任

空间是一个集体性产品，整个社会（特别是建筑师）要对其负责。如果一名建筑师为客户提供了一项服务，那么他也同时为社会提供了一项服务。建筑带来的影响超出了其项目自身的范围。那么建筑要怎样对各种尺度的公共空间负责地作出回应呢？

内部公平和代际公平

什么类型的建筑能为所有人提供住房，兼顾个人和集体福利？应设定最低密度指标作为限制手段，以保证每个人都能分享健康设施、学校、工作地点、文化活动、贸易、运输点等。那么，又应该如何连接建成环境，才能在时间和空间上达到这一目的呢？我们世代相承的自然遗产和文化遗产，在这一过程中必须得到尊重。

可持续发展要素的整合

可持续发展涉及环境、社会、经济和政治方面。在保护自然生态系统的同时，可持续性建筑必须保证用户的舒适性。建筑必须在个体层面（功能主义）和社区层面（混合功能）同时运行。

不确定性的防范和承认

如今，我们能够比前代人更好地预测后代的个人和集体空间需求。因此，我们的建筑设计应具有适应能力并能够满足未来使用者的需求。许多从前几代人那里继承的建筑已经将天然材料、采光、被动式冷却技巧和被动式能源的合理利用相结合了。这些现存建筑通常可以继续利用，从而削减新建设带来的影响。

公众参与和良好的管治

这部分的想法，是要在小区、城镇、地区、国家以至世界范围内提高公众对环境、社会、经济和政治问题的意识。要解决的问题是个体和社会间的关系。要面临的挑战是修建可有效运行的公共设施（住宅、学校、医院、商店、文化区、自然区等），以促进个体发展和参与并提高社会生活质量。

3.4.3 案例研究

为了说明如何满足这些原则，下面来分析一个位于维也纳的项目。该案例就上述许多方面作出了回应，尽管这些方面之间也可能存在矛盾。项目试图从环境的正面因素中获益，同时保护自身少受负面因素的影响，并限制其对环境产生的负面影响。

项目描述

该项目位于维也纳的二环线上，沿连接市中心和郊区的一条主要街道展开。顺着繁忙嘈杂的大街，项目修建了一栋带状公寓楼，而较低的联排式住宅从公寓楼隐蔽的后部垂直向后延伸。该开发项目包括 215 户 60—130m² 的住房，一个有三班的托儿所，一个操场，一栋办公楼，一家餐馆和一个有 215 个车位的停车场。该项目 1993 年开工，到 1996 年建成。

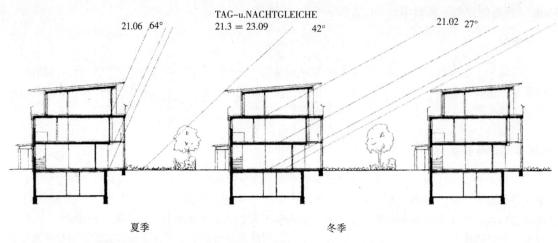

图3.4.1 维也纳布鲁内大街的Hirschenfeld住宅区案例分析

资料来源：Architect Martin Treberspurg，www.treberspurg.at/

城市规划层面的分析

环境方面：该项目与周边地区的建设密度一致，减缓向城市近郊的扩散和蔓延。

社会方面：住宅的设计满足各个社会阶层的需求。项目为住户提供了多种类型的生活空间和选择，使人们既能够享受定制个性化空间的服务，同时还拥有充足的公共空间。

经济方面：从项目和城市角度来看，该项目位于市区内而非郊区，降低了道路、公共运输、电网、水以及排水等方面的开发成本。

政治方面：住宅类型的多样性能够吸引不同年龄、不同收入和社会结构的人，提高了社会凝聚力。

邻里尺度的分析

环境方面：沿大街修建的公寓形成一堵"墙"，保护住区内部免受各种与城市道路相关的交通噪声、污染和各种危险的影响。项目东侧的小区也可以从中受益。这种防护概念可以在很多方面找到。例如，在建筑内部，

图3.4.2 维也纳布鲁内大街总体环境照片印象展示

资料来源：Kristel de Myttenaere，University Catholique de Louvain

空间的组织是按照从最嘈杂到最安静的逻辑进行划分的：公共走廊、技术设施墙（分隔走廊与住宅）、"服务"区以及"生活"区。建筑立面同样是分层的：带有植被的格栅、玻璃幕墙以及砌体墙。

社会方面：该项目为大街以西的高密度社会住宅区和以东的低密度独栋住宅区提供了空间结构的社会性过渡。

经济方面：项目实现了混合功能目标，用地中有托儿所、餐馆、办公楼以及住宅。基础设施的布置将这些部分有机联系。多功能性创造了一种活力，并使一部分人可以不必出行，便能享受到生活、工作和各种服务。

政治方面：内部人行道、绿地、游戏场地以及餐馆，为人们随时聚在一起讨论问题和建立关系提供了机会。

建筑层面的分析

环境方面：玻璃幕形成的缓冲空间不仅提供了进入公寓的通路，同时也保护人们远离噪声、汽车尾气和犯罪的侵害。项目充分遵循了被动式太阳能利用和节能原则，具体措施包括联排住宅朝南设置大窗、玻璃窗封闭阳台、设置进气阀以及建造热桥极少的高水平保温。

社会方面：半公开、半私人和私人区域，为个人和社会建立了一个有效的分界。过渡区域（如前厅、露台、走廊和阳台）从物理空间层面产生了不同程度的隔离效果，在空间识别性方面亦有作用。社会活动和交际可以在公共区进行，如洗衣房、存车处、存放区、儿童游戏场地以及住宅区内的小路等。

经济方面：起居空间简单、布局良好、合理并且灵活，这使得该项目能够适应现在和未来的不同用途。并且项目允许后续灵活改造。

政治方面：不同类型的住宅能够容纳不同的生活方式，增强社会凝聚力。起居空间的简单朴素，和对居住者的友善考虑，将能够吸引不同类型的居民。室内与室外空间之间的过渡区增强了社区意识和安全性。

材料和系统规划方面的分析

环境方面：设计包含多种太阳能利用和节能策略：

- 高保温性能；
- 与高热质量结构结合的被动式太阳能得热措施；
- 在南向屋顶上安装太阳能集热器；
- 从废气中回收热量；
- 将采暖和通风相结合，以减少从嘈杂街道一侧直接获得通风的需求。

社会方面：采暖系统是统一管理的，但也可各户单独调节。因此，不同住户之间的能耗差异较大。

经济方面：该项目使用了时下最广泛应用的先进技术，所以增量成本很低。不必完全了解系统便也可以很好地使用它们。

政治方面：由住户自行控制其能量消费。尽管如此，各户的能耗情况将公开显示，以增强居民的能量意识。

项目分析心得

如今部分技术的持续进步已经成为可能。通风和供热系统可以更高效、更有效并且管理得更加良好。如果能够提高居住者的能量意识，那么节能效果会更加明显。雨水收集和废水再循环、处理的问题也很值得进一步详细研究。最令人印象深刻的是建筑设计和规划可以有效地解决许多问题。这的确是一个应用跨领域、多维度方法，解决实现可持续发展的优秀案例。

3.4.4　结论

评估开发项目可能带来的经济、政治、社会和环境方面的影响，需要处理各种各样的问题，因而是一项十分复杂的工作。设计可持续性建筑，需要预测其与自然、生态、社会和文化环境——也就是它的"宏观环境"——的相互作用。想要为规划目标决策编制一份指标表，并建立一整套评价系统是相当有难度的。定性标准也很重要，而且更难定义和分级。恰如一个人会认识到自己既是一个个体，也是社会的一员（家庭、国家、文化等），建筑设计也必须在各个层面上给出反馈。随着设计的深入，各种矛盾也会不可避免地出现。唯一能解决这些矛盾的，就是建立一个相互妥协与合作的体系。这个体系将不应再致力于把某一个标准最大化，而在于实现所有各个标准的最佳平衡。世界并不存在绝对的真理（科学的、经济学的等等），最终方案必须在可理解的范畴内找到恰当的关系。设计的伦理应遵守《里约宣言》的原则：

- 共同但有区别的责任；
- 内部公平和代际公平；
- 可持续发展要素的整合；
- 不确定性的防范和承认；
- 公众参与和良好的管治。

参考文献

United Nations Programme (1993) *Agenda 21 Earth Summit: Action from Rio*, United Nations, www.un.org/esa/sustdev/documents/agenda21/index.htm
WCED (1992) 27 *Principles of the Rio Declaration*, Oxford University Press, Oxford, www.un.org/cyber-schoolbus/peace/earthsummit.htm

网址

Belgian Federal Plan Bureau: www.plan.be/fr/welcome.stm
International Institute for Sustainable Development: www.iisd.org
United Nations Division for Sustainable Development: www.un.org/esa/sustdev

第4章　高性能住宅经济学

Berthold Kaufmann

4.1　简介

本章内容将表明在优化建筑热工性能方面的额外投资，将为业主和居住者带来可观的附加价值。建设初始的增量成本很容易在建筑物的使用期内得到收回。事实上，伴随近期能源价格的逐步上升，投资回收期将会比以前更短。

即便会受到经济条件的约束，住宅热工性能的优化改造仍将使能量需求减少，从而使可再生能源能够满足大部分供能需求，包括太阳热能、生物质能、光电或风能（Kanfmann et al, 2003）。

建筑热工性能优化后的经济节约效益，可以通过对投资回收率的多方案比较进行判断，譬如在保温、高性能窗、热回收机械通风系统，以及高效供热、控制与分配系统等之间对比。一个不错的衡量指标是每节约 1kWh 能量的成本。它可以很方便地用于比较终端消费能源的实际价格，而本章中假设未来十年比较合理的终端能源平均价格为 0.055€/kWh。与此同时，供热需求减少而节约下来的能源成本，又会受某些其他因素影响而被部分抵消，如供暖系统的效率不足（假设为 90%），以及泵、风机和控制器的电耗成本（设定为 0.034€/kWh）。附加成本中还包括供暖系统的基建费用。若终端能源价格为 0.055 €/kWh，则全部因素叠加形成的产热总成本为 0.08€/kWh（Feist, 2005c; Kaufmann, 2005）。2005 年的常规电力供应价格假设为 0.17€/kWh，而可再生能源电力价格则要高一些。

在某些研究中通常把投资回收期作为一个评价指标。对于高性能建筑构件，其节能方面的投资回收期未必能短于产品自身的预期寿命。这种情况的确会发生，例如高保温窗和热回收机械通风系统。这些结论并没有错，但是却并不能真正帮助决策，因为这种情况下要在各种措施方案间进行成本比较仍然是不可能的。因而更好的比较指标是 1kWh 的节能成本。

如果节能措施——譬如优化保温层厚度——的附加成本，低于传递热量的实际成本，其经济效益就会十分明显。另一方面，如果该措施 1kWh 节能成本要高于供热成本（€/kWh），那么应该将该措施与其他措施再作比选。使用这个方法，任何措施的"额外收益"都可以有一个明确的数值，并且可以被计算了。

本章中的计算是基于动态计算法，将分别计算资本化价值（capitalized values）和当前现金价值（present cash values）。计算的边界条件如下（表 4.1.1）。过去十年中投资项目的中间实际年化利率约 3.5%（其中大约 1.5% 的通胀率已考虑在内），并假设以固定利率计算的时长为 20 年（这已比目前中欧各地使用的多数建筑构件寿命要短）。依据上述条件分析得到的结论，是在计算期结束时仍留有残值，这就使相关投资成本的实际现金价值大幅降低了（Feist, et al, 2001; Feist, 2004）。

注：符号€＝欧元。——编者注

成本计算的基本数据			表4.1.1
年化利率	3.5%	实际利率，根据通货膨胀调整	
计息时间	20 年	固定利率	
构件使用寿命	20年	机械通风、生活热水设施等	
构件使用寿命	30年	窗户	
构件使用寿命	50年	墙体和屋面保温	
终端能源价格	€ 0.055/kWh	燃油、燃气、区域供热，不含电力	
供热总成本	€ 0.080/kWh	详细解释见正文，不含电力	
电力价格	€ 0.170/kWh	终端能源	
气候区		温和气候（中欧）	

4.2　高性能构件的成本评估

这里先提出两个问题：

1. 在建筑热工性能方面"不作为"的代价是什么？譬如某新建筑没有任何保温措施。
2. 简单进行表面处理（例如补缀和上漆）的成本是多少？

不作为是昂贵的，保温较差的墙体在其使用期限之内产生的运营成本会显著高于保温措施的成本。

4.2.1　墙体外保温和只做表面处理的比较

保温措施的投资成本，以及相应能量损失的总成本详见表4.2.1。其中去掉了外墙表面处理措施中"必需措施"的费用，在此只比较与节能投资相关的成本。分析结论是最佳保温层厚度为23cm。所有各项成本都是根据墙体面积计算（€/墙体面积平方米数）。

当计算节能措施的总成本时，应当只考虑与能源相关的成本。对于新建筑，外墙的表面处理无论如何是必须做的，所以投资成本中应减去这些"必需成本"（此即 $30€/m^2$）。能量损失和相关运行过程的成本，可以用建筑整体 U 值乘以该气候区度日数，再乘以 24 直接计算出来。其中假设保温层使用期为 50 年。由此得出经济上的最理想的保温层厚度大约是 23cm，1kWh 节能成本大约是 0.030€。然而表 4.2.1 和图 4.2.1 中的成本函数在最低值附近相当平坦。于是可见，对于厚度为 30cm 的"未来方案"——即适用于被动式住宅建筑的方案，其成本仅仅略微高了一点，1kWh 节能的成本也仅为 0.031€。

这要比终端能源 0.055€/kWh 的实际价格低 40% 以上。作为对比，按照 2002 年 2 月德国本地建筑规范要求，保温层厚度要求为 12cm，U 值大约是 0.3W/（$m^2 \cdot K$）。

外墙保温的总成本（投资成本加能量损失成本）　　　　　表4.2.1

各项措施	必需措施：墙体抹灰	保温（6cm）	保温（12cm）	保温（23cm）最适度	保温（30cm）未来条件
经济边界条件和建筑数据					
保温层厚度（cm）	0.00	6.00	12.00	23.00	30.00
没有采取任何措施时的初始U值［W/（$m^2 \cdot$ K）］	1.41	1.41	1.41	1.41	1.41
新U值［W/（$m^2 \cdot$ K）］	1.41	0.45	0.27	0.15	0.12
构件的能量损失［kWh/（$m^2 \cdot$ a）］	106.00	34.00	20.00	12.00	9.00
投资成本					
采取措施的投资成本（€/m^2）	30	90	95	105	111
应减去的必需措施成本（€/m^2）	30	30	30	30	30
总投资成本（€/m^2）	0	60	65	75	81
投资成本残值（€/m^2）	0	24	26	29	32
投资成本扣除残值后	0	36	40	45	49
总成本当前现金价值（参见图4.2.1）					
投资当前现金价值（€/m^2）	0	36.00	40.00	45.00	49.00
能源成本当前现金价值（€/m^2）	120.00	39.00	23.00	13.00	10.00
总成本当前现金价值（€/m^2）	120.24	75.02	62.50	58.37	59.16
通过措施可节约的能源（终端能源）［kWh/（$m^2 \cdot$ a）］	0.0	81.4	96.9	106.7	109.5
（终端能源）节能的全年资本成本（€/kWh）	—	0.0315	0.0287	0.0298	0.0313
总年化成本					
年化总投资成本（€/a）	0.00	2.56	2.78	3.18	3.43
每平方米墙体的能源成本（€/$m^2 \cdot$ a）	8.46	2.72	1.62	0.93	0.73
总年化成本（€/$m^2 \cdot$ a）	8.46	5.28	4.40	4.11	4.16

表 4.2.1 中清晰可见，采用保温措施是经济的，不采取任何措施反而花费更多！这里计算了能耗成本和投资成本的总和，其数值将取决于保温层厚度（Feist，2005c）。所有保温方案的总成本都低于没有保温的方案。

4.2.2 屋面保温层（必需措施：新的屋顶瓦片和条板）

屋面保温是目前为止最为经济的措施。多数情况下，保温增厚导致的屋顶椽条增高，仅会形成少量的额外成本（Feist，2005c）。表 4.2.2 说明了高水平保温屋面的成本。增加保温层厚度的成本并不高且经济效益显著，甚至对于"未来方案"而言也是如此。

如图 4.2.2 所示，总投资成本取决于保温厚度。由于能耗成本随厚度增加而迅速减少（1/d），而施工费用仅随保温层厚度增加而线性增长，因而总成本函数曲线最低值将取决于能源价格。基于前述各假设条件，保温层在 20—50cm 之间的实际成本最低。如果考虑保温材料（如矿棉）中包含的累积一次能源，则从生态效益观点看，最佳厚度在 50—225cm 之间（Feist，2005c）。应该注意到，曲线最低处很平坦。明智的做法是选择生态效益与经济效益均为最佳区间时相重合的曲线底部边界。

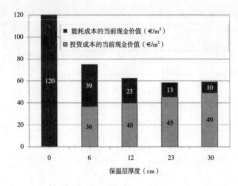

图4.2.1 墙体各类保温层的总成本（€/m²中的面积是指墙体面积）

资料来源：Feist（2005c）

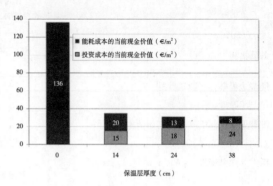

图4.2.2 屋顶椽条间保温层总成本

资料来源：Feist（2005c）

屋面保温层的总成本（这里的面积指屋面面积）				表4.2.2
各项措施 经济边界条件和建筑数据	必需措施： 屋顶瓦片和条板	保温层		
		椽条之间 （14cm）	顶部椽之间和之上的 "最佳"情景（24cm）	顶部椽之间和之上的 "未来"情景（38cm）
保温层厚度（cm）	0.00	14.00	24.00	38.00
不采取任何措施时的初始U值 ［W/（m²·K）］	1.6	1.6	1.6	1.6
新U值［W/（m²·K）］	1.60	0.24	0.15	0.10
构件的能量损失［kWh/（m²·a）］	120.00	18.00	11.00	7.00
投资成本				
采取措施的投资成本（€/m²）	90	114	120	129
应减去的必需措施成本（€/m²）	90	90	90	90
总投资成本（€/m²）	0	24	30	39
投资成本残值（€/m²）	0	10	12	15
投资成本扣除残值后	0	15	18	24
总成本的当前现金价值				
投资的当前现金价值（€/m²）	0.00	15.00	18.00	24.00
能源成本的当前现金价值（€/m²）	136.00	20.00	13.00	8.00
总成本的当前现金价值（€/m²）	136.44	35.04	31.13	31.86
通过措施可节约的终端能源 ［kWh/（m²·a）］	0.0	115.8	123.3	127.7
（终端能源）节能的投资成本 （€/kWh）	—	0.0090	0.0105	0.0130
总年化成本				
总投资年化成本（€/a）	0.00	1.04	1.30	1.65
每平方米屋面的能源成本（€/m²·a）	9.60	1.43	0.89	0.59
总年化成本（€/m²·a）	9.60	2.47	2.19	2.24

资料来源：Feist（2005c）

对于高性能住宅建筑，屋面保温的厚度在 40—50cm 之间是合适的。表 4.2.2 说明最佳的保温厚度在大约是 24cm。而 40cm 厚的保温层也只需极少的额外成本就能实现。

如图 4.2.2 所示，在此计算了屋顶椽条之间保温层的能耗成本和投资成本之和，该数值取决于保温层厚度（Feist，2005c）。此处的面积（€/m²）指的是屋面面积。

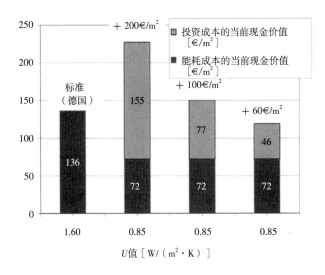

图4.2.3　高性能窗的总成本（€/m²窗面积）

资料来源：Schöberl and Hutter（2003）

4.2.3　高性能窗

窗户是高性能住宅中成本较高的构件之一。但详细比较窗的成本是值得的。如表 4.2.3 所示，对于 U 值为 1.6W/（m²·K）的标准窗，能量损失成本的现金价值大约为 136€/m²。用 U 值为 0.85W/（m²·K）的高性能窗替代则可减少能量损失，相关成本也下降到约 72€/m²。

通过总成本比较（包括能量损失成本和投资成本），各种方案都表明高性能窗的额外成本是适中的。先期发展成型的所谓"被动式窗户"，投资成本大约为 450€/m²（"+200€"方案），这是由于开发成本高且生产数量少造成的。目前，这种窗的价格大约为 350€/m²（"+100€"方案），从而使总成本的现金价值降低到 150€/m²，只比标准窗每平方米贵了 14€。

在图 4.2.3 中可见，能耗成本和投资成本之和，取决于屋面保温层厚度。此处的面积（€/m²）指建设面积。

更进一步：考虑实际能源价格，则高性能窗［U 值为 0.8W/（m²·K）］达到成本效益合理所需要的费用为"+64€"。这一结果并不令人意外：与标准窗［U_w=1.6W/（m²·K）］相比，约 64€/m² 的额外成本是可接受的。由于能耗支出更低，这部分额外投资成本可在窗户寿命期内得到回收。最终结论是最佳窗户的价格大约是 310€/m²。这个价格对于今后的市场而言是可实现的。并且，还可以通过以墙体保温层覆盖大部分窗框的方式进一步降低窗户的节能成本。由于窗框大部分被墙体保温层覆盖，也就可以选择不那么贵的窗框。2003 年，在奥地利的一个大型社会住宅项目（居住面积 2778m²）进行了窗户的对比性调查。由于项目规模原因，与表 4.2.3 中给出的数值相比，他们的成本数值要低很多（塑料窗 250€/m²；木／铝结构窗 280€/m²）。此次调查发现，高性能窗的成本比标准窗超出约 30%—35%。这说明了批量生产是可以大幅降低成本的。由于出现了价格下降，额外成本的当前现金价值也会有所降低（schoberl et al，2003）。

		高性能窗的总额外成本		表4.2.3
各项措施	必需措施：标准窗	被动式窗户'+€200'	被动式窗户'+€100'	被动式窗户'+€60'
经济边界条件和建筑数据				
不采取任何措施时的初始U值［W/（m²·K）］	1.60	1.60	1.60	1.60
新U值［W/（m²·K）］	1.60	0.85	0.85	0.85
构件的能量损失［kWh/（m²·a）］	120.00	64.00	64.00	64.00
投资成本				
采取措施的投资成本（€/m²）	250	450	350	310
应减去的必需措施成本（€/m²）	250	250	250	250
总投资成本（€/m²）	0	200	100	60
投资成本残值（€/m²）	0	45	23	14
投资成本扣除残值后	0	155	77	46
总成本的当前现金价值				
投资成本的当前现金价值（€/m²）	0.00	155.00	77.00	46.00
能源成本的当前现金价值（€/m²）	136.00	72.00	72.00	72.00
总成本的当前现金价值（€/m²）	136.44	227.03	149.76	118.85
通过措施可节约的终端能源［kWh/（m²·a）］	0.00	63.80	63.80	63.80
（终端能源）节能的投资成本（€/kWh）	—	0.1706	0.0853	0.0512
总年化成本				
总投资年化成本（€/a）	0.00	10.87	5.44	3.26
每平方米窗的能源成本（€/m²·a）	9.60	5.10	5.10	5.10
总年化成本（€/m²·a）	9.60	15.97	10.54	8.36

表4.2.3中表示假设使用寿命为30年条件下高性能窗的总体额外成本。其中的面积（€/m²）指窗面积。

除单纯的经济分析之外，高性能窗对低能耗住宅的高舒适度要求方面也非常重要。低U值可确保玻璃内表面较为温暖，由此实现室内的舒适性。没有了沿玻璃窗下行的冷风，就不需要在窗下放置散热器，从而更加节省了额外投资。

4.2.4　联合热泵系统与直接电热系统比较

接下来对联合系统（含热水锅炉、热泵和热回收机械通风）以及不用热泵而采用直接电阻式加热的类似系统——这两者的投资成本和相应的运行费用进行了比较（在表4.2.4中列出各假设条件）。对于此项研究，热泵的季节性能系数（SPF）保守地假设为2.5，事实上当前各类可用系统的SPF可以达到3.0甚至更高。表4.2.4总结了相关经济分析数据。

直接电热系统的投资成本，要比联合热泵系统低50%左右。尽管各系统产品在具体成本上会存在一些差异，但上述假设已足以反映市场的实际情况。

运行费用（按照重要性排列）包括耗电量、维护费用和供电基本费用，若与高压电力设施相连，则费用会有所增加。如前文所述，假设电价为0.17€/kWh。

电热系统与热泵系统成本计算数据概览

表4.2.4

年化利率	3.5%	
计息时间	20 a	
构件寿命	20 a	
输电实际价格	€0.17/kWh	包括固定成本（例如连接费用）

　　为了比较投资成本和运行费用，两者都通过利息计算法得到年化成本（动态成本计算法）。表 4.1.1 和表 4.2.4 列出了计算中的假设条件。假定年化利率为 3.5%，通胀因素已考虑在内（Feist，2005c）。财务计算时间与该设备使用寿命一致。与通风系统的风机和供热系统的泵相比，热泵压缩机的寿命可能较短（15 年）。另一方面，非活动构件——如通风管道——的寿命是相当长的（30 年或更长）。为简化该示范性计算，整个系统的寿命假设为 20 年。

　　表 4.2.5 中所有各年费用都被折现后与实际投资成本汇总，从而能够以总成本的当前现金价值进行比较。可以看到，就总成本而言，该热泵联合系统比直接电热方案贵 5%。在表 4.2.5 底部给出了年化总成本。

　　根据额外投资的年化成本以及每年节电量，即可计算出节能的成本。热泵系统的节能成本大约为 0.2 €/kWh，与实际电价 0.17€/kWh 相接近。

　　表 4.2.5 的第 4 列和第 5 列的两个方案考虑了"绿色电力"，其电价被假设为 0.20€/kWh，此时前述分析的效益就很明显了，这两种情况的当前现金价值几乎相同。

　　有专家认为，在不远的未来，"绿色电力"乃至常规电力的价格都将增长到 €0.25/kWh，为检验其经济效果，在第 6 列和第 7 列中计算此时各方案的总成本。此时热泵系统的当前现金价值会进一步变化，最终将比直接电热的成本效益高出 8%。该结果支持了一个鲜明的观点：电力单纯直接用于供热实在是太精贵了。可以很明确的是，若单纯从财务层面看，直接电热系统甚至还会显得更贵。

　　如表 4.2.5 第 2 列所示，优化季节性能系数（SPF）对于减少环境影响和经济投入而言都是有帮助的。如果假设 SPF=3，则节能的成本将大幅减少 0.02€/kWh，于是节能成本就不会比实际电价（€0.17/kWh）高多少了。

　　系统性能优化亦将大幅提高其经济效益，而这种经济相关性甚至是在实际电价水平下也是如此。

4.2.5　建筑平面优化设计

　　优化平面设计有助于节省运行费用和建筑造价。从锅炉到使用点之间，采用保温良好的短距离热水管线，可以减少热水的热损失；而且较短的通风管道也将减少风管的热损失，并减少风机电耗。短距离管线还可减少施工费用。所以浴室、厨房及卫生间应该布置在同一面墙体的周边，以便将通风管道、冷热水以及废水管道组合起来。

　　机械通风系统也可与洗手间或厨房的热水锅炉集成设置在一起。而一个紧凑的热泵联合系统占地面积可小于 1m²。如果供热系统设在地下室或顶楼，那么它应该直接位于这些潮湿房间的上下方，以保证管道和管线最短。

　　向房屋内部深处送风的集散式布风机，可确保良好的空气循环，从而可以不必在房间外围布管。有了这样的布风机，起居室或卧室的进气口就可以设在走廊一侧的门口，如图 4.2.4 所示，管道长度可减少约 10m（Kaufmann et al，2004）。

热泵联合系统与直接电热系统的投资成本及运行成本比较　　　　　表4.2.5

各类设备	实际电价（€0.17/kWh）			绿色电力价格（€0.20/kWh）		绿色电力价格（€0.25/kWh）	
	热泵联合系统	高效联合系统	直接电热系统	热泵联合系统	直接电热系统	热泵联合系统	直接电热系统热泵
	1	2	3	4	5	6	7
建筑与供热技术数据							
供热需求[kWh/（m²·a）]	15	15	15	15	15	15	15
生活热水需求 [kWh/（m²·a）]	20	20	20	20	20	20	20
总需热量 [kWh/（m²·a）]	35	35	35	35	35	35	35
净建筑面积（m²）	100	100	100	100	100	100	100
总年化需热量（kWh/a）	3500	3500	3500	3500	3500	3500	3500
热泵							
季节性能系数（SPF）	2.5	3.0	1.0	2.5	1.0	2.5	1.0
由此产生的电力需求（kWhel/a）	1400	1167	3500	1400	3500	1400	3500
终端能源输出价格（€/kWhel）	0.17	0.20	0.25				
投资成本							
有控制器的空气预热器			500		500		500
有控制器的通流式热水器（18kW）			400		400		400
热回收机械通风			2500		2500		2500
风道系统	1500	1500	1500	1500	1500	1500	1500
人工费用	1000	1000	1000	1000	1000	1000	1000
热泵、锅炉和通风联合系统（这类紧缩型设备价格可低至€6300）	9000	9000		9000		9000	
总投资成本（€）	11500	11500	5900	11500	5900	11500	5900
总成本的当前现金价值							
投资成本的当前现金价值（€）	11500	11500	5900	11500	5900	11500	5900
全年费用（包括维护等）的当前现金价值（€）	2132	2132	1421	2132	1421	2132	1421
基础供电的当前现金价值（€）	426	426	853	426	853	426	853
能源成本的当前现金价值（€）	3383	2819	8456	3979	9949	4974	12436
总成本的当前现金价值（€）	17441 (3)-(1)	16877 (3)-(2)	16630	18038 (5)-(4)	18123	19033 (7)-(6)	20610
可节约的终端能源（kWh/a）	2100	2333		2100		2100	
联合热泵系统的额外投资成本（€/a）	414	414		414		414	
1kWh终端能源节能的额外投资成本（€/a）	0.197	0.177		0.197		0.197	
总年化成本							
总投资年化成本（€/a）	809	809	415	809	415	809	415
维护成本及其他（€/a）	150	150	100	150	100	150	100
基本电力供应成本（€/a）	30	30	60	30	60	30	60
电耗成本（€/a）	238	198	595	280	700	350	875
总年化成本（€）	1227	1187	1170	1269	1275	1339	1450

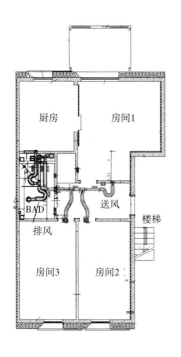

图4.2.4 （左）德国Kassel社会住宅项目中某公寓平面的优化设计；（右）送风管道实景

资料来源：Passivhaus Institut，Darmstadt，Germany，www.passiv.de

4.2.6 断热桥细部设计

避免热桥并不意味着要付出更高的材料成本，它首先依赖于设计者的智慧以及细致的工作。在提高建筑保温水平过程中，避免热桥的工作非常重要，人们往往要为它付出大量努力。在最坏的情况下，热桥可使高性能建筑的热损失增加 5—15kWh/（$m^2 \cdot a$），这会占掉全部供热需求的3%—100%。

对地下室或首层地板和上方承重墙之间的热分离，需要使用某些特殊材料，从而实现热桥效应最小化。而大多数热桥问题是可以通过仔细的详图设计避免的，主要是防止钢或铝锚穿透保温层。

4.2.7 高气密性围护结构

高性能住宅的建筑围护结构必须保证高气密性，角落的密封连接其实不需要很贵。这又涉及细致的规划设计和施工现场的质量控制。很值得花一些时间来培训和提醒工人以及零售商。

4.2.8 建筑成本：生活费用

本节内容表明，当计算总成本时，包括运营成本的减少，高性能构件的附加成本更易表现其合理性。很显然，在建设中，先期成本对于购房者而言具有决定性，然而这又是个优先观念的问题。高质量围护结构建筑和相关系统必须推向市场，就像大理石地板、花岗石厨房台面板或精心设计的水龙头那样，必须成功得到市场化。

4.3 附加成本

4.3.1 为使用者提供附加效益的开支

高性能围护结构的附加效益，可以迅速让人们接受初始附加成本。

高水平保温可使整个建筑围护结构没有热桥，能形成抵御寒冷、风、雨的第一道防线。由于人类在房屋中居住的根本原因是为求遮蔽，因此应该不断优化建筑在这方面的性能。良好的保温不仅降低了能源成本，舒适度也会有所改善——因为房屋内表面更温暖，并且没有漏风。与此同时，一个好的建筑围护结构 [高气密性，热桥极少，且总体 U 值低于 $0.15W/（m^2 \cdot K）$] 可以免除冷凝、结构腐烂发霉的风险。而最后，高性能围护结构的节能效果之好，甚至可以使建筑建造及供热的总成本低于标准围护结构的总成本。

U 值低于 $0.85W/（m^2 \cdot K）$ 的高性能窗还创造了优越的热舒适性。在冬季夜晚，即便在窗户下没有散热器或对流暖房器时，室内最低内表面温度仍然可以保持在 17℃ 以上，同时还节省了设备费用。

和开窗通风相比，热回收机械通风可将热损失减少约 70%，又能充分提高室内空气质量。一个小型高效通风装置就可以全天确保房间的换气率达到室内空气质量良好（每人每小时 $30m^3$）。二氧化碳浓度远比标准住宅小得多。

上述这些案例表明，高性能建筑构件的附加效益常常是决策中的决定因素，因此必须将其换算为经济效益。高性能建筑整体（含技术系统在内）的附加成本可在 7%—15% 之间（Schoberl et al，2003；Berndgen -Kaiser et al 2004）。表 4.3.1 给出了高热工性能构件的基本和增量建造成本。其中的面积（$€/m^2$）是指建筑净建筑面积，此处假设为 $120m^2$。

奥地利维也纳 Schoberl et al（2003）的调查项目和德国 Nordrhein-Westfalen（NRW）联邦州 Berndgen-Kaiser et al et al（2004）的调查项目都表明：高热工性能构件的附加成本并不是特别高。调查结果得出附加成本是 7%（维也纳社会住宅）以及 10%—15%（NRW 的独栋住宅）。

表 4.3.1 比较了 10% 以及 15% 的增量投资成本与运行费用，特别是能源方面的开支。首先假设一个可实现的节能方案，然后与本地建筑规范进行对比，可以看到节能措施省下的费用几乎可抵偿那些附加成本。对于 '+10%' 附加成本的方案，计算得出的节能成本为 0.059€/kWh。对于 '+15%' 附加成本方案，则使节能成本为 0.089€/kWh。在表 4.3.2 中分别计算出了当前现金价值以及年化投资成本（与此前一样都减去了残值）。

高热工性能构件的基准成本和附加成本 表4.3.1

建筑与供热技术数据	标准	高性能 （+10%）	高性能 （+15%）
采暖需求 [kWh/（$m^2 \cdot a$）]	100	15	15
生活热水需求 [kWh/（$m^2 \cdot a$）]	30	20	20
总需热量 [kWh/（$m^2 \cdot a$）]	130	35	35
节能潜力 [kWh/（$m^2 \cdot a$）]		95	95
净建筑面积（m^2）	120	120	120
总年化需热量（kWh/a）	15600	4200	4200
节能潜力（kWh/a）		11400	11400
基本建筑成本（$€/m^2$）	1200	1200	1200
高热工性能构件的额外成本（%）		10%	15%
高热工性能构件的额外成本（$€/m^2$）		120	180
投资			
投资1：建造成本（€）	144000	144000	144000
投资2：高热工性能构件的额外成本（€）		14400	21600
投资成本 1 + 2（€）	144000	158400	165600
投资成本1 + 2 扣除残值（€）	95836	105420	110211

	总年化成本					表4.3.2
能源成本（终端能源）（€/kWh_el）	0.055			0.10		
投资年化成本1（€/a）	6743	6743	6743	6743	6743	6743
经营、税收等；投资运行费1（€/a）	1000	1000	1000	1000	1000	1000
投资年化成本2（€/a）	0	674	1011	0	674	1011
维护费用，投资运行费2（€/a）	150	150	150	150	150	150
供热（终端）能源成本（€/a）	858	231	231	1560	420	420
总投资年化成本1+2（€/a）	8751	8798	9136	9453	8987	9325
1kWh节能成本（€/kWh）	—	0.0592	0.0887	—	0.0592	0.0887
总成本现值						
投资现值1+2（€）	95836	105420	110211	95836	105420	110211
运营投资成本现值1+2（€）	16344	16344	16344	16344	16344	16344
能源成本现值（€）	12194	3283	3283	22171	5969	5969
总成本现值（€）	124375	125047	129839	134352	127733	132525
附加成本（€）		672	5464		−6619	−1827
百分数		0.5%	4.4%		−4.9%	−1.4%

4.4 总结和展望

高性能住宅是保温性能优异的建筑，它的热桥极少，拥有低 U 值窗和气密性良好的围护结构，还具备热回收机械通风系统。和标准建筑物相比，这些高质量构件对于实现极低热负荷（$10W/m^2$）而言非常重要，同时也形成了附加成本。但这一投资能很容易地与供暖系统缩减（因热负荷减少）所节约的投资相互抵消，并极大降低了运营成本，并改善舒适度。

尽管如此，附加成本仍必须与其他因素"竞争"，尤其是对于一个家庭而言。与大理石地板不同，前述建筑优化方面的投资可以降低总成本，但大理石地板却不能减少运营费用。而且随着时间的推进，建造过程所需的高质量构件也将有越来越多的种类可供选择，其与普通构件之间的成本差异正在逐步消失。

石油危机接连不断的今天，进口能源价格反复无常。对于借贷购房者而言，能耗成本大幅降低，可以使他们免于因能源价格因素陷入经济拮据的状态。

对于以下各类主体而言，购置高性能住宅是一个双赢的选择：

- 想要购买舒适、可持续且可支付的住房的客户；
- 建筑及相关产品生产者：建筑师、工人及相关产业的从业者；
- 国家经济：将在本土投资方面获益，而不是一味地向能源出口国输出资本。伴随能源价格上涨，这种效益将更加明显。
- 我们的子孙后代：他们将得益于更大量的不可再生能源的储备，还有更清洁的环境。

参考文献

Berndgen-Kaiser, A., Fox-Kämper, R., Reul, J. and Helmerking, D. (2004) *Passivhäuser in NRW Auswertung, Projektschau Wohnerfahrung*, Institut für Stadtentwicklungsforschung und Bauwesen (ILS), Aachen, Germany

Bundesgesetzblatt (2002) 'Verordnung über den Energiesparenden Wärmeschutz und Energiesparende Anlagentechnik bei Gebäuden', Energieeinsparverordnung – EnEV, verkündet am 21 November 2001, 1 February, no 59

Feist, W. (2001) *Wärmebrückenfreies Konstruieren*, Passivhaus Institut, Arbeitskreis Kostengünstige Passivhäuser, Protokollband no 16, 2, Auflage, Darmstadt, Germany

Feist, W. (2002) *Architekturbeispiele Wohngebäude*, Passivhaus Institut, Arbeitskreis Kostengünstige Passivhäuser, Protokollband no 21, first edition, Darmstadt, Germany

Feist, W. (2004) *Einsatz von Passivhauskomponenten für die Altbausanierung*, Passivhaus Institut, Arbeitskreis Kostengünstige Passivhäuser, Protokollband no 24, 1, Auflage, Darmstadt, Germany

Feist, W. (2005a) *Hochwärmegedämmte Dachkonstruktionen*, Passivhaus Institut, Arbeitskreis Kostengünstige Passivhäuser, Protokollband no 29, 1, Auflage, Darmstadt, Germany

Feist, W. (2005b) *Lüftung bei Bestandssanierung*, Passivhaus Institut, Arbeitskreis Kostengünstige Passivhäuser, Protokollband no 30, 1, Auflage, Darmstadt, Germany

Feist, W. (2005c) *Zur Wirtschaftlichkeit der Wärmedämmung bei Dächern*, in Protokollband no 29, Arbeitskreis Kostengünstige Passivhäuser (AKKP), 1, Auflage, Darmstadt, Germany

Feist, W., Baffia, E. and Sariri, V. (2001) *Wirtschaftlichkeit ausgewählter Energiesparmaßnahmen im Gebäudebestand*, Studie im Auftrag des Bundesministeriums für Wirtschaft, Abschlussbericht 1998, Passivhaus Institut, 3, Auflage, Darmstadt, Germany

Kaufmann, B. (2005) *Das Passivhaus – der Entwicklungsstand ökonomisch betrachtet*, Proceedings of the International Passive House Conference 2005 in Ludwigshafen/Rhein, Germany

Kaufmann, B., Feist, W., John, M. and Nagel, M. (2002) *Das Passivhaus – Energie-Effizientes-Bauen*, Informationdienst Holz, Holzbau Handbuch, Reihe 1, Teil 3, Folge 10, DGfH, München, Germany

Kaufmann, B., Feist, W. and Pfluger, R. (2003) *Technische Innovationstrends und Potenziale der Effizienzverbesserung im Bereich Raumwärme*, Studie im Auftrag des Institut für Ökologische Wirtschaftsforschung (IÖW), Berlin, Germany

Kaufmann, B., Feist, W., Pfluger, R,. John, M. and Nagel, M. (2004) *Passivhäuser erfolgreich planen und bauen, Ein Leitfaden zur Qualitätssicherung im Passivhaus*, Erstellt im Auftrag des Instituts für Stadtentwicklungsforschung und Bauwesen (ILS), Aachen, Germany

Peper, S., Feist, W. and Sariri, V. (1999) *Luftdichte Projektierung von Passivhäusern, Eine Planungshilfe*, CEPHEUS Projektinformation no 7, Fachinformation PHI-1999/6, Passivhaus Institut, Darmstadt, Germany

Reiß, J. (2003) *Ergebnisse des Forschungsvorhabens Messtechnische Validierung des Energiekonzeptes einer großtechnisch umgesetzten Passivhausentwicklung in Stuttgart-Feuerbach*, Passivhaustagung Hamburg, Fraunhofer IBP, Stuttgart, Germany

Schöberl, H., Hutter, S., Bednar, T., Jachan, C., Deseyve, C., Steininger, C., Sammer, G., Kuzmich, F., Münch, M. and Bauer, P. (2003) *Anwendung der Passivhaustechnologie im sozialen Wohnbau, Projektbericht im Rahmen der Programmlinie Haus der Zukunft*, Bundesministerium für Verkehr, Innovation, Technologie, Wien, Austria

Steinmüller, B. (2005) *Passivhaustechnologie im Bestand – von der Vision in die breite Umsetzung*, Proceedings of the International Passive House Conference 2005 in Ludwigshafen/Rhein, Germany

Wärmeschutz und Energieeinsparung in Gebäuden (2001) DIN V 4108, Teil 7, Luftdichtheit von Gebäuden, Anforderungen, Planungs und Ausführungsempfehlungen sowie beispiele, Deutsches Institut für Normung e. V., Berlin, Germany

World Energy Outlook 2000 (2000) *Highlights/IEA*, International Energy Agency, OECD, Deutsche Ausgabe, Weltenergieausblick, Paris

第5章　多准则决策

5.1　简介

可持续建筑设计包含建筑物理、环境科学、建筑学和市场营销等领域的各种复杂问题。而建立一整套综合方法则能够全面应对这些不同的问题。这需要将建筑各系统看做是相互密切联系且与其他部分相互作用的，而不是互为孤立个体。在这样一套综合方法中，还需要权衡所有设计准则，以作出最为完善的设计决策。

不幸的是，过去对"可持续"建筑措施的"优化"常常不考虑建筑的整体性能。例如，某个设计针对其成本约束条件下的能效水平进行了优化，但却可能几乎没有注意其他必须考虑到的重要方面。还有很多例子表明，在决策过程中，舒适性、环境问题和美学并没有得到应有的重视。

设计团队与客户间的密切配合，对可持续建筑设计的成功非常重要，这一点与其他设计过程是一样的。在早期设计阶段就必须开始考虑环境问题,因为此时的决策对于性能良好的可持续建筑极为重要。

在这种复杂的决策环境下，结构化的方法很有帮助，这可以保证对所有重要问题都有适当考虑并使评估程序标准化，使评价结论兼具自洽性和简明性。

5.2　多准则决策方法

Inger Andresen and Anne Grete Hestnes

5.2.1　简介

多准则决策（MCDM）方法是指用一系列标准（准则）来解决问题的系统方法，这些标准可能会有不同的度量单位甚至可能相互冲突。最终目标是将这些复杂的信息组织起来，从而促进决策的形成。同时，该方法还可以帮助决策者明确他们自己的价值体系，并了解其他人的价值观念。多准则决策法已成功应用于多种"绿色建筑"评估方法中，例如 BREEAM（Prior, 1993）和 LEED（USGBC, 1999）。

本节描述的多准则决策法以 Andresen（2000）和 Balcomb et al（2002）为基础。在国际能源署（IEA）的第 23 号任务中，开发了一个名为 MCDM'23 的计算机工具来支持决策过程（参见 www.iea-shc.org/task23/ <http：//www.iea-shc.org/task23/)。

5.2.2　如何在可持续太阳能建筑设计中运用多准则决策方法

建筑设计的许多阶段（特别是设计初期）本身就会出现不断反复或循环的情况。无论是在组织设计工作时还是在评估阶段，任何这种循环都能得益于多准则决策方法。在设计初期，推荐使用该方法的精简版本，在后面的阶段再使用更全面的版本。

多准则决策方法的应用可以分为以下七个步骤：

1. 为设计选择主要标准和次级标准。
2. 为次级标准制定测度区间。
3. 为各项标准制定权重。
4. 制定备选方案。
5. 预测性能。
6. 合计总分。
7. 得出结果并进行讨论，最后作出决策。

步骤 1：选择主次设计标准

客户是标准的最终决策者；但通常在设计展开之前，设计团队很有必要先对客户的优先价值进行讨论和解析，并向客户指明需增加的附加标准，而这些最好是在与客户初次会面时就能做到。通常情况下，开始的概述就应明确关键标准问题，并使团队的价值选择反映出客户的要求。由设计团队来设定这些标准，有助于促进设计团队建立共同的任务目标，并为设计评估形成一致的出发点。

尽管标准选择的大部分工作是在规划阶段完成的，但还可以在设计过程中增加、删除或重新制定。标准的数量和性质也会随之发生变化。标准清单可用来帮助检索并保证不遗漏重要问题。部分标准可以计量，如全年能耗量；另一部分则是定性的，如建筑形式。

为便于管理，标准的数量不能太多。在此推荐，主要标准最多 6—8 个，每个主要标准下最多有 6—8 个次级标准。正确的程序是先制作一张详细的清单，然后再通过以下步骤精简：

- 删除不重要的标准项；
- 对余下的标准进行分组；
- 为主要标准选择标题；
- 精炼次级标准。

在此推荐的办法，是首先以宏观战略性的标准开始筛选，然后缩小范围，逐步建立特定标准，直到达到合理水平为止。如次级标准有超过 30 个，很可能已经过多。分级案例如下：

- 主要目标（例如可持续建筑）；
- 主要标准（例如资源消耗）；
- 次级标准（例如全年燃料消耗）；
- 指标 [例如 kWh/（$m^2 \cdot a$）]。

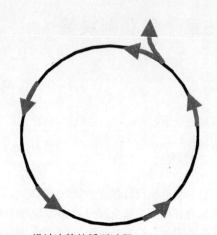

图5.2.1　设计决策的循环过程
资料来源：SINTEF Building and Infrastructure, Norway, www.sintef-group.com

表 5.2.1 给出了太阳能建筑设计的主次设计标准清单，该清单由国际能源署第 23 号任务的研究者提出。对于太阳能可持续住宅设计来讲，该清单是有代表性的，但不一定是全面的。

对标准的最终选择需要联系实际情况并考虑具体设计阶段。即使主要标准是相同的，不同设计阶段的次级标准也可能不同。

在预备设计阶段，标准需要具有普适性，例如体量、形状、方向、功能、资源消耗和环境负荷。此时，将建筑构思问题分开讨论可能比较恰当。

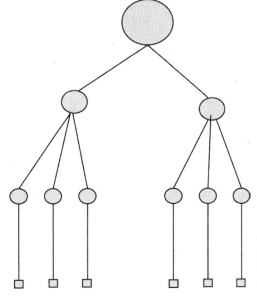

图5.2.2 设计标准的层次结构

资料来源: Inger Andresen, SINTEF, www.sintef-group.com

主要设计标准和次级设计标准实例 　　　　　　　　　　　　　　　　　表5.2.1

主要设计标准	次级设计标准
生命周期成本	建设成本 年运营成本 年维护成本
资源消耗	年耗电量 年燃料消耗 年用水量 建设材料 占地
环境负荷	建设期间的二氧化碳排放量 运营期间的年二氧化碳排放量 建设期间的二氧化硫排放量 运营期间的年二氧化硫排放量 建设期间的氮氧化物排放量 运营期间的年氮氧化物排放量
室内环境	空气质量 采光（包括日光） 热舒适性 声音
功能性	功能性 灵活性 可维护性 公共关系价值
建筑形式	可识别性 尺度/比例 整合/连贯性 与城市空间的整合

在构思设计阶段，即便已经做出了某些决策，也还应当考虑更具体的标准。这些标准可能与整个建筑的结构和系统有关，包括成本（生命周期成本）、功能性（多功能性、模块性、灵活性）、室内环境、资源消耗以及与（已选定）建筑概念的兼容性。

在深化设计阶段，可以应用更详细的标准。当然会有一些用语是一样的。

步骤 2：为次级标准制定测度区间

每个次级标准都必须要有一个测度区间，以用来度量性能。测度区间是将某种评价转换成评分值的一种方式。给出的评价可以是一个数字或一个短语，这取决于标准是定量还是定性的。定量评价用于可直接用数字度量的标准，例如全年能耗、全生命周期成本或碳排放量。定性评价是一些词或短语，这些词或短语可以用来描述建筑方案是如何根据特定的标准进行分级的，这种分级是建立在判断的基础上而通常并非量化的，例如建筑形式或功能性。某些标准可以用任意一种进行表达，例如室内空气质量，既可以是定性描述，也可以用数值对其分级。

一般的测度（分值）区间不需要有太多间隔。这是因为精细的等级对定性标准来讲缺乏意义：它们只能用语言来描述，而人们用于表述定性等级的词汇很有限。另外，对于定量标准，非常精细的区间划分意义也不大，原因是在早期设计阶段对建筑性能的预测尚具有高度不确定性，并且这些定量标准也需要与其他定性标准相互兼容。九到十个测度区间似乎就到头了。而十个分值测度区间常会被简化为仅考虑七个分值。得分小于 4 的情况通常会被忽略，因为分值过低说明该方面性能已经极差，项目性能将无法通过其他努力得到弥补。而这种七个测度分值区间在行为科学中的应用也比较广泛。因而可以认为，分值从 4 分到 10 分的七个测度区间是比较合适的。

	一般的测度区间	表5.2.2
分值	评价	
10	优秀	
9	介于良好和优秀	
8	良好	
7	介于中等和良好	
6	中等	
5	介于可接受和中等	
4	勉强可接受	

在最顶端的 10 分意味着该建筑的等级为"优秀"。更确切地说，10 分意味着该建筑最合理地满足了特定的标准。这样的表达就能比"理论上最优"的说法稍微"软"一些。

在最低端的 4 分，意味着勉强能建造一栋性能不佳的住宅。例如，将规范中的最高建筑能耗作为下限。当然法规上也不允许建造性能低于规范下限的住宅。

下一步是要为每一标准创造一个测度区间，指示特定分值作为评估结果。区间应分为相等的间隔（也就是说，区间中各分值之差的效用应该相当）。

创建测度区间的过程应引入广泛讨论，参与者不仅要能够评估各种选择，同时还要能关注到这些标准是如何定义的。众所周知，相同的词对不同的个体而言往往有不同的意义，而这完全可以导致全局性的改变。设定区间端点的过程，能够激发人们对各种可能方案的积极探索，人们会想："是不是还能做得更好些？"。

以这种方式为目标划分等级，不仅可以帮助设计团队实现统一的测度区间，而且也是明确问题性质和相关因素的一种方法。定义并建立这些测度区间的过程涉及整个团队的集体参与，并且允许每个团队成员向整个团队展现自己的价值和专长。

	定性标准（灵活性）和定量标准（能耗）的测度区间实例		表5.2.3
分值	评价	灵活性	全年能耗（kWh/m²）
10	优	所有客户均无自行改建：	80
9	介于良好和优秀之间	有客户： ·移除可调构件；或 ·增加设备（有预留接口）	100
8	良好	有客户： ·移除可调构件；且 ·增加设备（有预留接口）	120
7	介于中等和良好之间	有客户重修： ·非承重构件，或 ·个别设备	140
6	中等	有客户重修： ·非承重构件，和 ·个别设备	160
5	介于可接受和中等之间	有客户重修： ·部分承重构件，或 ·若干设备	190
4	勉强可接受	有客户重修： ·部分承重构件，和 .若干设备	250

步骤3：为各项标准制定权重

主要标准的权重将反映项目的核心目标。尽管方案的选择最终由客户决定，但他们仍需要设计团队的帮助，他们对提交方案进行评估并提出建议是很有必要的。为了做到这一点，必须确定标准的优先性。

获得权重的方法有很多，可应用分级法直接得到权重。与性能测度区间相类似，各项标准的权重可在十个分值区间上确定。决策者用10分到4分来表示该项标准的重要性。最重要标准的等级为10分。将所有其他标准与该标准进行比较，例如，一个标准的重要性略微低于最重要标准，它的等级可定为8。

以图示说明权重是个不错的办法，结果可以一目了然。对图表敏感的人（几乎是所有人）会发现图表的优势。

	权重区间	表5.2.4
等级	相对重要性（与最重要项相比较）	
10	同等重要	
9		
8	略微次要	
7		
6	相当次要	
5		
4	不重要	

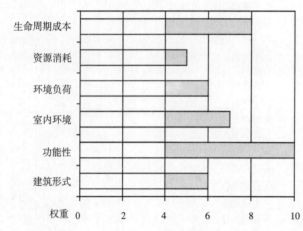

图5.2.3　权重的图示

资料来源：SINTEF Building and Infrastructure, Norway, www. sintef-group.com

步骤4：制订备选方案

此后，设计团队应提出他们认为符合特定性能标准和客户价值的备选方案。方案的形成是一种专门技能，难以直接给出指导。每个设计者会有自己的方法。重要的是：备选方案的设计制订要充分考虑到标准及其权重。一种比较明智的做法是先尝试极限情况，这有助于充分考虑各种可能性。

步骤5：预测性能

依照一定的标准提出的建筑方案，其性能水平范围应是确定的。性能预测以计算机模拟、数据库、常规情况、经验或专家判断为基础，预测深度应以时间、资源以及要求的准确度为基准。

步骤6：计算总分

此处运用权重叠加方法，即根据各项标准的权重将所有分值累计为一个总分（总分归一 = 归一化权重与各项分值乘积之和）。

$$S = \sum_{j=1}^{m} w_j s_j \tag{5.2.1}$$

其中，S 为总分，m 为标准数量，w_j 为标准的归一化权重，s_j 为各项标准的分值。在此首先要用单个权重值除以权重总和，将权重进行归一化处理。

该运算可首先用于从次级标准层面计算得到主要标准的得分，进而在主要标准层面计算总分。

可以通过 Excel 工作表或 MCDM-23 软件来完成（Tanimoto and ChimKlai，2002）。该程序既可用于将次级标准的分值累计为一个主要标准的总分，也用于将主要标准的分值累积为表示建筑总体性能的一个总分。

然而，也不应当单纯依赖最后的总分，这将掩盖获得总分所需的判断过程。该方法的重要作用在于可以作为选择过程的证明文件。这一点对于公共建筑特别重要，此类建筑对于过程和结论的清晰记录要求很高。

步骤7：总结讨论，作出决策

推荐使用星形图来展示备选方案的总体性能（见图 5.2.4）。星形图是 Excel 表的一个标准图表，同时也包含在 MCDM-23 软件中。该星形图实现了同时多维展示，所有性能度量可以集中在一张图上。图中每一"指"表示一个标准项。每个方面的性能都会在一"指"上标出。星形的中心通常指示的是最低分。多边形表示每个标准的最高分。尽管星形图可用于表示备选方案的总体性能，但还是要谨慎些使用。这是因为图中的各主要标准项看起来是同等重要的，而大多数情况下，总有某些问题会比另一些问题更重要（即权重不同）。图 5.2.5 的条形图可用来展示每个设计方案的权重和分值的乘积。

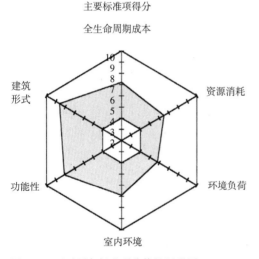

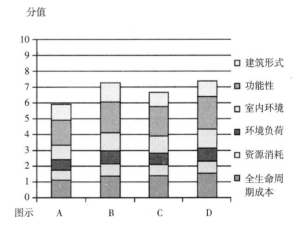

图5.2.4 显示了各标准项分值的星形图

资料来源：SINTEF Building and Infrastructure, Norway, www.sintef-group.com

图5.2.5 各备选方案总权重分值条形图

资料来源：SINTEF Building and Infrastructure, Norway, www.sintef-group.com

设计团队应对分析结果进行研究，在结论中提出建议并呈现给客户，以帮助用户作出最终决策。如果陈述和逻辑都很清晰，而且设计团队与客户目标一致，那么结论将自然显现。

此时也许可以再制订一个新方案，以整合优点、排除缺点。

该方法的最大作用是可以组织讨论，帮助设计团队就面临的问题和各种方案的价值达成共识。于是，设计团队可以更好地为客户提供建议，而另一方面客户也有了更为坚实的决策依据。

参考文献

Andresen, I. (2000) *A Multi-Criteria Decision-Making Method for Solar Building Design*, PhD thesis, Department of Building Technology, Faculty of Architecture, Planning and Fine Arts, Norwegian University of Science and Technology, Trondheim, Norway

Balcomb, D., Andresen, I., Hestnes, A. G. and Aggerholm, S. (2002) *Multi-Criteria Decision-Making: MCDM-23. A Method for Specifying and Prioritizing Criteria and Goals in Design*, International Energy Agency, Solar Heating and Cooling Programme, Task 23 Optimization of Solar Energy Use in Large Buildings, www.iea-shc.org

Prior, J. (1993) *Building Research Establishment Environmental Assessment Method (BREEAM)*, Building Research Establishment, Garston, UK

Tanimoto, J. and Chimklai, P. (2002) *MCDM'23: IEA Task 23 Multi-Criteria Decision-Making Tool*, Kyushu University, Japan

USGBC (1999) *LEED Green Building Rating System: Leadership in Energy and Environmental Design*, US Green Building Council, San Francisco, CA

5.3   全面质量评估（TQA）

Susanne Geissler and Manfred Bruck

2000 年，奥地利建立了全面质量建筑评估和认证体系，以鼓励建造便于操作且兼顾成本效益的环保建筑。由于该体系既是一个质量管理工具，同时又是一个营销工具，因而受到建造商们的青睐。而且，其中的数据收集和分析是比较容易的。2002 年和 2003 年，奥地利政府采取了部分出资的形式开展了五个项目，作为该评估方法的初步试验。到 2003 年中期，有 15 项建筑接受了评估，其中有一半在施工前通过了认证。2004 年春季，第一批建筑在完工后通过了第二次认证。

5.3.1   范围

全面质量评估（TQA）的目标是要在建筑施工之前和建设完成后，为建造高性能生态建筑设计提供必要信息，并对其性能进行确认。TQA 不涉及建筑设计质量的评估，它仅限于讨论技术问题。

- 生态方面（能耗、CO_2 排放量和用水量）；
- 经济方面（投资成本、运营成本和外部成本）；
- 社会方面（夏季和冬季的热舒适、绿地和残疾人士的使用便利性）。

考虑到建筑施工（建筑材料）和运营（供能系统）期间带来的影响，TQA 框架的评估标准中采用了全生命周期法。在这些数据的基础上，可以评估出建筑的全生命周期能耗和二氧化碳排放量。该评估仅限于建筑技术性能评估。在评估建筑使用过程中，使用者行为造成的影响不予考虑。为满足 2006 年 1 月颁布的欧洲建筑性能指令（European Building Performance Directive）（指令 2002/91）的要求，TQA 进行了修正。TQA 的发展过程包含了建设公司、业主、建筑师和工程师的通力合作。有关该过程的文件请参见 www.e3building.net。开展 TQA 的主要要求包括：

- 数据采集便利性；
- 透明性；
- 简单且省时的评估；
- TQA 结果对市场营销的有效性。

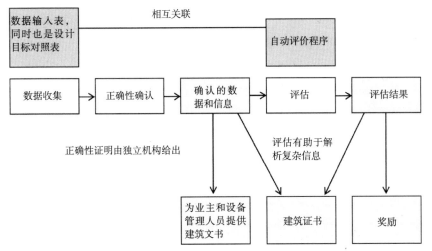

图5.3.1　TQA及其认证的概念

资料来源：SINTEF Building and Infrastructure，Norway，www.sintef-group.com

为了实现上述目标：

- 评估使用从规划设计中和施工过程所需质量控制措施中得到的数据；
- 系统是一个计算机程序，十分易于查询；除评估结果外还可以看到输入数据；为方便独立专家审核 TQA 文件并颁发 TQA 证书，输入数据必须通过手算、制图等方法进行确认；
- 程序可以进行多项自动计算，为使用者节省时间。

TQA 体系有三个组成部分：

1. 关于使用哪些标准、需要哪些数据和如何改善设计这三个问题的指导；
2. 带有自动评估程序的计算标准数据框架；
3. 建立在建筑 TQA 结论基础上的建筑认证程序。该公正评估方法即可用于市场营销。图 5.3.1 描述了 TQA 的概念。

TQA 标准分为以下类别（详情请见 www.tq-building.org）：

- 资源消耗；
- 对人类和环境的不利影响；
- 舒适性；
- 使用寿命；
- 安全性；
- 设计／规划质量；
- 施工期间的质量控制；
- 场地与宜居质量；
- 经济性。

5.3.2　评估区间与权重

TQA 系统是基于设计目标的，每个标准都有一个评估区间，该区间包括：

- 8 个阶段，从 –2 到 +5；
- 6 个等级，从 0 到 5。

最高分是 5 分。负分表明建筑性能很差，无法通过评估。为了总结结果，权重值要由专家讨论决定。为保证结果的可比性，这些权重要在分析过程中保持一致（见表 5.3.1）。

每个分值对应一个设计目标。对于每个设计标准，设计师和客户要为其制定目标值。这将能够不断提醒设计师哪些方面需要重点考虑。最好能以建筑性能作为目标，这并非要使设计者局限于少数措施和技术，而是要使其在限定条件下自由制定最佳解决方案。表 5.3.1 给出了评估区间和权重值。

	资源消耗类别中能耗标准的权重值		表5.3.1
类别和标准	分值	权重值	权重计算得分
1 资源消耗		0.16	
1.1 建筑能耗	3.25	0.30	0.98
1.1.1 建筑材料的一次能耗	5.00	0.25	1.25
1.1.2 供热能耗	5.00	0.25	1.25
1.1.3 满足供热需求的可再生能源部分	2.00	0.25	0.50
1.1.4 用于家庭热水系统的太阳能	1.00	0.25	0.25

5.3.3　外部成本计算（可选项）

TQA 体系提供了计算能源和材料消耗外部成本的选项，这可以作为展示结果的另一种方法。外部成本是在生产和服务过程中产生的，通常主要由污染源造成。由于政策性原因，一部分无人支付的成本必须由税款甚至是被污染者承担。外部成本评估是一种形式的风险管理。在建设层面，外部成本是由生产建筑材料和构件以及建筑运营中消耗的能源所产生的大气排放造成的。后者是造成建筑外部成本的最主要原因。建筑使用过程中消耗的电、石油和燃气的外部成本达 €0.018—€0.021/kWh。它可以占到电力成本的 12%，石油和燃气成本的 45%—50%。木燃料的外部成本在 €0.0013—€0.0017/kWh，或占燃料成本的 4%—8%（Bruck and Fellner，2001）。

通过增加对节能建筑及低碳采暖系统的投资，来降低外部成本的措施是具有良好经济效益的。建筑运营过程中采取的节能措施，不但降低了外部成本，还降低了直接经营成本。通常，其投资回报周期会很短。

5.3.4　建议

在预备设计阶段，应用TQA标准、权重系数和性能目标可使业主清楚地认识项目中必须重视的问题。

TQA 通过提供相互独立的评估标准，来促进建筑的整体优化。譬如说即便是降低建筑材料的蕴能，也并不会导致采暖能耗的降低，因为建筑材料的蕴能也是评估的一个独立部分。TQA 将帮助设计团队同时考虑降低采暖能耗以及材料蕴能的问题。

计算后续成本的要求，可防止设计团队选择投资成本低但生命周期成本高的方案。最后，TQA 对冬季日光和日照提出明确要求，以作为建筑优化的约束条件。

5.3.5 TQA 实例：Wienerberg 公寓项目

该建设项目是竞赛获奖项目之一，其概念是建设一栋被动式多层砖砌住宅，其中包括 97 个住户（面积 54—102m²），其中特别注重生态及经济性。

由于建筑为东西朝向且相邻房间相互遮挡，无法通过大窗户实现太阳能得热最大化。因此建筑的构思就是使传输损失最小化（即为大空间设置小窗户，以达到被动式住宅标准）。

灵活的首层平面设计使两户间的一个房间可分配给相邻住户中任何一个。带有饰面砖的混凝土结构外墙采用了高水平保温的生态环保型材料。热回收机械通风系统结合土壤源换热器可将通风热损失降至最低。后备采暖由中央燃气炉提供。与屋顶结合的太阳能集热器可满足部分热水供应需求。

一位建造商代表和一位外部专家使用 TQA 法（2.0 版本）对 Wienerberg 城市公寓项目进行了评估，他们收集数据、填写评估工具并且编辑和提交认证的证明文件。

图5.3.2　Wienerberg 城市公寓
资料来源：GEBOES Builders，Vienna

该项目使用的工具是"TQA2.0 版本"。以下是其评估中分类和标准设置概况（详情请参见 www.tq-building.org 查询次级标准和指标）：

1.资源消耗：
- 建筑能耗；
- 土壤质量；
- 饮用水消耗；
- 建筑材料消耗。

2.对人类和环境的不利影响：
- 大气排放；
- 固体废弃物；
- 废水；
- 私人小汽车交通；
- 建筑材料的人类毒性和生态毒性；
- 防范氡气；

- 电子生物学设备；
- 防范霉菌。

3. *舒适性*：

- 室内空气质量；
- 热舒适性；
- 自然采光（典型住宅户型内最大房间的日光系数）；
- 冬季日照（典型住宅户型内最大房间在 12 月 21 日的日照小时数）；
- 噪声防护；
- 建筑自动化。

4. *使用寿命*：

- 建筑结构在适应用户需求改变方面的灵活性；
- 维护与性能。

5. *安全性*：

- 自然风险（雪崩、地震等）；
- 其他：高电压；
- 防火；
- 无障碍设计。

6. *设计（规划）质量*。

7. *施工质量管理*：

- 施工监督；
- 竣工检查。

8. *场地与宜居质量*：

- 公共服务和其他服务的可达性；
- 建筑的宜居性。

9. *经济效益*：

- 施工成本；
- 运营成本；
- 全生命周期成本；
- 外部成本。

通过上述分析，在施工前颁发第一份 TQA 证书。该证书可证实所有提交数据均是正确的。下一步是在建筑交底之前，为获得第二份证书提交数据和证明文件，在此不做进一步介绍。第二份证书可证明该建筑是否按照计划进行建造。项目有可能在施工前获得了第一份证书，但却在竣工后没有通过第二次评估。

该证书由一系列文件组成，其中包含所有相关信息简介（4 页）和大约 30 页记载详细信息的打印资料。其中包括所有用于评估的输入数据，以及与潜在用户相关的附加信息。

表 5.3.2 列出了一些说明了 TQA 证书中各评估类目结果的最重要指标项目。

TQA各类别中选定指标项的性能说明

表5.3.2

TQA类别	所选指标项的性能说明
资源消耗 （2.5分，满分5分）	采暖一次能耗为11.75 kWh/m^2 采暖可再生能源比例：21.8% 规划了用于热水供应的太阳能集热设施
环境负荷 （3.8分，满分5分）	采暖二氧化碳当量排放为1.45kg/（m^2·a） 应用了建筑场地废弃物管理概念 建筑场地的不透水地面比例为54.5% 计划实施饮用水分开计费；没有节水装置和雨水利用措施
室内环境质量 （3.2分，满分5分）	应用了避免因材料造成室内空气污染的概念 规划了热回收高效机械通风 已证明大多数住户夏季舒适性高 已证明所有住户在冬季的舒适性高 已证明95%住户在冬季日照时间为1.5h
设计质量控制 （4.0分，满分5分）	制定了设计目标；进行了多方案比较评估；计算了各类重要成本；未规划设置建筑信息系统和建筑管理系统
场地和宜居质量 （3.0分，满分5分）	有休闲室以及儿童乐园 具备所有居民可达的公共绿地 对几乎所有住户（四个住户除外）都有阳台或凉廊 邻近日需品商店（＜300m）

实例总结与结论

建造商的目标是建造一栋符合"被动房"标准的多户住宅。该决策表现为"资源消耗"类别中"采暖能耗"子类的评估成绩是满分5分（总分5分）。尽管如此，"资源消耗"的得分仍然较低（2.5分），反映出满足剩余能耗需求的可再生能源的份额仍显不足。另外，节水措施不足、未考虑在施工过程中多使用生态环保材料、不透水地面比例大，都是导致这个分值低的原因。

对"室内环境质量"类目的评估结果（3.2分，总分5分）是建立在通风系统（4分）、夏季舒适性（4分）和冬季舒适性（5分）的基础上。另外，冬季的日照得到了4分，隔声也得到了较高的分值。然而，这些高分都被仅得到1分的自然采光可用性抵消了。仅此就将"室内环境质量"的总分降低到了3分（总分为5分）。

结果反映了建造商的优先考虑。节能比其他标准更加重要。为了鼓励建设更好的建筑，TQA评估区间的要求很高；目前，以合理的成本达到5分是很困难的。

TQA方法对Wienerberg城市公寓的建筑性能、建造商的员工及设计团队都有积极的影响，其标准列表在项目实施过程中被用作核对清单。在项目的最后，建造商通过设计改进，使建筑总体得分达到了3.44分（总分为5分）。TQA评估要求很高，目前评估过的建筑物尚未有达到4.5或更高分值的。一般得分都介于2.5—3.9之间（满分为5分）。使用该方法的建造商若在建筑初步检查中发现得分低于2分，则需要改进设计目标或停止TQA评估。

对TQA标准的讨论过程也教育了设计团队、提高了相关认识并增加团队成员将TQA系统应用于其他新设计任务的可能性。对建造商销售人员的培训也是必不可少的，培训可以使他们学会将TQA结果（TQA证书）作为营销工具来使用。

致谢

感谢农业部、林业部、环境和水管理部、经济和劳动部、交通运输部、改革及技术部门为全面质量评估法的发展提供资金。欲知更多详情，请联系 susanne.geissler@arsenal.ac.at 或 bruck@nextra.at。

参考文献

Bruck, M. and Fellner, M. (2001) *Externe Kosten: Referenzgebäude und Wärmeerzeugungssysteme, Band III*, Wien, Austria, January 2002, bruck@ztbruck.at

Directive 2002/91 (2002) EU-Richtlinie 'Gesamtenergieeffizienz von Gebäuden', Richtlinie 2002/91/EG des europäischen Parlaments und des Rates vom 16 Dezember 2002 über die Gesamtenergieeffizienz von Gebäuden, Amtsblatt der Europäischen Gemeinschaften L1/65, Germany

Geissler, S. and Bruck, M. (2001) *ECO-Building: Optimierung von Gebäuden. Entwicklung eines Systems für die integrierte Gebäudebewertung in Österreich*, Ergebnisbericht, www.hausderzukunft.at

Geissler, S. and Bruck, M. (2004) *Total Quality (TQ) Planung und Bewertung von Gebäuden*, Ergebnisbericht, www.hausderzukunft.at

Geissler, S. and Tritthart, W. (2002) *IEA Task 23 Optimization of Solar Energy Use in Large Buildings*, Berichte aus Energie und Umweltforschung, 23/2002, Herausgegeben vom BMVIT, Wien, Austria, www.ecology.at

Hestnes, A. G., Löhnert, G., Schuler M. and Jaboyedoff, P. (1997–2002) The Optimization of Solar Energy Use in Large Buildings: IEA Task 23: Energetische, ökologische und ökonomische Optimierung von Gebäuden unter besonderer Berücksichtigung der Sonnenenergienutzung, Instrumente für den integrierten Planungsprozeß, www.task23.com

网站

TQ Building www.tq-building.org
Arbeitsgemeinschaft IS wohn.bau www.iswb.at
Haus der Zukunft www.hausderzukunft.at
Austrian Institute for Applied Ecology www.ecology.at

第6章 可持续住宅的市场营销

6.1 可持续住宅：下一个增长点

Edward Prendergast，Trond Haavik and Sunnove Aabrekk

6.1.1 主要驱动力

当前，可持续住宅已经在市场上占有了一席之地。由于全球化发展、公众意识提高和政策方针的引导，建筑业领域逐渐意识到可持续发展本身就是一个重要的市场。消费者也开始青睐于可持续性的解决方案，考虑的相关方面有：

- 低能源成本带来直接的节约效益：经验显示节约效益潜力高达 75%，可持续住宅的许多功能特性在短短两年时间内便可实现投资回报；
- 随着不可再生能源价格的持续上升，节约效益会更加明显；
- 存在能源因素以外的收益：
  - 空气质量改善，可以缓解哮喘不适；
  - 保温水平提高进而提升热舒适水平；
  - 更好的住房转售也更轻松；
  - 对环境负责。

而由 Skumatz 经济研究协会在美国和新西兰进行的研究则表明：事实上可持续住宅的业主们更重视非能源收益，平均而言，其重视程度超过对节能效益的重视程度的两倍以上（ACEEE，2004）。

6.1.2 市场定位

一个公司想要成为市场（不论是当地、地区、国内或是国际市场）的领军者，就必须使它的产品区别于竞争者。领军者不能是另一个"追随者"，因而它需要一贯的营销理念，以及符合市场期望的产品。

迄今为止，可持续住宅在市场上已经度过初级阶段，进入了发展期，现在正是各公司企业角逐领军地位的好时机。行动延误就将很难摆脱成为另一个追随者的命运，而后者的主要竞争工具就只有价格了。可持续住宅市场中的成功领军者则会用非能源收益和附加价值来推广它们的产品。而打造可持续性建筑品牌形象，无疑是成为市场领军者的一个重要机遇。与此同时，旧住宅的可持续性改造与新建可持续住宅至少有着相同的市场潜力。

6.1.3   市场趋势

当前的市场趋势包括：

- *从国内商务转为国际商务*：大多数产品都是首先引入国内市场，然后再调整策略以适应国际市场。传统的想法认为每个市场都是不同的，要根据相应的产品、营销和沟通情况，加以区别对待。而现在由于总体趋势是跨国商务，商业行为也越来越多地在制定着国际交流策略，以确立更高的国际地位。
- *从"产品"到"观念"*：传统的市场营销策略将重点放在产品功能上。而现代市场营销为了展示产品的"附加价值"，会将重点放在"观念"上。这种观念可以是：客户可以为如何"使世界成为更适宜居之地"作出贡献。不过，这些信息必须具有说服力，并且公司理念必须与这些观念保持一致。
- *产品生命周期缩短*：某种产品的销售周期不会持续很久。公司企业很快就会被高盈利的市场所吸引。随着竞争者的增加，降低价格的压力就会增加，收益则会有所减少。因此盈利周期正在变短，而新产品将迅速取代现有产品的市场份额。
- *对市场变化的快速反应*：突发事件（例如国际冲突和自然灾害）对国内市场有强烈影响。消费者对这些事件的反应所造成的需求变化也会对公司产生（正面或负面）影响。例如，节能技术就从高能源价格和安全需求中获得了收益。
- *品牌建设*：随着大公司发布更多新产品进入新市场，它们会为自己的产品赋予不同的品牌名称。现在的一个趋势是减少品牌的数量，让每个品牌都对应于某种态度和价值（即概念营销）。品牌的作用是在市场上占据明确的位置。以这些位置作为起点，大量与品牌相关的产品以及服务，就可以开始营销了。
- *改变消费者群体*：工业化国家的人口正趋于老龄化，需要为老年人群体建设一批新的住宅。许多老年消费者的收入水平较高，对住宅的舒适性和安全性也有着明确要求。老年人通常也更愿意为可持续性进行投资。

6.1.4   市场策略

营销的目的是将公司的产品、服务及企业文化传达给潜在消费者。成功的营销是持续营销，这需要建立结构化的营销活动。这些问题可以总结为以下四个"P"：

1. Product   产品（或服务）：要销售什么？
2. Price   价格：竞争产品是什么？产品应如何在市场中定位？
3. Place   地点：产品要销往何处？可用什么样的分配渠道？
4. Promotion   宣传：如何将产品传达给客户？

一类典型的错误是直接进入宣传。这种营销完全是操作性的，而没有建立在战略决策基础上。营销并不是单纯地制作一本精致的小册子，而是将四个"P"联系在一起。四个"P"密切相关，并且与目标群体相联系。营销首先要识别目标群体，然后相应地确定产品。

参考文献

ACEEE (2004) *Summer Study on Energy Efficiency in Buildings*, 2000 Sustainable Building Conference, Asilomar, CA, August 23–27

6.2 工具

Edward Prendergast，–Frond Haavik and Synnove Aabrekk

6.2.1 六步过程

该过程可以帮助公司规划可持续住宅的商业发展。

1. *信息收集*：正确的决策是以事实——而非预测——为基础的。区分重要信息与次要信息，是一项长期挑战（见6.3节）。
2. *分析*：在已收集信息的基础上，对公司位置和竞争环境的相对关系进行分析。有多个市场分析工具可以满足这一目的。这些分析有助于确定战略营销方案（见6.3节）。
3. *设定目标*：确定商业目标，包括定性目标和定量目标。可衡量的目标是评判成功度所必需的。策略实施过程中，过程性的衡量指标又将对新目标的设定产生影响。经验表明，只有被衡量过的目标才会引起关注。
4. *策略*：要以什么价格和什么方式，将哪些产品或服务，出售给什么人？一个好的策略就能清晰地给出回答。规划策略的主要任务是确定优先级。例如，一旦决定雇用战略伙伴来分销产品，就很难再改变这个体系。因此，很重要的一点是要保证解决所有的策略问题，并且避免自相矛盾。
5. *行动计划*：对于每一项策略，都需要制定明确的行动计划，以确定要做的事情，从而保证目标可以实现。好的行动计划会规定出负责人、预算（外部和内部成本）以及工作进度表。甘特（Gant）图表有助于达到该目的。随着项目不断进展，会需要在行动计划中加入新的行动。此时一个重要问题是："这个新的行动是在执行哪一项策略？"。如果不能轻松地回答这个问题，就说明在制定策略时，并没有考虑清楚它的目的。
6. *控制*：随着公司不断进步，必须对相关发展情况进行衡量，以确定既定策略是否成功。正确地衡量分析，能够辨识有哪些行动存在着不利影响。而进一步的反馈则有助于修改或制定新的策略，以适应市场现状。

图6.2.1 六步过程
资料来源：Anliker AG，CH–6021 Emmenbrücke，www.anliker.ch

6.2.2 信息收集与分析

良好的营销研究包括识别并收集与进一步决策有关的信息。不相关信息的收集是一种干扰，必须予以避免。信息收集与市场分析的"术语"包括：

- BI：商务情报（比其他两个术语的范围广）；
- CI：竞争情报（集中在竞争领域，在美国使用广泛）；
- MIS：营销情报系统（与CI相似，重点是连续监测）。

该学科领域世界范围内的专家协会可查找网址 www. Scip. Org。

在开始收集信息之前,确定所需信息和有效的分析形式是很重要的。有两个分析等级: PEST(政治、经济、社会和技术)分析和 SWOT(优势、劣势、机遇和威胁)分析。

PEST 分析

PEST 分析考察政治、经济、社会和技术因素。这些因素通过它们对竞争领域的影响间接影响商业。在确定目标和策略之前, 很有必要识别哪些 PEST 因素与需要分析的实际商业情况有关。图 6.2.2 对这四类因素进行了说明。PEST 分析有助于将分散的情报转换为系统的知识。这也就相应地为目标和策略的制定奠定了基础。

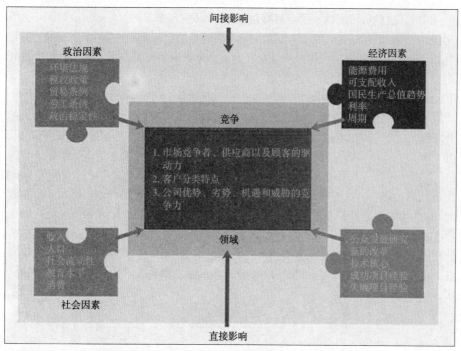

图6.2.2　影响竞争领域的政治、经济、社会和技术(PEST)因素
资料来源: Anliker AG, CH-6021 Emmenbrücke, www.anliker.ch

SWOT 分析

SWOT 分析用于了解公司把握机遇和消除威胁的能力,并为战略性营销决策奠定基础。其中要应用对市场的总体认识、公司内部经验以及产品具体信息进行 SWOT 分析。SWOT 分析的四个要素是:

1. 优势:产品和公司的积极属性(内在);
2. 劣势:产品和公司的消极属性(内在);
3. 机遇:市场的正面发展或特性,可能对商业(外部)产生影响的因素或参与者;
4. 威胁:市场的负面发展或特性,可能对商业(外部)产生影响的因素或参与者。

6.3 案例研究：新型被动式在住宅瑞士罗滕堡康斯坦茨住区项目中的营销

Edward Prendergast and Trond Haavik

6.3.1 背景

一家私人公司决定在瑞士住宅市场开发一种不为人所熟知的住宅类型。他们在决策过程中得出非常成功的进入市场的方法，该方法可以指导其他有着相似目标的公司。

最初 Anliker AG 公司在康斯坦茨的住宅开发项目已经规划建造标准住宅。然而，该公司的一名建筑师 Arthur Sigg 说服了公司，他认为现在是在这里开发可持续（被动式）住宅的良好商机。项目后来的成功可以归功于对市场的了解和恰当的促销方法。以下是 Arthur Sigg 说服公司承担该风险的主要论据：

- 建造可持续住宅与公司理念相一致"高施工质量形成低维护成本"。
- 公司可以学会如何建造并销售新型住宅。
- 此类住宅将提升公司形象。
- 可获得较高利润!

公司仔细地考虑了建筑基础设施、绿地和起居空间之间的相互作用。为降低建筑和销售新产品的风险，提供了三种不同类型的住宅：

1. villette "维莱特"：符合被动房标准的 3 栋房屋共 12 户（后来又建造了另外 2 栋房屋）；
2. loft "洛夫特"：符合稍宽松的 Minergie 低能耗标准，共 4 栋房屋含 32 户；
3. veranda "瓦兰达"：按照常规建筑要求建造的 6 栋房屋共 72 户。

制定营销策略时采用了六步过程，具体如下：

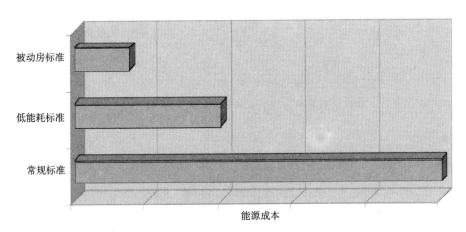

图6.3.1 住宅的相对能源成本：作为营销的论据

资料来源：Anliker AG，CH–6021 Emmenbrücke，www.anliker.ch

6.3.2　信息收集

在项目初始阶段，要利用公司对市场、竞争者、供应商和客户的了解。项目组在以下信息的基础上进行分析：

- 瑞士人一般都是租房居住；只有小部分人拥有自己的房屋。
- 现在可以从养老基金中提取一部分钱来购买房屋。
- 地方的州立银行提供两种专用贷款类型：
  - 五年期的固定利率家庭贷款—利率降低 0.50%；
  - 购买生态住宅可以申请"环境"贷款作为购房时的额外资助。
- 瑞士对环境问题很重视。作为一个有大量货物穿越输往欧洲各地的过境交通国家，交通污染问题已使民众变得敏感。
- 瑞士的能源需求由水力发电（30%）、原子能（30%）及石油和煤气等不可再生资源（40%）来满足。
- 低能耗标准 Minergie 被广泛认可为品质标签，占新型住宅建筑市场份额约 30%。

Anliker 收集了以下问题的相关信息：

- 谁会对新型住宅感兴趣？
  - 谁能够成为供应商和分包商？
  - 谁是竞争者？
  - 哪些是互补产业／替代产业？
- 每个参与者对市场的影响是什么？
- 潜在客户有哪些？
  - 市场生态位的特征是什么？
  - 市场目标群的需求是什么？
- 产品的适当价格是多少？
- Anliker 如何为产品树立信誉？
  - 是否可能与互补产业结盟？
  - 是否可能与潜在竞争者结盟？

6.3.3　PEST 分析

这些信息经过 PEST 分析进行了系统性地评估以帮助决策。某一个供应商并不能改变 PEST 因素；但当 PEST 因素被识别后，就可能将这些情报用于推广某具体公司或产品。

产品周期分析

一般产品的生命周期分为五个阶段，图 6.3.2 中进行了说明。每一阶段都需要不同的营销策略。

被动式住宅作为产品处在推广与发展阶段。在推广阶段，市场在接受一个新产品之前需要从可信来源处获取大量情报。通常，在这个阶段，产品只能带来很少利润甚至没有利润，但这时公司可以在市场上有一定知名度。在之后的产品生命周期中，该公司比其他竞争者有着明显的优势，因此可以获得可观的利润。

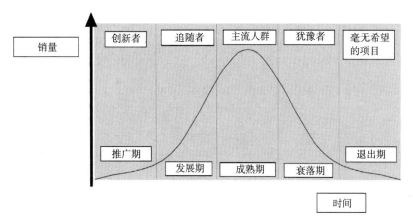

图6.3.2 产品生命周期

资料来源：Rogers（2003）

在每个阶段都有不同类型的消费者购买产品。此时便有可能识别与各个阶段相"匹配"的市场生态位。在推广阶段，这些消费者（购房者）有的对产品特别感兴趣，有的则是想要尝试新事物的所谓"创新者"。当这些人对产品完成"检验"并确认了产品的可信度和正面形象之后，"追随者"便会进入市场。

目标群体分析

瑞士住宅规划受到银行和私人融资的破坏和严重影响。国家政府没有针对可持续住宅的财政鼓励政策，所以市场起着主导作用。Anliker 指出年轻家庭可能会成为被动式住宅的市场生态位所在。而接下来的问题是：什么能驱动这一人群？他们的生存状况如何？他们重视什么？他们需要什么？

通过对这些问题的研究，Anliker 明确了年轻家庭在该市场环境中所重视的方面。年轻家庭和新房主关注：

- 满足有小孩年轻家庭需要的经济实用型公寓；
- 良好的建筑风格、设计和环境；
- 有利于孩子健康成长的环境。

对市场和产品生命周期的认识强烈地影响了项目规划、实施以及最终如何将其介绍给目标客户。Anliker 明确了目标群是年轻的家庭，他们关心环境问题并希望他们的孩子可以在健康的环境中成长。

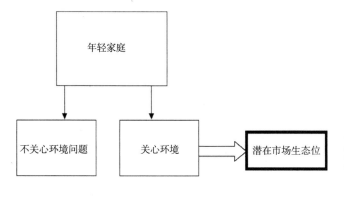

图6.3.3 确定潜在市场生态位

资料来源：Anliker AG，CH–6021 Emmenbrücke，www.anliker.ch

6.3.4 SWOT 分析

在表 6.3.1 中对 Anliker 的 SWOT 因素进行了概括，接下来对不同因素进行了分析。

被动式住宅市场中的对Anliker优势、劣势、机遇和威胁（SWOT）的分析　　　　表6.3.1

优势	劣势
1 卢塞恩州范围内此类公司中最大的一家	1 建造成本高7%
2 适宜的经营理念：优质的建设，低廉的维护	2 缺乏建设被动式住宅的经验
3 积极主动创新和把握市场机遇	3 缺乏建设被动式住宅的信誉
4 良好的建筑，质量和设计	
5 项目有来自全公司的支持	
6 市场信誉良好，因优质服务闻名	
7 良好的公共关系	
机遇	威胁
1 市场尚未打开，有很大发展潜力	1 私人资金和银行对市场有强烈影响，但是对开发私人住房市场毫无兴趣。
2 在目标市场中提高公众的环保意识	2 购房者仍注重初始成本，较少受未来营运成本（能源和日常维护）影响。
3 建造符合被动式节能房屋标准的住宅是对未来的一种投资	
4 减少矿物燃料消耗	
5 卢塞恩州银行降低利率以刺激大众对环境议题的关心程度	
6 媒体对环境问题关心程度高，可以实现免费新闻覆盖	

内在因素：公司的优势

对于该公司而言，他们有在市场中进行创新以及把握（或创造）新机遇的动力。另外，他们的理念是建造质量高且维护成本低的好建筑。这意味着公司的理念反映了被动式住宅产品：创新、新技术和实践知识。另一个简单的因素也激发了整个公司建造被动式住宅的热情——所有的员工都认为建造被动式住宅是一个好的选择。

Anliker 在发布产品方面有很多可以利用的优势：正确的商业理念；开发新产品的能力；在市场上的良好信誉——该公司很可靠并提供高质量的产品；在建筑领域，该公司也以其良好的施工管理、合理的报价以及保证进度的能力而闻名。

内在因素：公司的劣势

Anliker 在被动式住宅市场的份额低于 20%。瑞士的其他公司已建成很多此类住宅。

对 Anliker 来讲，重要的是进行战略结盟来为新产品提高可信度，这正是他们所欠缺的经验。因此，他们请卢塞恩技术学院来证明他们的住宅符合被动房标准。这种做法迅速使产品得到信任和认可。

外在因素：机遇

当分析和讨论市场机遇时，Anliker 也认识到了另一个建造低能耗住宅的重要原因：符合被动房标准和 Minergie 低能耗标准的建筑是一项更好的投资。这一点是基于建筑标准逐年提高这一事实的判断。现在建造高于当前标准的住宅，可使建筑与未来要满足的新标准之间差距没那么大。这种见解使得 Anliker 确定了 Minergie 低能耗标准为他们的最低标准。如今，该公司已不再建造传统住宅了。

市场份额方面，Anliker 一开始便在一个新的市场生态位中占有一席之地，这要比进入一个已经存在的市场来得容易些。而在后者那种情况下，价格是唯一的竞争因素。Anliker AG 明确其主要机遇就是开发令人感兴趣的有发展潜力的新市场生态位。作为开发新市场区间的先行者之一，他们同样也为自己进行了免费宣传。

外在因素：威胁

对于市场上的经济刺激，公司设法将威胁转变为机遇。早先便知道私人资金和银行会对市场影响巨大，所以他们将卢塞恩州立银行提供的资金看作是金融市场关注这一新焦点的开始。对于这一市场，环境意识也是一个发展中的市场生态位。

缺乏知识是开发新市场时总会遇到的问题。这涉及金融和技术两方面的问题。

6.3.5 目标设定

项目的初级目标是在 2003 年建造并销售合计 12 套公寓的 3 栋被动式住宅。这些住宅必须做到：

- 消费者可支付的低能耗生态住宅；
- 提供建筑品质良好的生活空间；
- 获得被动房证书；
- 像传统住宅一样给 Anliker 带来利润。

6.3.6 策略

四 P 原则

产品（Product）：作为私人房地产开发商，Anliker 必须使该项目在商业上获得成功："如果由于太贵或在建筑上没有吸引力而无法卖掉节能住宅，那为什么还要建造呢？"答案就是注重建筑设计而将节能相关特性低调处理，并且考虑有创新精神的年轻家庭这一目标群体所关注的环境议题。

为了降低风险，公司制定了战略性的营销决策。公司建造了三种不同类型的住宅，而不是仅仅一种：

1. 瓦兰达公寓楼——常规住宅；
2. 洛夫特公寓楼——符合 Minergie 低能耗标准；
3. 维莱特公寓楼——符合被动房标准的被动式住宅。

除降低了 Anliker 的风险外，这种产品也为消费者提供了更自由的选择空间。

维莱特住宅用砖和混凝土建造而成，配有厚保温层、太阳能集热器和热回收通风装置，以达到被动房标准。套房内房间面积宽裕，有落地角窗可保证起居空间光线明亮。平面布局非常灵活，可轻松满足买主的个人需要。通风系统安装灵活，它的排气口设置在窗户中央。为进一步消除目标消费者的疑虑，还对所有的电线进行了遮挡，以保护居住者在卧室不受电烟雾的侵扰，而电源可以整晚处于切断状态。图 6.3.4 展示了其中一栋被动式住宅公寓楼。

图6.3.4　建成的被动式住宅

资料来源：Anliker AG，CH 6021 Emmenbrücke
www.anliker.ch

价格（*Price*）：瑞士市场更关心初始成本，而非运行成本。因此，大幅降低成本对 Anliker 来讲是很重要的。他们将价格定到比常规住宅高 7%，以此抵消预计将多出的 7% 的建筑成本。

地点（*Place*）：为了引介项目，Anliker 多次邀请有意购房者参与在总公司召开的信息通报晚间会议，由建筑师 Arthur Sigg 对项目进行介绍。

Anliker 必须展示大量的信息以树立该项目的市场信誉。而为所有潜在项目伙伴搭建信息桥梁是非常重要的。Anliker 还登记了潜在购房者的姓名和联系地址，以便日后使他们能够获得更多相关信息，从而更好地说服他们购买其公寓产品。

宣传推广（*Promotion*）：Anliker 所面临的挑战是在市场上推广生态住宅并消除公众偏见。新产品需要市场"突破"。为达到这一目的，Anliker 邀请卢塞恩技术学院（Technical College of Lucerne）来对住宅进行测试，并证明住宅符合被动房标准。该大学是进行这项认证的特许机构。获得被动房认证，Anliker 很快就获得了市场认可和信任。该认证还形成了许多报纸宣传，使得公司和产品都引起了公众的高度关注。

Anliker 雇用了一家宣传广告机构 Bishof/Meier 来制定市场营销策略并开展市场宣传活动。他们设计了：

- 商标；
- 销售小册子；
- 在项目用地竖立 120cm × 80cm 的广告；
- 设立网站（www.konstanzrothenburg.ch）。

他们还安排了媒体报道，在项目开始时和第一次打桩时进行免费宣传。公司决定将宣传策略重点放在生活方式，而不是低能耗。因此，节能和投资回报周期问题退到了次要位置，而目标消费者的核心价值观成为重点，即整个家庭的舒适和健康生活。

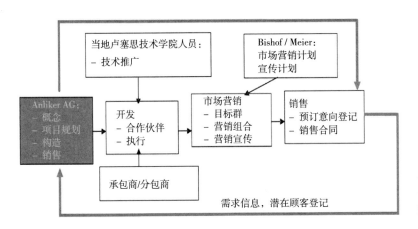

图6.3.5 Anliker AG的被动式住宅开发和市场营销价值链

资料来源：Anliker AG，CH 6021 Emmenbrücke，www.anliker.ch

6.3.7 行动计划

为了按照策略采取行动，Anliker决定将重点放在市场营销活动上。他们已经作出以下决定：

- Anliker应自始至终负责该项目；
- 其中7栋应符合Minergie低能耗标准和被动房标准；
- 康斯坦茨开发共包括13栋，其中6栋是常规住宅（目的是了保持一定的产品范围，给予客户自由选择的空间并保证空间环境多样性）。

考虑到分析结论，将重点放在了取得市场突破并为项目塑造正面形象上。

树立可信度

为了在市场上树立可信度，Anliker必须邀请其他战略伙伴"加入"该项目。就这样，他们使项目更具"公共性"，并重点强调项目而不是开发商。这一点也就突出了该项目具有可靠性。

为了获得被动房证书，Anliker邀请卢塞恩技术学院来监督工作并测量湿度、温度等。Anliker成功获得了证书，并且为项目和公司树立了必要的可信度。

宣传

为了取得成功，找出目标群所重视的问题是必不可少的：他们的喜好和想法是什么？该目标群的一般特征是：

- 刚刚组建家庭的年轻人（孩子很小）；
- 关注未来（包括生态问题）；
- 跟随潮流（敢于革新的）；
- 重视成本。

然而，也有持相反观点的人：当制订营销和宣传计划时，他们选择将重点放在其他因素上，他们认为这些因素对目标群来讲更加重要，并能够为项目"包装"出积极正面的形象：

- 某种生活方式；
- 家庭的核心价值观；
- 幸福健康的孩子：
- 时尚的设计；
- 许多绿地；
- 良好的建筑品质；
- 关注：
    - 清洁的空气；
    - 良好的室内气候。
- 对下一代、未来和地球的责任：
    - 低能耗；
    - 可持续性。

好的正面形象的画面是这样的：夏天，孩子在翠绿的草坪上高兴地荡着秋千。这个画面也成为该工程的商标（见图 6.3.1），尽管很多人曾试图以能源性能为主题！

Bishof/Meier 用来营销康斯坦茨地产的一个技巧是用图像唤起美好的联想。Bishof/Meier 和 Anliker 如何确定市场生态位是值得关注的，重要的是他们在目标群中探索出关键的成功因素，形成一整套宣传策略。

针对目标群的宣传主要通过四种媒体渠道，首先：

- 关于即将开工项目信息的传单——散发到邮局和各个银行；
- 报纸广告；
- 网站设立；
- 在施工现场竖立广告海报，告知潜在客户 Anliker 正在建造被动式住宅。

由于原来人们对环保型建筑的兴趣非常小（尽管在迅速增长中），Anliker 在标题中植入这样的信息"现阶段没有类似项目可与之对比"，他们认为这能够刺激销售并到达目标市场。他们认为用被动房标准的相关技术数据来做宣传起点会比较无趣，触发购房者购房的主要因素应该是：

- 良好的地理位置；
- 高质量；
- 价格；
- 被动房认证。

上述营销概念非常有效，表明了促进正面形象的塑造是相当重要的。它能够直观地吸引人们的注意。

控制与衡量

通过在公寓开发和后期与客户交流的过程中运用流行元素，Anliker 的产品在市场上收到了额外的宣传 / 营销效果。各种力量都刺激了这一市场生态位的发展并最终为公司带来良好的销售效果。

为了弄清结果是如何得到的，对项目结果进行控制和衡量十分重要。在弄清好坏结果成因后，将来的决策就可能有更高的成功率。

Anliker必须核实他们的目标，那就是在下列准则的基础上建造并销售住宅：

- 必须是可支付的生态住宅，且能源需求很低；
- 要提供建筑品质良好的起居空间；
- 要获得与常规住宅同样的利润；
- 住宅要通过被动房认证。

Anliker及时实现了这些目标。8栋32套公寓迅速销售一空，验证了康斯坦茨被动式住宅的成功。这次成功进而促使其建造了另外5栋楼。

在评估了大量信息之后，Anliker确信高达95%的潜在买主已经从广告中获得了必要的信息。但同时他们也认为潜在购房者之间的信息共享（家人与朋友相互转告被动式住宅的相关信息）对促进销售也有巨大作用。

项目成本证实了被动式住宅正逐渐成为越来越有吸引力的建筑类型，它满足了有远见的购房者的需求。

项目账目显示，公司已经从销售中获得了与常规住宅相等的利润。然而，公司并没有建造可与之比较的常规住宅（相同的尺寸、设计等），因此结果并不是完全精确的。Anliker应努力控制整个项目，以衡量他们的目标是否达成，这也是公司一个有用的学习工具。

6.4　市场营销案例的启示

按照国际能源署（IEA）第28/38号任务框架，对欧洲、北美洲和新西兰的成功营销进行分析并得出以下建议：

要：
- 把握公众对环境问题越来越关注的趋势；
- 加入市场其他成员（商业／相关团体／本地、区域、国内和国际机构）的行列，并发展双赢联盟。
- 战略思维：
    - 接受你不能将住宅销售给所有人这一事实；
    - 了解目标群的喜好；
    - 清晰地指出你与其他开发商不同的地方；
    - 注重附加价值。

不要：
- 片面注重"增量投资将带来节能效益"；
- 还没有进行战略分析便立即开始进行宣传。

6.4.1　建议

不要遗漏营销过程中的任何步骤：
- 注重信息收集。
- 重视分析：
    - 内部：产品和组织的优势和劣势；

- 外部：机遇、威胁、驱动力、生命周期和分期。
- 确定目标——量化：
  - 人们通常会关注能够衡量的事物,所以通过确定具体的、可衡量的目标能够获得更大的成功。
- 确定策略：
  - 你的营销对象是谁？确定目标群；
  - 对所有 P 的清晰定义：产品（product）、价格（price）、地点（place）和宣传（promotion）。
- 制订一个行动计划：
  - 所有需要采取的行动；
  - 包括宣传行动；
  - 全部成本（内部时间成本和直接外部成本）；
  - 时间表。
- 控制与衡量——修正：
  - 帮助你根据自己的经验来修正自己的策略。

利用其他人的经验：

- 为什么要做无用功呢？你可以从其他国家相似的商业项目中或本国目前市场上其他类型的商业项目中获得经验。
- 尽管如此，不要单纯地模仿别人的观念或思想。请记住不同的国家或不同的公司之间是有差异的。因此，必须要进行专门的分析来弄清如何将一种思想应用到你的商业环境中。

财政激励政策是潜在的盲点：

- 如果以这样一条信息"购买该产品可以获得 xxx 资金"作为宣传的开始，那么客户会认为产品是有缺陷的。
- 若从一开始便过分关注产品的财政激励政策，那么后期就很难以正常的价格来销售产品。
- 我们可以看到，"早期买主"（在推介阶段）常常对价格并不十分敏感。

用"以市场为导向"来代替"以产品为导向"：

- 以"我的营销对象是谁？"这个问题开始。追踪这些人，以弄清他们的真正需要。然后以比自己的产品范围更广的视角进行思考。
- 确定产品能够满足这些需求。如果你自己没有能够满足这些需求的技术或能力，那么你可以通过与供应商、竞争者或从事互补性行业的战略伙伴合作，来满足这些需求。

附加价值与品牌化

- 通过图像引发观念思考比单纯注重技术方面的做法更加成功。
- 超出核心产品的纯物理（技术）方面的要素就是附加价值。客户价值的实例是"非能源收益"，包括更好的空气质量、更高的舒适性、安全感、身份和道德责任。
- 知名品牌（例如世界自然基金会的品牌）一进入市场便会受到追捧。

差异化作为竞争工具：

- 不要开出比竞争对手低的价格。相反，要注重你的公司和产品的优势，这些优势会将公众的目光从那些更关心其他问题（例如短期成本节省）的竞争者那里吸引过来。
- 原来的障碍可能会转变为机遇，这也成为形成差异的基础。

认识到关键人员的重要性：
- 若想以一种新的（可持续的）产品进入市场，那么就需要有积极性高、有技能并受人尊敬的人员在公司内部发挥关键作用。他们必须能胜任该项目，另外他们还必须要有激励公司其他员工的能力。

如果你不能击败他们，那么就加入他们：
- 从案例中得到的经验表明：同其他参与者的战略结盟已经使新的可持续产品和服务得以成功面市。
- 结盟只在所有参与者都能够从合作中获利的前提下才能发挥作用：进行双赢结盟。

慎重使用媒体：
- 如果一个地区对你的产品或服务并不熟悉，那么媒体就会很乐意报道你的商业。充分利用这种免费宣传!
- 名人能够吸引公众和媒体的注意。如果可以，充分利用他们的优势!

树立信誉：
- 新产品在开始时并不会被公众所熟知或信任。很有必要为你的产品树立（良好的）名声。
- 通过与建立多年的机构合作来树立信誉。
- 不要只表现的很可信，要真正可信! 绝不夸大自己的产品。

参考文献

注：可以在国际能源署的太阳能采暖与制冷项目的网站上免费获得本节完整版本，网址：www.iea–shc.org/under Task 28，outcomes 或 www.moBiusconsult.nl/iea28。

ACEEE (2004) *Summer Study on Energy Efficiency in Buildings*, 2000 Sustainable Building Conference, Asilomar, CA, USA, August 23-27, www.aceee.org
Rogers, E. (2003) *Diffusion of Innovations*, fifth edition, Freepress, New York
Skumatz, L. A., Dickerson, C. A. and Coats, B. (2000) *Non-Energy Benefits in the Residential and Non-Residential Sectors: Innovative Measurements and Results for Participant Benefits*, ACEEE Summer Study on Energy Efficiency in Buildings, 8352-8364, Pacific Grove, California USA
Skumatz, V. and Stoecklein, A. (2004) *Using Non-Energy Benefits (NEBs) to Market Low Energy Homes New Zealand*, Sustainable Building Conference, Asilomar, CA, USA, August 23-27, www.aceee.org

第二部分

解决方案

SOLUTIONS

第7章 示范方案

Maria Wall

7.1 简介

7.1.1 不同气候、住宅类型和策略的示范方案

本章将介绍寒冷气候、温和气候和温暖气候中住宅的示范方案，它们都达到了国际能源署（IEA）第 28/38 号任务规定的终端能源和一次能源目标值。这些示范方案都很值得关注，因为它们在建筑或设备方面处理得十分恰当而可免于极端。

以下是两种不同的设计方法：

1. 节能策略（降低损失）；
2. 可再生能源供应（增加收益）。

这两种方法的区别在于节能或太阳能利用的程度。当然，两种策略都会涉及节能和被动式太阳能的应用。各方案均通过计算机模拟获得优化，并进行灵敏度分析，对关键设计参数的重要性进行了量化。

在此，我们定义了三个气候区并利用 Meteonorm 程序（Meteotest，2004）生成了参考气候数据集。

1. 寒冷季候（斯德哥尔摩）；
2. 温和气候（苏黎世）；
3. 温暖气候（米兰）。

对于寒冷气候、温和气候和温暖气候中不同的建筑类型，这里展示了以策略 A（节能）或策略 B（可再生能源）为基础的各类示范方案。每个示范方案都是通过应用不同类型的围护结构和技术系统来实现目标值的。这里还针对每一种示范方案分别给出能源性能、夏季舒适性和二氧化碳当量排放的计算值。同时还介绍了一个温和气候中联排住宅的全生命周期分析示例。

住宅类型

各示范方案针对三个气候区中的三种参照住宅类型制订的，其中包括北地中海地区、中部欧洲和北欧中部的各类典型住宅。

独栋住宅，为一层半的房屋，一层和二层的总建筑面积为 $150m^2$，其中二层面积较小。对于这种住宅类型，实施节能策略显得比较困难，这是因为产生热损失的围护结构面积比建筑面积相对要大许多。不过另一方面，较大的围护结构面积却为太阳能系统提供了更充足的空间。

联排住宅，则分为两层，建筑面积为 $120m^2$。分析中设定每排有 6 户。两个尽端户的围护结构热损失比中间 4 户要高。不过 6 户的平均能耗应当达标。与独栋住宅相比，联排住宅较紧凑的建筑形体更容易达到室内采暖目标值。由于采暖负荷很小，所以明智的示范方案是为整排住宅设置一个集中采暖系统。但同时也可为每户设计独立的高能效系统。

公寓，为四层，总建筑面积 $1600m^2$。设定每户面积为 $100m^2$。这种类型的住房体形非常紧凑，因此即便不使用很厚的保温材料，也是最容易实现低室内采暖需求的类型。而高效的通风热回收也很重要。

7.2　基于 2001 年各国建筑规范的参照建筑

首先为独栋住宅、联排住宅和公寓预设了常见建筑形式（见附录 1）。对于三个气候区中的各个国家，选取其 2001 年的国家建筑规范规定的室内采暖需求指标和通风规范作为参照建筑的指标。通过循环倒推的工作方法，最终使每个气候区案例的平均围护结构完全满足这些标准，这样便定义了各区域的参照建筑。

表 7.2.1 对三个气候区中不同类型住宅的平均 U 值进行了比较。寒冷地区的各类住宅由于没有预设 50% 的通风热回收，因而将 U 值设定得更低以作为代偿，而本来这种热回收系统是需要用于在瑞典的建筑里的。正如所料，北方的保温标准要比南方高得多。而从图 7.2.1 中可以看出，其中部分原因是南方的建筑规范要求相对宽松。其导致的最终结果是温暖气候中三类住宅的室内采暖需求都超过了温和气候和寒冷气候中相应类型住宅的采暖需求！同样，对于温和地区按照本地规范建造的住宅，其室内采暖需求也超过了寒冷地区。无论在哪种情况下，逻辑上公寓的室内采暖需求最低，独栋住宅的需求最高。

在这里应用 Bilanz 程序（Heidt，1999）遵照 EN 832 对室内采暖需求进行计算。假设三个气候区的所有参照住宅都有相当于每小时 0.6 次（ach）的换气热损失。并且不考虑机械通风系统或通风热回收系统。

按照 2001 年实际建筑规范建造住宅的室内采暖需求通常较高。可见从根本上降低室内采暖需求的潜力很大，这一点在温暖气候地区尤其突出。

依据2001年各国建筑规范建造建筑围护结构的平均区域性U值		表7.2.1
建筑围护结构平均U值[W/（m²·K）]		
寒冷气候	温和气候	温暖气候
独栋住宅	0.29	0.47	0.74
联排住宅（6户）	0.33	0.55	0.86
公寓	0.35	0.60	0.94

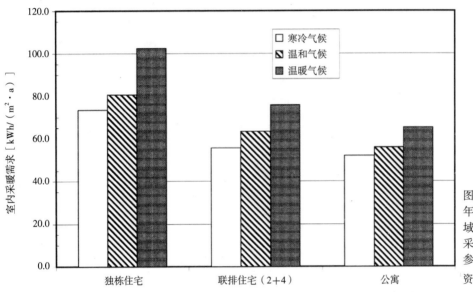

图7.2.1 符合2001年建筑规范的各区域参照建筑的室内采暖需求；应用了参考气候数据

资料来源: Maria Wall

7.2.1 一次能源需求

在当今的标准建筑中，采暖及热水供应所消耗的能源大多由化石燃料（燃气和石油）、区域供热或电力来提供。而我们的一个重要目标是减少不可再生能源的使用。因而展示一次能源需求的结果同样十分重要。

由于重点是减少不可再生能源的使用，所以本书中定义的一次能源指标仅涉及一次能源需求的不可再生部分（附录2）。为了判断建筑使用过程中对环境产生的不同影响，本书应用了两个指标：

1. 一次能源，它是建筑能耗与能源转换、分配和提取过程中的损失之和。
2. 二氧化碳排放。它与热能的利用有关，存在于从能源载体到热能的提取转化的全过程中。应使用 CO_2 当量值，衡量包含 CO_2 和所有温室气体对全球气候变暖的影响。

作为探索一次能源指标的参考和基础，各区参照住宅的不可再生能源一次能源需求按以下步骤计算：

- 第一，对包括室内采暖需求、热水供应需求和系统损失的终端能耗进行总计。同时计算包括泵和风机等电气设备的能耗。假定在所有示例中热水供应需求都是每人每天 40L。
- 第二，用热水供应和室内采暖需求乘以一次能源系数 1.1（针对常规系统，例如石油或燃气）。若有风机和泵，则其所消耗的电能将乘以一次能源系数 2.35（欧盟综合 + 瑞士 + 挪威）。

图 7.2.2 所示为不考虑风机和泵的电耗时参照建筑的一次能耗。所有的示例都是建立在用石油或燃气供热的基础上。由此，2001 年各地区参照建筑的平均能耗指标约为 124kWh/（m²·a），并在 110kWh/（m²·a）到 156kWh/（m²·a）之间变化。

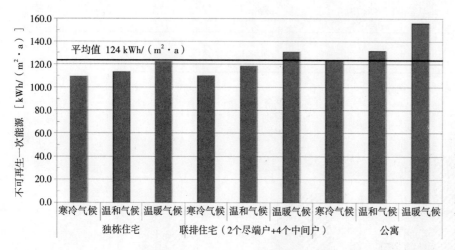

注：该能耗包括热水供应和室内采暖需求。不考虑风机和泵的电耗。

图7.2.2　各区域参照建筑的不可再生一次能源需求

资料来源：Maria Wall

7.3　室内采暖需求目标值

研究设定了室内采暖需求目标值，以保证建筑设计能够满足较低传输热损失和通风热损失的要求。建筑将不受外部变化的影响（例如系统变化和所供能源载体的变化）。另外居住者和业主更容易理解室内采暖需求目标值，相比而言一次能源尚比较难于理解。

节能策略中的室内采暖目标值，要比可再生能源策略中的目标值更加严格，这是为了鼓励对可再生能源系统的投资。

7.3.1　策略 1：节能

对于公寓和联排住宅，采取节能策略的室内采暖目标值为 15kWh/（m²·a）。对于独栋住宅，该指标为 20 kWh/（m²·a）。与 2001 年参照住宅的室内采暖需求相比，这些目标值相当于其 1/4（见图 7.3.1）。

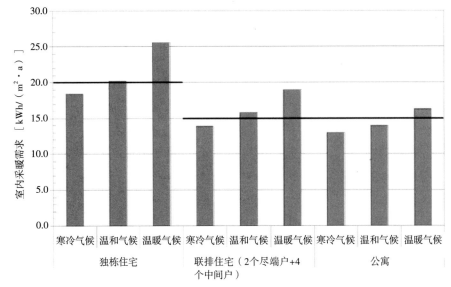

注：每条柱线表示参考值（根据图7.2.1中的2001年建筑规范）除以4所得的结果。直线显示所选目标值：公寓和联排住宅的指标为15kWh/（m²·a），独栋住宅为20kWh/（m²·a）。

图7.3.1 各区域高性能建筑节能策略的室内采暖目标值（4倍关系）

资料来源：Maria Wall

7.3.2 策略2：可再生能源

针对公寓和联排住宅，可再生能源策略的室内采暖目标值为20kWh/（m²·a）。对于独栋住宅，该目标值为25kWh/（m²·a）。与2001年参照住宅的室内采暖需求相比，这些目标值相当于其1/3（见图7.3.2）。

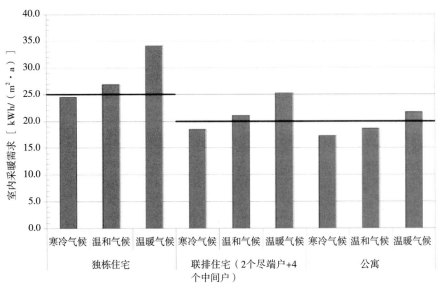

注：每条柱线表示参考值（根据图7.2.1中的2001年建筑规范）除以3所得的结果。直线显示所选目标值：公寓和联排住宅的目标值为20kWh/（m²·a），独栋住宅的目标值为25kWh/（m²·a）。

图7.3.2 各区域高性能建筑可再生能源策略的室内采暖目标值（3倍关系）

资料来源：Maria Wall

7.4 不可再生能源一次需求目标值

不可再生能源需求目标值为60 kWh/（m²·a），其中包括热水供应、室内采暖、系统损失，以及风机和泵的电耗。所有气候和住宅类型的不可再生一次能源需求目标值都相同。由于家庭用电在很大程度上受居住者影响，所以不包括在该目标值内。尽管如此，为了评估内部得热，还是在模拟中推荐并设定了部分节能家电。

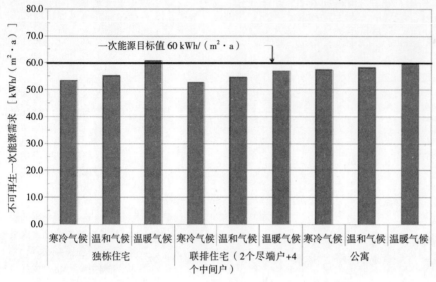

注：所有示例的平均值为 57 kWh/（m²·a）。

图7.4.1 各区域参照建筑的不可再生一次能源需求估算——包括满足50％热水需求的太阳能热水系统、1/4的参照室内采暖需求以及风机和泵5 kWh/（m²·a）的用电需求（乘以2.35）。

资料来源：Maria Wall

为了确定目标水平，首先对各区域参照建筑进行计算。对于每个建筑类型和气候，不可再生一次能源需求（以 124kWh/（m²·a）为参照值）将被降低：

- 计算一次能源需求之前，先降低室内采暖需求至 2001 年参照值的 1/4；
- 将家庭热水供应水平比参照值降低 50％，设定由太阳能集热器提供另外 50％ 的热水供应需求（太阳能供应不会增加任何不可再生一次能源）。
- 由于高性能示范方案使用机械通风装置和其他电器，因此需要加上风机和泵的耗电量 5kWh/（m²·a）。

然后，将其余的能耗量分别乘以一次能源系数 1.1（例如石油或燃气）和 2.35（电）。由此便得出了每种建筑类型和气候的不可再生一次能源需求（见图 7.4.1）。2001 年，不可再生一次能源需求水平大约占参照建筑能源需求的一半（见图 7.2.1）。因此，与当今许多欧洲国家的新建筑标准相比，目标值 60kWh/（m²·a）是其 1/2。

很多途径都可以实现这一目标值。无论采用节能策略还是可再生能源策略，这一目标都是切实可行的。能源载体的选择对不可再生一次能源需求影响巨大。若示范方案中的可再生能源应用比例很高，那么不可再生一次能源需求可远低于 60kWh/（m²·a），详情见以下章节。

7.4.1 计算机工具软件

为探索建筑围护结构和系统设计的示范方案，这里采用了多种计算机工具软件。包括 TRNSYS（TRNSYS, 2005）、DEROB –LTH（Kvist, 2005）、SCIAQ Pro（ProgramByggerne, 2004）和 Polysun（Polysun, 2002）. Polysun 特别版本"Larsen edition"可以读取建筑模拟程序 DEROB – LTH 的供热需求分析的输出文件。因此可以运用两个程序联合精确模拟整个建筑。TRNSYS 则同时包含了建筑和各系统的模拟。

这部分工作的目标是反映能耗对各类设计的敏感度。这里并没有对热桥进行详细分析，因为这部分热损失已经在围护结构的平均 U 值里反映了。不过在真正进行建筑设计时必须考虑细节以避免热桥。

参考文献

Heidt, F. D. (1999) *Bilanz Berechnungswerkzeug, NESA-Datenbank*, Fachgebiet Bauphysik und Solarenergie, Universität-GH Siegen, D-57068 Siegen, Germany

Kvist, H. (2005) *DEROB-LTH for MS Windows, User Manual Version 1.0–20050813*, Energy and Building Design, Department of Architecture and Built Environment, Lund University, Lund, Sweden

Meteotest (2004) *Meteonorm 5.0 – Global Meteorological Database for Solar Energy and Applied Meteorology*, Bern, Switzerland, www.meteotest.ch

Polysun (2002) *Polysun 3.3, Thermal Solar System Design: User's Manual*, SPF, Institut für Solartechnik, Rapperswil, Switzerland, www.solarenergy.ch

ProgramByggerne (2004) *ProgramByggerne ANS, 'SCIAQ Pro 2.0 – Simulation of Climate and Indoor Air Quality': A Multizone Dynamic Building Simulation Program*, www.programbyggerne.no

TRNSYS (2005) *A Transient System Simulation Program*, Solar Energy Laboratory, University of Wisconsin, Madison, WI

第8章 寒冷气候

8.1 寒冷气候中的设计

Johan Smeds

将本章介绍的节能和可再生能源示范方案，相应的参照建筑符合 2001 年瑞典、挪威和芬兰的建筑规范（见附录 1）。本章案例的设计满足本研究设定的能源目标，同时还能实现较高的舒适性。

8.1.1 寒冷气候特征

在此将斯德哥尔摩的气候作为寒冷气候区的代表。斯德哥尔摩坐落在北纬 59.2°，年平均气温为 6.7℃（Meteotest，2004）。奥斯陆的气候条件与斯德哥尔摩相似，而赫尔辛基则稍微冷一些。图 8.1.1 对这三座城市以及苏黎世和米兰（代表温和气候和温暖气候）的采暖度日数进行了比较。

在寒冷气候中，若要满足高性能住宅的能源目标，则建筑围护结构（包括窗户）的 *U* 值必须非常低。由于空气渗透非常少，所以室内空气质量取决于机械通风条件，于是热回收也非常重要。

高纬度和寒冷气候的综合影响对于太阳能利用形成了特殊的限制。图 8.1.2 给出了计算得出的月平均气温及太阳辐射。全年太阳辐射统计总量看起来令人振奋：总水平辐射约 1000 kWh/m²。辐射量超过 120 W/m² 的平均日光直射辐射时间为每年 1600h（SMHI，2005）。然而，日照角却非常低，12 月 21 日中午为 9°，6 月 21 日中午为 55°。另外，大部分太阳辐射出现在白天较长的夏天。

然而，住宅设计的要求是全年都有热水供应，原本这是一种极佳的太阳能终端能耗方式。然而仲冬时节日照角很低，且阳光在大气中的照射距离较长，这时的太阳能很弱，是非常有限的资源。与热水供应（目标温度为 60℃）相比，较低的辐射量使得太阳辐射更适合用于室内采暖（目标温度为 20℃）。同时，较低的日照角还意味着立面以接近直射度获取光线。在冬季，低温造成的窗户热损失无法被低角度、短时间的阳光热量所抵消。而在夏季，与南纬地区相比，日照角仍然显得较低，这又意味着由窗户造成的过热问题同样必须得到解决。

在寒冷气候中，和独栋住宅相比，公寓较小的体形系数有很明显的优势。

与参照建筑相比，示范方案 CO_2 当量排放到底能减少多少，主要取决于热源。在北欧城市中，区域供热非常普遍，因此我们也设想将其应用在一些示范方案中。如果大部分区域供热已经是由可再生能源来满足的，那么高性能住宅对于降低一次能源使用的作用就不会太明显。但如果参照建筑应用直接电热采暖，那么实现较大幅度的一次能源降低就有可能了。

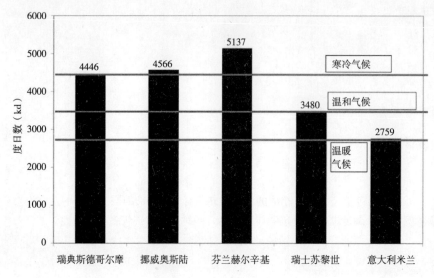

图8.1.1　寒冷、温和和温暖气候城市的度日数（20/12）

资料来源：Johan Smeds

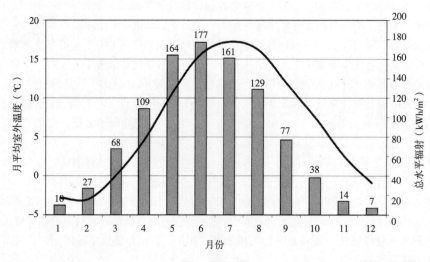

图8.1.2　斯德哥尔摩月平均室外温度与太阳辐射（总水平辐射）

资料来源：Johan Smeds

8.1.2　独栋住宅

独栋住宅参照建筑

　　建筑围护结构：外墙和屋面是矿棉保温轻质木结构。窗框面积比为30%，双层玻璃、有一层低辐射镀膜并充有空气。作为一座典型的独栋住宅，地板的做法是在地面上铺设有外保温的混凝土板，没有地下室。表8.1.1给出了建筑构件的 U 值。由于没有像一般瑞典住宅那样应用50%通风热回收，所以该参照建筑的 U 值有所降低以作为代偿。

　　机械系统：无热回收的机械排气通风系统，用电扇经风道抽取室内空气。通风量为每小时0.5次（ach），空气渗透率为0.1ach。以电锅炉满足室内采暖和热水需求，热量由热水辐射式采暖系统进行分配。

独栋住宅各建筑构件的U值 表8.1.1

构件	U值 [W/ (m² · K)]
墙体	0.20
屋面	0.19
楼板（不含地面）	0.20
窗户（窗框+玻璃）	1.81
窗框	1.70
窗玻璃	1.85
整个建筑围护结构	0.29

家庭用电：假设有两个大人和两个孩子的家庭用电量为 29 kWh/（m² · a）。家庭用电不在能源目标的考虑范围之内。

室内采暖需求：图 8.1.3 给出了由 DEROB-LTH（Kvist，2005）计算的住宅月室内采暖需求。在十月到四月的采暖季期间，年室内采暖需求大约为 69 kWh/（m² · a）。前提是假设采暖温度为 20℃，冬季最高室内温度为 23℃，并且夏季最高室内温度为 26℃。为了减少过温现象，使用了遮阳措施以及开窗通风或强制通风装置。

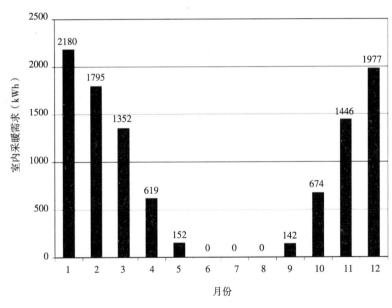

图8.1.3　参照独栋住宅一年中的月室内采暖需求；年需求总量大约为 10400 kWh/a。

资料来源：Johan Smeds

平衡点温度与峰值负荷：某特定室外温度条件下，室内不必使用采暖系统尚可保持舒适温度，则该室外温度称为平衡点温度。此时，传输和通风热损失可以与从家电、人体和被动式太阳能得到的热量相互平衡。因此，平衡点温度即表达了建筑的热工性能。

应用 DEROB-LTH 对被遮蔽且以既定参照建筑要求建造的独栋住宅进行热负荷需求模拟，结果显示平衡点温度大约是 15℃。相比之下，高性能住宅的平衡点温度大约只有 10℃。参照建筑采暖系统

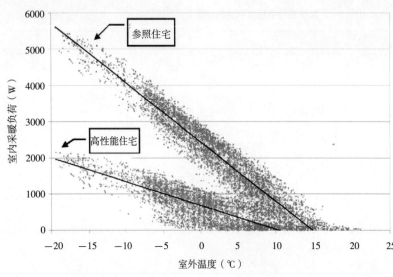

图8.1.4　独栋住宅室内采暖负荷与平衡点温度比较，高性能住宅负荷为20kWh/（m² · a），参照住宅负荷为69kWh/（m² · a）。

资料来源：Johan Smeds

的峰值负荷为 5500W，而高性能住宅的峰值负荷只有 2200W。高性能住宅的室内采暖需求是 20 kWh/（m² · a），是参照住宅室内采暖需求的 29%。图 8.1.4 所示为模拟结果。

不可再生一次能源需求和 CO_2 排放：表 8.1.2 给出了参照住宅的室内采暖、热水、系统损失、机械系统的总能源需求，以及传输能源、一次能源和 CO_2 当量排放。家庭用电不在考虑范围内。不可再生一次能源需求为 231 kWh/（m² · a），CO_2 当量排放合计 42kg/（m² · a）。

参照独栋住宅的总能源需求、不可再生一次能源需求和CO_2当量排放　　　　表8.1.2

净能耗 [kWh/(m²·a)]		总能耗 [kWh/(m²·a)]				传输能源 [kWh/(m²·a)]		不可再生一次能源		CO_2当量排放	
		系统能耗		能源				系数 (一)	[kWh/(m²·a)]	系数 (kg/kWh)	[kg/(m²·a)]
机械系统	5.0	机械系统	5.0	电	5.0	电	5.0	2.35	11.8	0.43	2.2
室内采暖	68.9	室内采暖	68.9	电	93.4	电	93.4	2.35	219.5	0.43	40.2
家用热水	21.0	家用热水	21.0								
		循环热损失	3.5								
		转换热损失	0.0								
总计	94.9		98.4		98.4		98.4		231.3		42.4

独栋住宅示范方案

示范方案住宅的全年能耗很低（室内采暖 3000 kWh/a，热水 3150 kWh/a，总计 6150 kWh/a）。其相应的采暖量需求也较小，室内采暖的峰值负荷仅为 2200W。现在的问题是，如何在这样的寒冷气候中找到廉价的采暖系统方案。

8.2 小节和 8.3 小节给出了寒冷气候独栋住宅的不同示范方案。具体方案如下：

节能: 解决方案1a

建筑整体U值：	0.12 W/（m² · K）
室内采暖需求：	11.5 kWh/（m² · a）
采暖分配：	送风
采暖系统：	直接电热采暖
家用热水系统：	太阳能集热器，带有电加热备用系统

节能: 解决方案1b

建筑整体U值：	0.17 W/（m² · K）
室内采暖需求：	20 kWh/（m² · a）
采暖分配：	热水辐射采暖
家用热水与室内采暖系统：	热泵（室外空气对水热泵）或多栋住宅共用的埋管热泵（小型区域供热）

可再生能源: 解决方案2a和2b

建筑整体U值：	0.21 W/（m² · K）
室内采暖需求：	25 kWh/（m² · a）
采暖分配：	热水辐射采暖
家用热水与室内采暖系统：	带有生物质燃料锅炉的太阳能联合系统（解决方案2a）或冷凝燃气锅炉（解决方案2b）

图 8.1.5 给出了不同解决方案的总能源需求、传输能源和不可再生一次能源需求。与参照建筑相比，所有解决方案的总能耗都大幅降低了，各系统解决方案的不可再生一次能源消耗降低了 76% 或以上。解决方案 1b 需要的传输能源最少，为 20kWh/（m² · a）；解决方案 2a 需要的不可再生一次能源最少，为 17 kWh/（m² · a）。另外，图 8.1.6 中 CO_2 当量排放在解决方案 2a 中是最低的，只有 3.8 kg/（m² · a），是参照建筑排放的 9%。这意味着使用可再生能源的采暖系统是一个非常重要的选项；而通过严格的节能措施也可以实现排放和能耗的减少。

应用埋管热泵技术，用小型区域供热系统为多栋建筑供热，要求居住者共享采暖系统的产权。这在北欧国家是非常普遍的。而若仅对一座高性能独栋住宅进行埋管热泵投资，其成本将很难最终被平衡。埋管系统以及室外空气对水热泵完全依赖于电力的可靠性和价格。

尽管南向窗户面积的增加导致了采暖需求的小幅增加，但可以因为有自然采光或更好的景观视野而得到补偿。若东、西和北向的窗户面积增大，则采暖需求的增加会更明显。

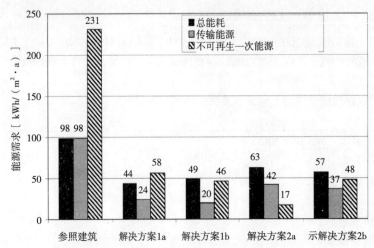

图8.1.5 独栋住宅的总能耗、传输能源以及不可再生一次能源需求概况；参照建筑应用了电热采暖

资料来源：Johan Smeds

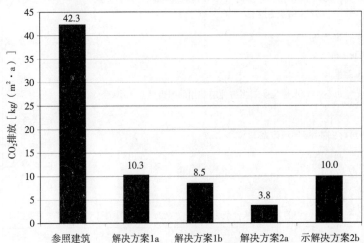

图8.1.6 独栋住宅的CO_2当量排放概况；参照建筑采用电热采暖

资料来源：Johan Smeds

夏季舒适性是通过遮阳、通风热回收旁通管以及合理的自然通风实现的。

在寒冷气候中，建筑围护结构的气密性至关重要。这里假定的气密性是50Pa下0.6ach，即常规条件下空气渗透率约0.05ach。如果只按照常规结构和一般气密性要求（0.20ach），那么室内采暖需求就会增加50%[从20 kWh/（$m^2 \cdot a$）上升到将近30 kWh/（$m^2 \cdot a$）]。

8.1.3 联排住宅

联排住宅参照方案

外墙和屋面是轻质木结构，保温材料为矿棉。立面有一层砖饰面。窗框面积比为30%、三层玻璃[4-30-（D4-12）]并充有空气。混凝土地板设外保温板，没有地下室。表8.1.3中是建筑构件U值。由于没有像一般瑞典住宅那样应用50%通风热回收，所以该参照建筑的U值有所降低以作为代偿。

机械系统：无热回收的机械排气通风系统，通风量为每小时0.5次。空气渗透率是0.1ach。区域供热用于室内采暖和家用热水。建筑内部热量由热水辐射式采暖系统进行分配。

独栋住宅各建筑构件的U值 表8.1.3

构件	U值 $[\mathrm{W}/(\mathrm{m}^2 \cdot \mathrm{K})]$
墙体	0.20
屋面	0.20
楼板（不含地面）	0.20
窗户（窗框+玻璃）	1.74
窗框	1.70
窗玻璃	1.75
整个建筑围护结构	0.33

家庭用电：假设有两个大人和两个孩子的家庭用电量为36kWh/（m²·a）。家庭用电不在能源目标考虑范围内。

室内采暖需求：6户联排住宅全年平均室内采暖需求为58 kWh/（m²·a）。在此假设了夏季已使用遮阳措施，以及开窗通风或调节温度的强制通风装置。

不可再生一次能源需求和CO_2排放：表8.1.4给出了参照住宅的室内采暖、热水、系统损失、机械系统的总能源需求、传输能源、一次能源以及CO_2当量排放。不可再生一次能源需求为79kWh/（m²·a），CO_2当量排放总计23 kg/（m²·a）。室内采暖、热水、系统损失、机械系统的总能源需求为93 kWh/（m²·a），即每户11100 kWh/a。

联排住宅示范方案

联排住宅设计的一个普遍问题是中间户的窗户面积较小。因此，应避免设计进深大而面宽窄小的单元，因为这样很可能会造成采光不足。如果使用高性能窗户，那么增加南向窗户面积就不会造成采

参照独栋住宅的总能源需求、不可再生一次能源需求和CO₂当量排放 表8.1.4

净能耗 $[\mathrm{kWh}/(\mathrm{m}^2 \cdot \mathrm{a})]$		总能耗 $[\mathrm{kWh}/(\mathrm{m}^2 \cdot \mathrm{a})]$				传输能源 $[\mathrm{kWh}/(\mathrm{m}^2 \cdot \mathrm{a})]$		不可再生一次能源		CO_2当量排放	
		系统能耗		能源				系数（一）	$[\mathrm{kWh}/(\mathrm{m}^2 \cdot \mathrm{a})]$	系数（kg/kWh）	$[\mathrm{kg}/(\mathrm{m}^2 \cdot \mathrm{a})]$
机械系统	5.0	机械系统	5.0	电	5.0	电	5.0	2.35	11.8	0.43	2.2
室内采暖	58.0	室内采暖	58.0	区域供热	87.9	区域供热	87.9	0.77	67.7	0.24	21.2
家用热水	25.5	家用热水	25.5								
		循环热损失	4.4								
		转换热损失	0.0								
总计	88.5		92.9		92.9		92.9		79.5		23.4

节能: 解决方案1	
建筑整体U值:	0.21 W/ (m² · K)
室内采暖需求:	15 kWh/ (m² · a)
采暖分配:	热水辐射采暖
家用热水与室内采暖系统:	区供热
可再生能源: 解决方案2	
建筑整体U值:	0.28 W/ (m² · K)
室内采暖需求:	20 kW/ (m² · a)
采暖分配:	热水地板辐射或墙面辐射采暖、送风供暖
家用热水与室内采暖系统:	太阳能联合系统和冷凝燃气锅炉

暖需求的大幅增加。在一定程度上,更多的太阳能得热还能够较多地补偿热损失。但是如果一定要增大北向窗户的面积,那么很必要使用 U 值最低的窗户以减少热损失。

大力推荐使用遮阳措施以提高夏季舒适性。夏季经热交换器的旁通管补充夜间通风,将可帮助避免过温现象。

由于联排住宅的形式需要规模相当大的热水管网,因而热水和采暖用的热水管道必须有良好的保温性能。

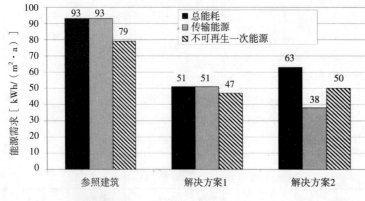

图8.1.7 联排住宅的总能耗、传输能源和不可再生一次能源消耗概况;参照建筑采用区域供热

资料来源: Johan Smeds

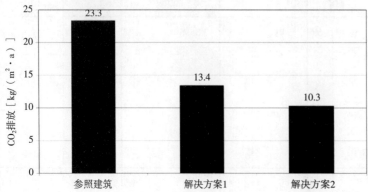

图8.1.8 联排住宅的CO_2当量排放概况;参照建筑采用区域供热

资料来源: Johan Smeds

8.4 小节和 8.5 小节给出了寒冷气候中联排住宅的不同解决方案。具体方案如下：

如同在图 8.1.7 和图 8.1.8 中看到的那样，由于解决方案 1 中使用了高水平保温的围护结构，它的总能源需求是最低的。而解决方案 2 采用了可再生能源，因而它的传输能耗最低。解决方案 2 中的 CO_2 当量排放也最少。与参照建筑相比，解决方案 1 的 CO_2 当量排放减少了 42%，解决方案 2 则减少了 56%。不可再生一次能源消耗在解决方案 1 中降低了 42%，解决方案 2 则降低了 37%。

8.1.4 公寓楼

公寓楼参照方案

建筑围护结构：公寓楼使用钢筋混凝土结构以及矿棉保温木框架立面。窗框面积比为 30%，三层玻璃 [4-30-（D4-12）] 并充有空气。表 8.1.5 给出了建筑构件的 U 值。由于没有像一般瑞典住宅那样应用 50% 通风热回收，所以该参照建筑的 U 值有所降低以作为代偿。

公寓楼建筑构件U值　　　　　　　　　　　　　　　　表8.1.5

建筑构件	U值[W/（m²·K）]
墙体	0.18
屋面	0.10
楼板（不含地面）	0.20
窗户（窗框+玻璃）	1.74
窗框	1.70
窗玻璃	1.75
整个建筑围护结构	0.35

机械系统：无热回收的机械排气通风系统，通风量为 0.5ach。空气渗透率是 0.1ach。区域供热用于室内采暖和家用热水，这在寒冷气候地区的城市中十分常见。建筑内部热量由热水辐射式系统进行分配。

家庭用电：由两个大人和一个孩子组成的家庭年用电量约为 3800 kWh（38 kWh/m²）。家庭用电不在能源目标的考虑范围之内。

室内采暖需求：室内采暖需求为 44 kWh/（m²·a）。图 8.1.9 给出了每月室内采暖需求。采暖系统的小时负荷是基于对完全被遮蔽的建筑进行的模拟，也就是在不考虑直接太阳辐射的条件下用 DEROB-LTH 计算得到。年峰值负荷为 46kW 或 29W/m²，出现在 1 月份。

不可再生一次能源需求和 CO_2 排放：室内采暖、热水、系统损失、机械系统的总能源需求为 81 kWh/（m²·a）。据表 8.1.6，区域供热和电力的使用使整个建筑在一年中的不可再生一次能源需求为 70kWh/（m²·a）（大约 112600 kWh/a），CO_2 当量排放为 20 kg/（m²·a）。

系统损失主要包括家用热水分配系统中的循环热损失，设定为每户 100W[8.8 kWh/（m²·a）]。循

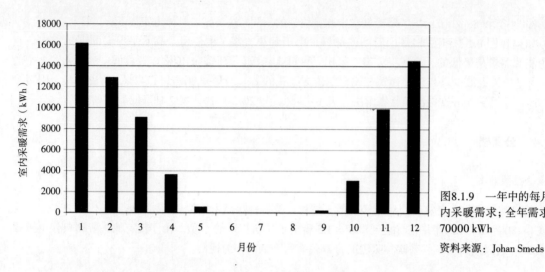

图8.1.9 一年中的每月室内采暖需求；全年需求为70000 kWh

资料来源：Johan Smeds

参照公寓楼的总能源需求、不可再生一次能源需求和CO₂当量排放 表8.1.6

净能耗 [kWh/(m²·a)]		总能耗 [kWh/(m²·a)]				传输能源 [kWh/(m²·a)]		不可再生一次能源		CO₂当量排放	
		系统能耗		能源				系数 (—)	[kWh/(m²·a)]	系数 (kg/kWh)	[kg/(m²·a)]
机械系统	5.0	机械系统	5.0	电	5.0	电	5.0	2.35	11.8	0.43	2.2
室内采暖	43.8	室内采暖	43.8	区域供热	76.2	区域供热	76.2	0.77	58.7	0.24	18.4
家用热水	23.6	家用热水	23.6								
		循环热损失	8.8								
		转换热损失	0.0								
总计	72.4		81.2		81.2		81.2		70.5		20.6

环热损失在模拟中被当作是内部得热。与区域供热系统相连的热交换器热损失设定为0。

公寓楼示范方案

8.6 小节到 8.8 小节给出了寒冷气候公寓楼的不同解决方案。具体方案如下：

如同在图 8.1.10 和图 8.1.11 中看到的那样，由于解决方案 1a 中使用了高水平保温的围护结构，它的总能源需求和传输能源是最低的。尽管如此，由于解决方案 2 中大量使用了可再生能源，其 CO₂ 排放和不可再生一次能源需求是最低的。与参照建筑（采用区域供热）相比，解决方案 2 中的 CO₂ 当量排放减少了 82%，不可再生一次能源消耗减少了 76%。

节能: 解决方案1a

建筑整体U值:	0.21 W/（m² · K）
室内采暖需求:	6.5 kWh/（m² · a）
采暖分配:	送风供暖
采暖系统:	直接电热采暖
家用热水:	带有电锅炉的太阳能系统

节能: 解决方案1b

建筑整体U值:	0.34 W/（m² · K）
室内采暖需求:	15 kWh/（m² · a）
采暖分配:	热水辐射采暖
家用热水与室内采暖系统:	区域供热

可再生能源: 解决方案2

建筑整体U值:	0.41 W/（m² · K）
室内采暖需求:	20 kWh/（m² · a）
采暖分配:	热水辐射采暖
家用热水与室内采暖系统:	带有生物质燃料炉的太阳能联合系统

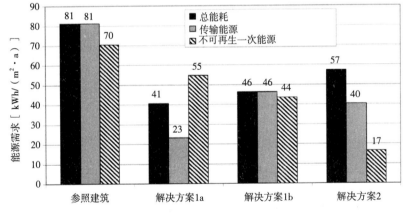

图8.1.10 公寓楼的总能耗、传输能源和不可再生一次能源需求概况；参照建筑采用区域供热

资料来源: Johan Smeds

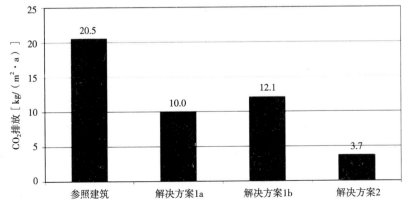

图8.1.11 公寓楼的CO_2排放概况；参照建筑采用区域供热

资料来源: Johan Smeds

8.1.5 设计建议

在所有气候区中，太阳能热水系统都适用于高性能住宅，由于这类住宅采暖季期缩短了许多，因而用太阳能来满足热水需求就显得更为合适。建筑采暖系统的选择对于太阳能热系统的设计有重要影响。

与较温暖气候相比，寒冷气候中高性能住宅的采暖季稍微长一些；如果建筑中需要应用散热器系统，那么有同时用于热水和采暖的普通储水箱的太阳能联合系统，会是个合适的方案。在采暖季期间接收的太阳能，也将刚好能满足家用热水需求（若按夏季的热水需求量计算）。然而普通储水箱同时用于家用热水和室内采暖时，储水箱的散热会降低集热器工作温度，从而能提高系统效率。如果通过系统设计，使太阳能可以不通过储水箱而直接传递给低温采暖系统，则系统效率增加的效应会进一步强化。这种做法降低了系统的总体热损失并提高了集热器的效率。

如果城市的区域供热系统已使用了大量的可再生能源（如北欧地区 80% 用于区域供热系统的燃料是可再生的），那么解决方案 1b 就更为可取。在不能实现区域供热的乡村地区，应用太阳能家用热水系统和电辅助采暖的解决方案 1a 是不错的选择，特别是太阳能系统已能够满足夏季的能源需求。当然，发电也是一个重要方面，因为它会显著影响建筑的一次能源需求（例如在解决方案 1a 中）。发电应选择环境友好型的燃料，这对降低一次能耗有帮助。

参考文献

Kvist, H. (2005) *DEROB-LTH for MS Windows, User Manual Version 1.0–20050813*, Energy and Building Design, Lund University, Lund, Sweden, www.derob.se
Meteotest (2004) *Meteonorm 5.0 – Global Meteorological Database for Solar Energy and Applied Meteorology*, Bern, Switzerland, www.meteotest.ch
SMHI (2005) www.smhi.se
TRNSYS (2005) *A Transient System Simulation Program*, Solar Energy Laboratory, University of Wisconsin, Madison, WI

8.2 寒冷气候中应用节能策略的独栋住宅

Johan Smeds

本节介绍寒冷气候中独栋住宅的两种示范方案。以斯德哥尔摩为寒冷气候参照。该方案基于将建筑热损失最小化的节能目标。其中应用了热回收平衡式机械通风系统以减少通风热损失。

寒冷气候中采用节能策略的独栋住宅的目标	表8.2.1
	目标
室内采暖	20 kWh/（m² · a）
不可再生一次能源	
（室内采暖+热水+机械系统电耗）	60 kWh/（m² · a）

8.2.1 解决方案 1a：利用电热采暖和太阳能热水实现节能

建筑围护结构

该方案通过对围护结构和通风系统的设计，将室内采暖的峰值负荷限定在 10 W/m² 左右。如此便可设置中央采暖设备通过送风实现热量分配，这比各房间单独设置采暖器更经济。该方案要求建筑有高水平保温和气密性能。

建筑围护结构的不透明部分为矿棉保温轻质木框架。窗框面积比为 30%、三层玻璃，有两层低辐射镀膜并充氩气。窗框由木框和保温材料形成的夹层结构组成。表 8.2.2 给出了该建筑的 U 值。表 8.2.8 给出了更详细的构造情况。

采用送风供暖的解决方案1a中建筑构件的U值	表8.2.2
构件	**U值[W/（m²·K）]**
墙体	0.08
屋面	0.08
楼板（不含地面）	0.10
窗户（窗框+玻璃）	0.60
窗框	0.83
窗玻璃	0.50
整个建筑围护结构	0.12

机械系统

采用的平衡式机械通风系统，热回收率为 80%，带有用于夏季通风的旁通管。室内采暖所需热量是由电热采暖经送风提供的。热水由太阳能热水系统附加备用电热系统提供。

能源性能

室内采暖需求：DEROB-LTH 模拟给出了建筑各月室内采暖需求。图 8.2.1 所示为该高性能住宅与参照标准建筑之间的对比。推荐方案的采暖季从 11 月持续到次年 3 月，年室内采暖需求大约为 1700 kWh [11.5 kWh/（m²·a）]。下面列出了在 DEROB-LTH 中进行的模拟的其他设定条件：

- 采暖温度：20℃；
- 最高室内温度：冬季 23℃，夏季 26℃（应用遮阳措施，开窗通风或经旁通管的强制通风装置）；
- 通风量：0.45ach（9 月到次年 3 月通过热交换器进行通风期间，以及 4 月到 8 月通过旁通管进行通风期间）；1.5ach（6 月到 8 月夜间使用冷气时）；
- 空气渗透率：0.05ach；
- 热回收：效率为 80%（9 月到次年 3 月）。

室内采暖的峰值负荷：采暖系统的小时负荷是基于对完全被遮蔽的建筑进行的模拟，也就是在不考虑直接太阳辐射条件下用 DEROB 模拟结果计算得到的。图 8.2.2 所示为该高性能住宅和参照建筑各月峰值负荷。高性能住宅全年峰值负荷大约为 1600 W，出现在 1 月。次峰值需求出现在 2 月和 12 月。这三个月之外的其他月份，峰值迅速下降。

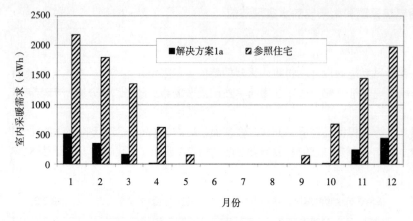

图8.2.1　高性能住宅解决方案（全年总需求1700kWh/a）和参照住宅（全年总需求10400kWh/a）的室内采暖需求

资料来源：Johan Smeds

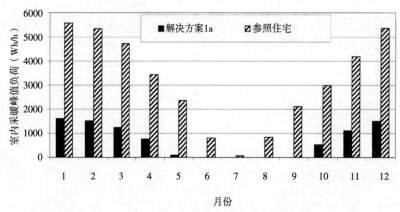

图8.2.2　高性能住宅解决方案和参照住宅的室内采暖峰值负荷

资料来源：Johan Smeds

热水需求：两个大人和两个孩子的净家用热水需热量约为 3150 kWh/a 或 21 kWh/（$m^2 \cdot a$）。热水需求大于室内采暖需求。系统损失主要是储水箱的热损失，同时也包括分配系统管道的热损失。

家庭用电：假设有两个大人和两个孩子的家庭的用电量为 2500 kWh/a [16.6 kWh/（$m^2 \cdot a$）]。由于家庭用电量完全取决于居住者，所以家庭用电量不在一次能源目标的考虑范围之内。

总能耗：室内采暖、家用热水和系统损失的总能耗为 5790 kWh/a；家用电器和机械系统的用电量约为 3250 kWh/a（见表 8.2.3）。在这种情况下，总能耗合计为 9040 kWh/a。

	解决方案1a的总能耗	表8.2.3
总能耗	**kWh/（$m^2 \cdot a$）**	**kWh/a**
室内采暖	11.50	1725
家用热水	21.00	3150
系统损失	6.10	915
机械系统电耗	5.00	750
家庭用电	16.60	2500

采用送风采暖和太阳能热水器的解决方案的总能源需求、不可再生一次能源需求和CO₂当量排放　　表8.2.4

净能耗 [kWh/(m²·a)]		总能耗 [kWh/(m²·a)]				传输能源 [kWh/(m²·a)]	不可再生一次能源		CO₂当量排放	
		系统能耗		能源			系数 （—）	[kWh/(m²·a)]	系数 （kg/kWh）	[kg/(m²·a)]
机械系统	5.0	机械系统	5.0	电	5.0	电	5.0	2.35	11.8	0.43	2.2
室内采暖	11.5	室内采暖	11.5	电	19.0	电	19.0	2.35	44.7	0.43	8.2
家用热水	21.0	家用热水	21.0								
		储水箱热损失和循环热损失	6.1	太阳能	19.6						
		换热损失	0.0								
总计	37.5		43.6		43.6		24.0		56.4		10.3

不可再生一次能源需求与 CO_2 排放：家用热水、室内采暖、机械系统和系统损失的总能源需求为43.6 kWh/（m²·a）（见表8.2.4）。不可再生一次能源需求为56.4 kWh/（m²·a）。CO₂ 当量排放总计 10.3 kg/（m²·a）。

8.2.2　解决方案 1b：利用室外空气对水热泵实现节能

建筑围护结构

建筑围护结构的不透明部分为矿棉保温轻质木框架。窗框面积比 30%，三层玻璃，含一层低辐射镀膜并充有氪气。表 8.2.5 给出了建筑构件的 U 值。表 8.2.9 给出了其构造细节情况。

解决方案1b的建筑构件U值　　表8.2.5

构件	U值[W/（m²·K）]
墙体	0.11
屋面	0.11
楼板（不含地面）	0.17
窗户（窗框+玻璃）	0.92
窗框	1.20
窗玻璃	0.80
整个建筑围护结构	0.17

机械系统

采用的平衡式机械通风系统，热回收率为 80%，并且带有用于夏季通风的旁通管。室内采暖和家用热水所需热量由室外空气对水热泵提供，由热水辐射系统分配热量。另一种替代方案是采用多栋住宅共用的地热泵系统来替换该气源热泵。

能源性能

室内采暖需求：DEROB-LTH 模拟给出了建筑各月室内采暖需求，如图 8.2.3 所示。采暖季从 11 月持续到次年 3 月，年室内采暖需求大约为 2950 kWh 或 19.6 kWh/（m²·a）。模拟的其他假设条件与解决方案 1a 相同。

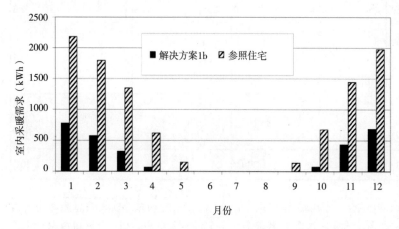

图 8.2.3　高性能住宅解决方案（年度总需求 2950 kWh/a）和参照住宅（年度总需求 10400kWh/a）的室内采暖需求

资料来源：Johan Smeds

室内采暖的峰值负荷：图 8.2.4 给出了高性能住宅方案和参照建筑各月峰值负荷。年峰值负荷约为 2200W，出现在 1 月。次峰值需求出现在 2 月和 12 月。这三个月之外，峰值迅速下降。

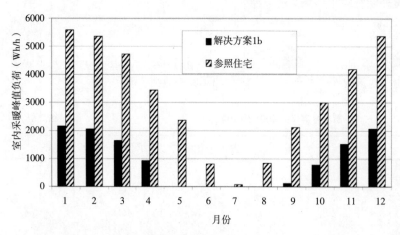

图 8.2.4　高性能住宅解决方案和参照住宅的室内采暖峰值负荷

资料来源：Johan Smeds

热水需求：家用热水净需热量约为 3150 kWh/a[21 kWh/（m²·a）]。系统损失主要是储水箱的热损失，同时也包括分配系统管道的热损失。

家庭用电：与解决方案 1a 相同，假设有两个大人和两个孩子的家庭的用电量为 2500 kWh/a 或 16.6 kWh/（m²·a）。

总能耗：室内采暖、家用热水和系统损失的总能耗为 6675kWh/a；家用电器和机械系统用电量约为 3190kWh/a（见表 8.2.6）。

解决方案1b的总能耗　　　　　　　　　　表8.2.6

总能耗	kWh/（m² · a）	kWh/a
室内采暖	20.00	3000
家用热水	21.00	3150
系统损失	3.50	525
机械系统电耗	4.60	690
家庭用电	16.60	2500

不可再生一次能源需求和CO_2排放：家用热水、室内采暖、机械系统和系统损失的总能源需求为49.1kWh/（m² · a）（见表8.2.7）。不可再生一次能源需求为46kWh/（m² · a）。CO_2当量排放总计8.5 kg/（m² · a）。

利用室外空气对水热泵的示范方案的总能源需求、不可再生一次能源需求和CO_2当量排放　　　表8.2.7

净能耗 [kWh/(m²·a)]		总能耗 [kWh/(m²·a)]			传输能源 [kWh/(m²·a)]		不可再生一次能源		CO_2当量排放	
		系统能耗		能源			系数 (—)	[kWh/(m²·a)]	系数 (kg/kWh)	[kg/(m²·a)]
机械系统	5.0	机械系统	5.0	电	5.0	电　　5.0	2.35	11.8	0.43	2.2
室内采暖	19.6	室内采暖	19.6	电力，热泵 COP = 3	14.7	电　　14.7	2.35	34.5	0.43	6.3
家用热水	21.0	家用热水	21.0							
		循环热损失	3.5	室外空气	29.4					
		转换热损失	0.0							
总计	45.6		49.1		49.1	19.7		46.3		8.5

8.2.3 夏季舒适性

以下关于夏季舒适性的分析针对解决方案 1b，即利用室外空气对水热泵实现节能。

用 DEROB-LTH 对两个通风策略进行模拟测试。第一个通风策略是设置旁通管，以避免热回收，在 6 月到 8 月期间每天晚上 7 点到次日早晨 6 点时段进行，强制通风量为 1.5ach。第二个可实现较高夏季舒适性的通风策略，是在 4 月到 8 月期间完全通过旁通管避免热回收，并且在 6 月到 8 月期间每天晚上 7 点到次日早晨 6 点时段通过开窗或将机械通风系统通风量提高到 2.5ach 的方法强制夜间通风。对于两个通风策略，都考虑了西、南和东向窗户的外部遮挡，设定这些窗户的透射率为 50%，吸收率为 10%。

如图 8.2.5 所示，按照第一个通风策略，4 月和 5 月的通风热回收仍会导致建筑过热。可见春季时，为热交换器设置旁通管，是避免室内温度过高重要手段。用于定义夏季热舒适性的一个指标是超

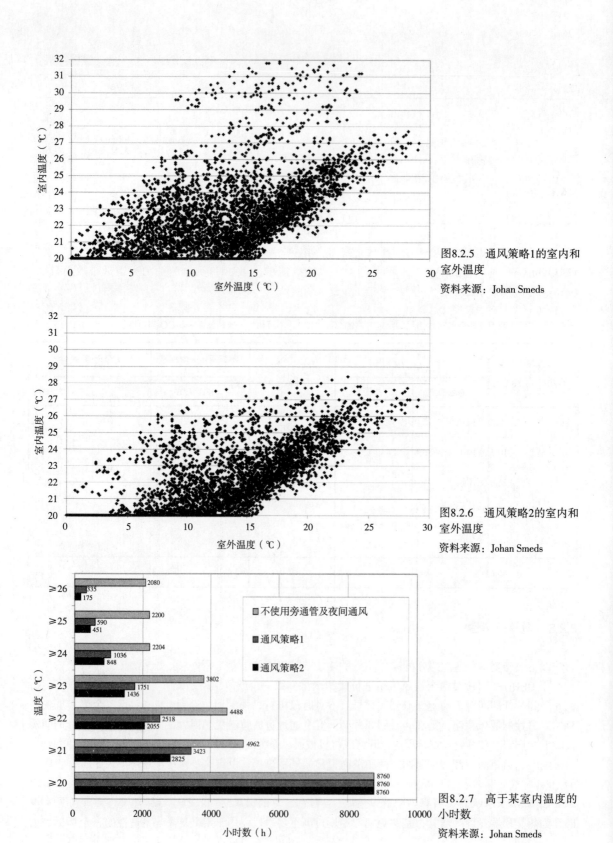

图8.2.5 通风策略1的室内和室外温度

资料来源：Johan Smeds

图8.2.6 通风策略2的室内和室外温度

资料来源：Johan Smeds

图8.2.7 高于某室内温度的小时数

资料来源：Johan Smeds

过 26℃的总度时数。本方案中的这项过热指标为 727K·h/a（开尔文·小时/年）。最高室内温度为
31.9℃，出现在 5 月下旬。

对于第二个通风策略，过热指标为 129 K·h/a，最高室内温度为 28.4℃，出现在春季。图 8.2.6 给
出了通风策略 2 的温度变化情况。

图 8.2.7 给出了过热小时数。除了通风策略 1 和 2，该图还显示了全年应用热回收并且不使用任何
遮阳措施的影响。通风策略 2 中，温度超过 26℃的小时数不超过 175。在全年应用热回收和不使用遮
阳措施的情况下，温度超过 26℃的小时数增加到 2080。DEROB–LTH 模拟显示：如果 4 月到 8 月期间
窗户一直被遮蔽并且应用通风策略 2 时，采暖需求会增加 6kWh/（m² · a）。因而应使用可活动遮阳装置，
以避免减少可利用的太阳能得热。

8.2.4 灵敏度分析

以下灵敏度分析针对解决方案 1b，即利用室外空气对水热泵实现节能。

窗户尺寸和朝向

图 8.2.8 显示了改变建筑朝向以及增加原来南向窗户的玻璃面积所带来的影响。

将南向窗户玻璃的面积从 6.3m² 增加到 15m²，使年室内采暖需求从约 2950 kWh 增加到 3120 kWh，
增幅为 6%。若将原有建筑旋转 180°，使原来南向立面变为朝北，并将此刻这部分北向玻璃面积同样
从 6.3m² 增加到 15m²，则会将年室内采暖需求从大约 3360 kWh 增加到 4030 kWh，增幅为 20%。

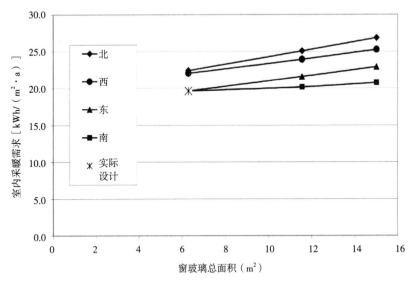

图8.2.8 窗户尺寸和朝向对室
内采暖需求的影响；星形表示
解决方案1b的实际设计情况

资料来源：Johan Smeds

建筑围护结构的气密性

如图 8.2.9 中的解决方案 1b 所示，建筑围护结构的空气渗漏会大幅增加室内采暖需求。高性能独
栋住宅拥有良好气密性的建筑围护结构，其空气渗透率为 0.05ach。若将空气渗透率增加一倍到 0.10ach，
室内采暖需求将从 19.6 kWh/（m² · a）增加到 22.8 kWh/（m² · a），增幅为 16%。

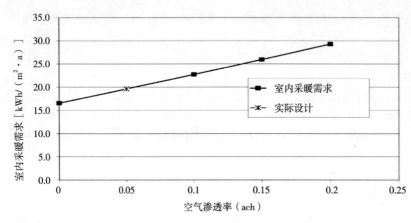

图8.2.9 建筑围护结构的气密性；星形表示解决方案1b的实际设计

资料来源：Johan Smeds

8.2.5 设计建议

尽管在寒冷气候中，上述两个解决方案的年室内采暖和家用热水需求还是非常低的（解决方案 1a 为 4875kWh/a、解决方案 1b 为 6150kWh/a）。因而，采暖系统的投资必然会很少。以上已经介绍的两个解决方案，第一种解决方案（解决方案 1a）是在保温性能极好的住宅中，应用直接电热采暖。第二种解决方案（解决方案 1b）则是在住宅中应用室外空气对水热泵。这在北欧国家已经非常普遍。还有一种解决方案是可以应用埋管地源热泵系统，即由多栋住宅共用的小型区域供热系统。

解决方案1a：利用直接电热采暖和太阳能热水实现节能的建筑围护结构 表8.2.8

	材料	厚度	导热率	百分比	支架	支架	总热阻，不含内部热阻及外部热阻	总热阻，含内部热阻及外部热阻	U值
		m	λ [W/（m·K）]	%	λ [W/（m·K）]	%	（m²·K/W）	（m²·K/W）	[W/（m²·K）]
墙体	外表面							0.04	
	木板	0.045		100%					
	空气间层	0.025		100%					
	矿棉板	0.100	0.030	100%			3.33		
	矿棉	0.440	0.036	85%	0.14	15%	8.53		
	塑料薄膜			100%					
	矿棉	0.045	0.036	85%	0.14	15%	0.87		
	石膏板	0.013	0.220	100%			0.06		
	内表面							0.13	
		0.668					12.79	12.96	0.077
屋面	外表面							0.04	
	屋面瓦	0.050		100%					
	屋面油毡	0.002		100%					
	木板	0.022		100%					
	空气间层	0.025		100%					
	矿棉	0.470	0.036	95%	0.14	5%	11.41		
	塑料薄膜			100%					
	矿棉	0.045	0.036	85%	0.14	15%	0.87		
	石膏板	0.013	0.220	100%			0.06		
	内表面							0.10	
		0.627					12.34	12.48	0.080
楼板									
	矿棉	0.350	0.036	100%			9.72		
	混凝土	0.100	1.700	100%			0.06		
	内表面							0.17	
		0.450					9.78	9.95	0.100
窗户				辐射率					
	玻璃板	0.004	低辐射	5%	反向				
	填充气体	0.012	氩气						
	玻璃板	0.004	无膜	83.7%					
	填充气体	0.012	氩气						
	玻璃板	0.004	低辐射	5%					0.500
		0.036							
	窗框	0.093			0.09		1.03	120	0.831

夏季舒适性可通过多种措施实现，包括对窗户遮阳，通过旁通管绕开通风热回收，以及通过开窗或强制机械通风提高夜间通风量。

对于高水平保温住宅而言，增大南向窗户的尺寸无助于节能；但如果选用 U 值很低的窗户，采暖需求也不会明显增加。而其他朝向则另当别论，增大玻璃面积是一定会导致采暖需求增加的。

在寒冷气候中，建筑围护结构的气密性至关重要。这里假定的气密性是 50Pa 下 0.6ach，即相当于标准条件下空气渗透率约为 0.05ach。如果只使用常规的围护结构作法（标准条件下 0.20ach），室内采暖需求会增加 50%[从 20 kWh/（m² · a）上升到将近 30 kWh/（m² · a）]。

解决方案1b：利用室外空气对水热泵实现节能方案的建筑围护结构 表8.2.9

	材料	厚度	导热率	百分比	支架	支架	总热阻，不含内部热阻及外部热阻	总热阻，含内部热阻及外部热阻	U值
		m	λ[W/（m·K）]	%	λ[W/（m·K）]	%	（m²·K/W）	（m²·K/W）	[W/（m²·K）]
墙体	外表面							0.04	
	木板	0.045		100%					
	空气间层	0.025		100%					
	矿棉板	0.100	0.030	100%			3.33		
	矿棉	0.240	0.036	85%	0.14	15%	4.65		
	塑料薄膜			100%					
	矿棉	0.045	0.036	85%	0.14	15%	0.87		
	石膏板	0.013	0.220	100%			0.06		
	内表面							0.13	
		0.468					8.92	9.09	0.110
屋面	外表面							0.04	
	屋面瓦	0.050		100%					
	屋面油毡	0.002		100%					
	木板	0.022		100%					
	空气间层	0.025		100%					
	矿棉	0.330	0.036	95%	0.14	5%	8.01		
	塑料薄膜			100%					
	矿棉	0.045	0.036	85%	0.14	15%	0.87		
	石膏板	0.013	0.220	100%			0.06		
	内表面							0.10	
		0.487					8.94	9.08	0.110
楼板									
	矿棉	0.210	0.036	100%			5.83		
	混凝土	0.100	1.700	100%			0.06		
	内表面							0.17	
		0.310					5.89	6.06	0.165
窗户				辐射率					
	玻璃板	0.004	低辐射	5%	反向				
	填充气体	0.012	氩气						
	玻璃板	0.004	无膜	83.70%					
	填充气体	0.012	氩气						
	玻璃板	0.004	低辐射	83.70%					
		0.036							0.800
	窗框	0.093	木制		0.14		0.66	0.83	1.20

参考文献

GEMIS (2004) *Gemis: Global Emission Model for Integrated Systems*, Öko-Institut, Darmstadt, Germany

Kvist, H. (2005) *DEROB-LTH for MS Windows, User Manual Version 1.0–20050813*, Energy and Building Design, Department of Architecture and Built Environment, Lund University, Lund, Sweden

Meteotest (2004) *Meteonorm 5.0 – Global Meteorological Database for Solar Energy and Applied Meteorology*, Bern, Switzerland, www.meteotest.ch

8.3　寒冷气候中应用可再生能源策略的独栋住宅

Tobias Bostrom and Johan Smeds

寒冷气候中应用可再生能源策略的独栋住宅的目标	表8.3.1
	指标
室内采暖	25 kWh/（m² · a）
不可再生一次能源	
（室内采暖+热水+机械系统电耗）	60 kWh/（m² · a）

　　本节介绍寒冷气候中独栋住宅的一种解决方案。斯德哥尔摩作为寒冷气候的参照。该解决方案将重点在于可再生能源的应用。

8.3.1　解决方案2：使用太阳能联合系统和生物燃料或冷凝燃气锅炉的可再生能源

建筑围护结构

　　建筑围护结构的不透明部分为矿棉保温轻质木框架。窗框面积比 30%、三层玻璃，其中含一层低辐射镀膜并充有氩气。表 8.3.2 给出了各构件的 U 值。表 8.3.8 给出了更详细的构造情况。

解决方案2的建筑构件U值	表8.3.2
构件	U值[W/（m² · K）]
墙体	0.14
屋面	0.15
楼板（不含地面）	0.20
窗户（窗框+玻璃）	0.92
窗框	1.20
窗玻璃	0.80
整个建筑围护结构	0.21

机械系统

　　采用平衡式（机械）通风系统，热回收率为80%，设有用于夏季通风的旁通管。

　　热源由太阳能联合系统提供，该系统带有一个生物质燃料炉和 6m² 直流真空管式集热器或 7.5m² 平板式集热器。太阳能集热器以 40° 角安装，并设定储水箱容积为 0.5m³。太阳能集热器面积已经过优化，可满足夏季 100% 的热量需求。建筑内热量由热水辐射系统进行分配。太阳能联合系统中，可以用冷凝燃气锅炉替代生物质燃料炉。

　　一个可能的问题是，太阳能集热系统应是单纯家用热水器类型还是联合类型。住宅保温性能越好，联合系统的优势就越小，这是因为采暖季被大大缩短了。针对该方案，应用太阳能家用热水系统，而不应用联合系统，将使太阳能系统整体性能下降 2%—3%。联合系统的整体性能优势不明显且成本很高。

另一方面，室内采暖分配系统是必备的，若选用水媒系统，则联合系统附加成本的主因是集热器面积扩大和储水箱规模增加。

能源性能

室内采暖需求：用 DEROB-LTH 计算室内采暖需求（Kvist，2005）。图 8.3.1 将该高性能建筑与根据现行建筑标准建造的参照建筑进行对比。采暖季从 11 月持续到次年 3 月，年室内采暖需求为 3700 kWh。下面列出了 DEROB 模拟的其他条件假设：

- 采暖温度：20℃；
- 最高室内温度：冬季 23℃，夏季 26℃（应用遮阳措施和开窗通风）；
- 通风量：0.45ach；
- 空气渗透率：0.05ach；
- 热回收效率：80%。

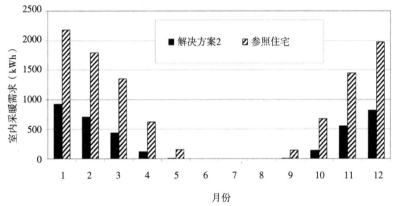

图8.3.1　室内采暖需求（全年总需求为3701 kWh/a）

资料来源：Tobias Boström和Johan Smeds

室内采暖系统的峰值负荷：以 DEROB-LTH 计算采暖系统的小时热负荷。模拟基于无直接太阳辐射的条件，即以建筑完全被遮蔽的情况。图8.3.2对该高性能建筑和参照建筑各月的峰值负荷进行了比较。全年极端峰值负荷是 2515W，出现在 1 月。次峰值负荷出现在 2 月、3 月和 12 月的某些时候。这几个月之外，峰值迅速下降。

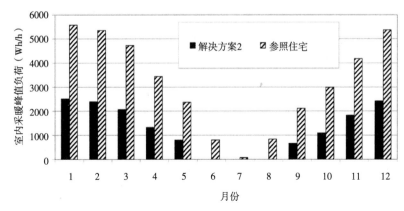

图8.3.2　室内采暖峰值负荷

资料来源：Tobias Boström and Johan Smeds

热水需求：有两个大人和两个孩子的典型独栋住宅，家用热水净需热量约为3150kWh/a 或 21kWh/（m²·a）。热水温度设为55℃，人均热水消耗为每人每天40L。因而该独栋住宅每天消耗160L热水。斯德哥尔摩自来水的年平均温度为8.5℃。热水出水温度设为50℃。储水箱中恒温器的开/关温度设定值为55/57℃。

系统损失：系统损失主要是储水箱的热损失，同时也包括分配系统管道的热损失以及锅炉中的转换热损失。系统损失取决于若干参数和对热损失的实际定义。太阳能集热器模拟程序中给出的损失包括储水箱损失（储水箱侧壁、底部和盖子的总体热损失）以及连接损失。储水箱热损失会随储水箱容积和/或太阳能集热器面积的扩大而增加。一个带有 7.5 m² 集热器和 600 L 储水箱的太阳能系统，储水箱热损失约为每年 950 kWh 或 6.3 kWh/（m²·a）（每单位居住面积）。生物质燃料锅炉的性能系数（COP）为 85%，即有 5.6kWh/（m²·a）的转换热损失。由于假定冷凝燃气锅炉 COP 为 100%，其转换热损失设定为零。

家庭用电：有两个大人和两个孩子的家庭的用电量约为 2500 kWh 或 16.6 kWh/（m²·a）。表 8.3.4 和表 8.3.5 给出的一次能源计算不包括家庭用电，因为该因素完全取决于居住者。

总能耗：家用热水、室内采暖和系统损失的总能耗为 7800kWh/a；家用电器和机械系统的最终用电量约为 3240kWh/a（见表 8.3.3）。

解决方案2的总能耗		表8.3.3
总能耗	kWh/（m²·a）	kWh/a
室内采暖	24.7	3700
家用热水	21.0	3150
系统损失	6.3	950
机械系统电耗	5.0	750
家庭用电	16.6	2490

不可再生一次能源需求和 CO_2 当量排放：生物质燃料炉的折算系数为 0.85，而冷凝燃气锅炉的折算系数为 1.0。一次能源系数和 CO_2 的排放因子是从 GEMIS 中得到的（GEMIS，2004）。在 Polysun 中计算家用室内采暖、家用热水、储水箱和管道热损失的剩余能源需求，太阳能得热已被考虑在内。太阳能供热系统由面积为 7.5 m²、倾角为 40° 的平板式集热器和容积为 600L 的储水箱组成。

根据表 8.3.4 和表 8.3.5，使用生物质燃料锅炉的太阳能联合系统，不可再生一次能源消耗为 17 kWh/（m²·a），而使用冷凝燃气锅炉的太阳能联合系统则为 47.9kWh/（m²·a）。使用生物质燃料锅炉的太阳能联合系统，其 CO_2 当量排放总计 3.8 kg/（m²·a），而使用冷凝燃气锅炉的太阳能联合系统则为 10kg/（m²·a）。

应用生物质燃料锅炉的太阳能联合系统的一次能源需求和CO₂排放 表8.3.4

净能耗 [kWh/(m²·a)]		总能耗 [kWh/(m²·a)]				传输能源 [kWh/(m²·a)]		不可再生一次能源		CO₂当量排放	
		系统能耗		能源				系数(—)	[kWh/(m²·a)]	系数(kg/kWh)	[kg/(m²·a)]
机械系统	5.0	机械系统	5.0	电	5.0	电	5.0	2.35	11.8	0.43	2.2
室内采暖	24.7	室内采暖	24.7	木质颗粒燃料	37.3	木质颗粒燃料	37.3	0.14	5.2	0.04	1.6
家用热水	21.0	家用热水	21.0								
		储水箱热损失和循环热损失	6.3	太阳能	20.3						
		转换热损失	5.6								
总计	50.7		62.6		62.6		42.3		17.0		3.8

应用冷凝式燃气锅炉的太阳能联合系统的一次能源需求和CO₂排放 表8.3.5

净能耗 [kWh/(m²·a)]		总能耗 [kWh/(m²·a)]				传输能源 [kWh/(m²·a)]		不可再生一次能源		CO₂当量排放	
		系统能耗		能源				系数(—)	[kWh/(m²·a)]	系数(kg/kWh)	[kg/(m²·a)]
机械系统	5.0	机械系统	5.0	电	5.0	电	5.0	2.35	11.8	0.43	2.2
室内采暖	24.7	室内采暖	24.7	燃气	31.7	燃气	31.7	1.14	36.1	0.25	7.8
家用热水	21.0	家用热水	21.0								
		储水箱热损失和循环热损失	6.3	太阳能	20.3						
		转换热损失	0.0								
总计	50.7		57.0		57.0		36.7		47.9		10.0

8.3.2 主动式太阳能重要参数的灵敏度分析

研究中大量使用瑞士 Polysun 模拟程序对太阳能集热器系统进行了研究和模拟（见 Solartechnik Prüfung Forschnung，www.spf.ch）。Polysun 对管道热损失和贮存热损失进行了计算，并将它们视为内部得热。模拟所需的最重要的固定参数是：

- 辅助锅炉功率：4 kW；
- 斯德哥尔摩气候：由 Meteonorm 生成（Meteotest，2004）；
- 保温水平：储水箱 150 mm，管道 25 mm；
- 管道长度：室外 3m，室内 12m；
- 集热器类型：高性能平板或真空管式。

在下面的章节中，我们将给出太阳能集热器系统对某些重要优化参数的灵敏度，如：

- 方位角影响；
- 吸收器面积；
- 储水箱容积；
- 40° 或 90° 倾角（安置在屋面或墙体上）；
- 集热器类型：真空管或平板式；
- 热水温度设定；
- 混合功能系统或家用热水系统。

接下来的大多数图示，给出的是用于满足热水和采暖的剩余辅助供热需求，而不是太阳能集热系统的能源转换效率或太阳能保证率等方面的信息。

集热器朝向

第一个问题是：如果集热器不朝正南会如何？模拟结果显示方向并不是决定性因素。只要集热器的朝向或方位角与正南向的夹角不超过 +/-30°，集热器的效率都可在 95% 以上。

集热器面积

图 8.3.3 给出了在夏季时平板式太阳能联合系统集热器面积在 5—10m² 之间时其辅助供热需求是如何变化的。当设计常规的太阳能集热系统时，应设法使系统在 6 月到 8 月能够满足 100% 的供热需求。夏季需求仅包括每个月 262 kWh 的家用热水需求（不包括储水箱热损失）。图中可以看到 5m² 的集热器面积不足以在夏季满足全部热水需求。如果将面积增大到 10m²，那么 5 月到 8 月的辅助需求几乎消失，但太阳能系统在夏季很可能会面临过热的问题。

表 8.3.6 给出了集热板面积从 5m² 增大到 10m² 时的太阳能集热器输出和太阳能保证率。随着面积的增大，集热器有效输出会显著减少。这主要是因为 5m² 的集热器几乎已经满足了夏季的全部热水需求。而较大的集热器将在夏季产生无法利用的废热，这对太阳能集热器是有害的。吸收器本身可以承

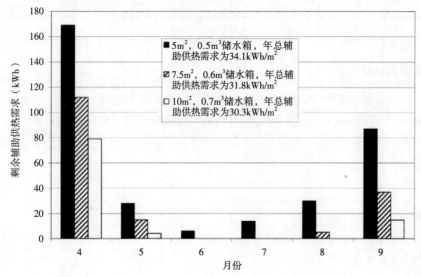

图8.3.3 夏季时集热器面积对辅助供热需求的影响，以及年总辅助需求，以kWh/m²（居住面积）为单位。

资料来源：Tobias Boström and Johan Smeds

受 200℃以上的高温，但水／乙二醇混合物会在温度超过约 140℃时开始分解。这会导致管道内部形成乙二醇块，它们最终会堵塞管道，使吸收器无法继续使用。

尽管如此，如果想要在夏季完全不依赖辅助系统，那么就需要选择面积为 7.5m² 的集热器。在一年当中，面积为 7.5m² 的集热器大概会有 6 次超过 140℃，而面积为 10m² 的集热器大概会有 40 次超过 140℃。而集热器最多只能接受 10 次左右的超温。

集热器面积对各系统参数的影响 表8.3.6

集热器面积（m²）	每平方米集热器的有效输出热[kWh/(m²·a)]	太阳能保证率（%）	总效率提高（%）	每平方米居住面积的剩余辅助供热需求 [kWh/(m²·a)]
5	420	29	—	34.1
7.5	320	34	17	31.8
10	260	37	28	30.3

储水箱容积

另一个重要因素是储水箱容积。图 8.3.4 表示储水箱容积增大时对 7.5m² 平板式太阳能集热器联合系统全年辅助需求的影响。随着储水箱容积的增大，太阳能集热器对太阳能得热的有效利用也有所增加；但另一方面，热损失也随着储水箱容积的增加而增大。可接受的最高储水箱温度为 95℃，夜间温度被设定为 80℃。根据模拟，储水箱容积并非决定性因素。0.5m³ 的容积是最佳选择。容积小于 0.5m³ 时，太阳能得热不能被充分利用；容积大于 0.5m³ 时，热损失的增量会超过太阳能得热的增量。尽管如此，只要储水箱的容积在一个合理的范围（0.4—1.0m³）内，那么辅助需求的变化幅度就不会超过 1%。当容积超出该范围时，热损失会变得相当大，同时也会导致辅助需求大幅增加。该图示没有指出的一点是：为了满足家用热水和采暖需求，储水箱的容积不应小于 400L。过小的储水箱会无法储存足够的热量以满足较高功率要求时（如冬季或长时间沐浴时）提供足量的热水。

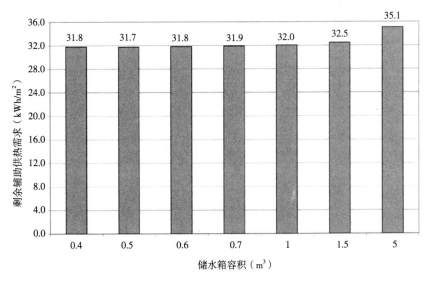

图8.3.4 年剩余辅助需求取决于储水箱的容积

资料来源：Tobias Boström 和 Johan Smeds

倾角的影响

为了增加太阳能集热器全年有效输出，在增加春季和秋季输出的同时，必须要抑制夏季的输出。一种办法是使用受光角可变的聚光型太阳能集热器系统，但在此不作研究。

为了提高非聚光型系统在冬季的太阳能保证率，必须增大集热器的倾角。垂直放置集热器可以更有效地利用日照角较小的冬季日光。当垂直放置集热器时，夏季日光因照射角度很大而被削弱，因而可以应用较大的集热器，而不会产生过热的问题（Boström el al，2003）。

图 8.3.5 给出了全年辅助需求如何随着集热器面积的增加而减少。对于较小的系统，倾角为 40°时效率比垂直系统的更高。尽管如此，倾角为 40° 的系统会在夏季产生大量废热，特别是当集热器面积大于 10m² 时，垂直系统的效率会更高。然而，仅仅为了减少 13% 的辅助需求而将集热器面积增大一倍的做法并不划算。同时，要为太阳能集热器找到足够大的南向无遮挡立面也是个问题。在表 8.3.7 中可以了解到各安装部位的优缺点。

寒冷气候中集热器安装在屋顶或墙体上的优缺点 　　　　表8.3.7

40° 倾角		90° 倾角（竖直）	
优点	缺点	优点	缺点
可在夏季期间关闭辅助系统	夏季期间容易出现过热	可实现最高太阳能保证率（大型系统）	需要更大面积
较小集热器面积可产生较高太阳能保证率	冬季会被雪覆盖	安装价格低廉	易被遮挡
一般而言更具经济性		冬季期间因雪的反射而提高了太阳辐射	可安装集热器的面积较小

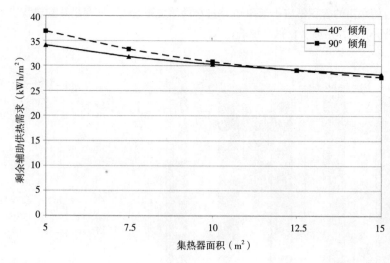

图8.3.5　平板式太阳能集热系统的倾角对全年剩余辅助需求的影响

资料来源：Tobias Boström和Johan Smeds

真空管式集热器与平板式集热器

平板式集热器也可用真空管式集热器代替。真空管系统的效率比平板式系统高，但同时每平方米真空管系统的成本约为平板系统的两倍。为了进行比较，将面积为 7.5m²、倾角为 40° 的有 31.8kWh/（m²·a）辅助供热需求的一个优化后的平板式联合系统，与需要等量辅助能源的真空管式系统相对比。模拟结果显示，面积为 5m²、倾角为 40 的真空集热器，便足以达到相同的效率。换言之，单位面积真空管集热器的效率比平板式集热器要高 50%；但由于真空管集热器的价格是平板式集热器的两倍，所以它如今尚未成为一种经济实惠的选择。这些分析结论与实测结果相一致（Kovacs and Pettersson，2002），实测结果显示每平方米真空集热器的效率比平板式集热器要高 45%—60%，幅度取决于负荷的大小。注意本章所模拟的平板式集热器和真空管式集热器，都是指现代高性能集热器类型。

热水设定温度

以上讨论的内容涉及了太阳能集热器和储水箱；而辅助系统同样重要。一个非常重要的参数就是热水设定温度（TDHW），也就是龙头出水的实际温度。储水箱顶部的水温通常会高一些，以弥补水从储水箱流到龙头之间的热损失。以上各模拟中的热水温度被设定为 50℃，符合家庭用水需要。许多太阳能集热器系统的热水设定温度过高，常达到 70℃ 或更高，这也导致了辅助能源需求大幅增加。其原因通常是人们对军团菌疾病的恐惧。然而实际上 50℃ 的温度已经足以阻止军团菌的生长。模拟显示，如果热水温度从 60℃ 降低到 50℃，那么面积为 7.5m²、倾角为 40° 的平板式联合系统的辅助能源需求将降低 5%。

家用热水系统和联合系统

两个系统都有面积为 7.5m²、倾角为 40° 的平板式集热器，以及容积为 500L 的储水箱。联合系统的剩余辅助需求为 31.7 kWh/（m²·a）（居住面积）；家用热水系统的剩余辅助需求为 32.2 kWh/（m²·a）。可见在高水平保温的建筑中使用常规太阳能联合系统的获益不大；由于需要满足的主要是春季、夏季和秋季的热水负荷，家用热水系统将提供大致等量的有效热量。而在较短的采暖季（11 月到 3 月）期间，这类在屋顶上安装的集热器能提供的有效热量极其少。

有很多可提高太阳能联合系统效率的办法。如早前提到的竖直放置集热器，以提高冬季日照角较低时的效率。或者还可以使用聚光型系统，提高特定日照角的集热器性能。当选择采暖系统时，还是应该选择低温采暖方式（例如地板采暖）以提高集热器工作效率。

8.3.3 设计建议

根据本章内容，可以明确的一点是，用生物质燃料锅炉代替冷凝燃气锅炉的环境效益十分显著。应该优先使用生物质燃料锅炉系统。在一年时间里，两个采暖系统的 CO_2 当量排放相差达 930kg。使用冷凝燃气锅炉的太阳能联合系统的 CO_2 当量排放，与采取节能措施的电热采暖建筑的排放相当 [10.3kg/（m²·a）]。

本章所论述的应用可再生能源策略的独栋住宅，与应用节能措施的独栋住宅相比，即便是在保温性较低时，其建筑环境影响也与后者相当或更小，尽管它消耗了更多能源。必须强调的是，该应用太阳能和可再生策略的建筑围护结构，其保温性比现行建筑标准要高。气密性和高效通风热回收对实现低能源需求也是十分重要的。

主动式太阳能系统建议

由于峰值功率需求高，建筑需要采用热水辐射采暖系统，所以使用联合系统不需要额外的工作量或成本投入。因此，还是可以考虑使用联合系统来提供那额外 1% 的能源，相关建议是：

- 使用 7.5 m²、40° 倾角的平板集热器，以及容积为 0.6m³ 储水箱的联合系统，此时剩余辅助需求为 31.8 kWh/（m²·a）。

相应的，其总体太阳能保证率约为 34%。家用热水相应的太阳能保证率约为 68%。

太阳能系统建议小结

- 目前使用现代高性能真空管集热器还不够经济。
- 储水箱的容积不是决定性的因素；因而首选较小的储水箱（价格更低）。
- 储水箱设计很重要（保温材料、连接结构、热交换器等）。

解决方案2：应用太阳能联合系统及生物质燃料或冷凝燃气锅炉的可再生能源策略 表8.3.8

	材料	厚度	导热率	百分比	支架	支架	总热阻，不含内部热阻及外部热阻	总热阻，含内部热阻及外部热阻	U值
		m	λ [W/（m·K）]	%	λ [W/（m·K）]	%	（m²·K/W）	（m²·K/W）	[W/（m²·K）]
墙体	外表面							0.04	
	木板	0.045		100%					
	空气间层	0.025		100%					
	矿棉板	0.070	0.030	100%			2.33		
	矿棉	0.185	0.036	85%	0.14	15%	3.59		
	塑料薄膜			100%					
	矿棉	0.045	0.036	85%	0.14	15%	0.87		
	石膏板	0.013	0.220	100%			0.06		
	内表面							0.13	
		0.383					6.85	7.02	0.142
屋面	外表面							0.04	
	屋面瓦	0.050		100%					
	屋面油毡	0.002		100%					
	木板	0.022		100%					
	空气间层	0.025		100%					
	矿棉	0.230	0.036	95%	0.14	5%	5.58		
	塑料薄膜			100%					
	矿棉	0.045	0.036	85%	0.14	15%	0.87		
	石膏板	0.013	0.220	100%			0.06		
	内表面							0.10	
		0.387					6.51	6.65	0.150
楼板									
	矿棉	0.170	0.036	100%			4.72		
	混凝土	0.100	1.700	100%			0.06		
	内表面							0.17	
		0.270					4.78	4.95	0.202
窗户				辐射率					
	玻璃板	0.004	低辐射	5%	反向				
	填充气体	0.012	氩气						
	玻璃板	0.004	无膜	83.70%					
	填充气体	0.012	氩气						
	玻璃板	0.004	低辐射	83.70%					
		0.036							0.800
	窗框	0.093	木制		0.14		0.66	0.83	1.20

- 集热器面积应可完全满足夏季需求。
- 方位角不是决定性因素；与正南向夹角 +/–30° 都是可接受的。
- 集热器最好安装在屋顶上，而不是墙上，除非想要得到较高的太阳能保证率（不够经济）。
- 将热水设定温度从 60℃降低到 50℃，可以减少 5% 的辅助需求。但必须要符合本国法规，检查允许的温度范围。
- 使用分层热交换器装置来代替盘管，可以减少大约 10% 的辅助需求。
- 对于保温性能较高的建筑，应用联合系统的获益显著降低。

参考文献

Boström, T., Wäckelgård, E. and Karlsson, B. (2003) *Design of a Thermal Solar System with High Solar Fraction in an Extremely Well Insulated House*, Proceedings of ISES 2003, Göteborg, Sweden

GEMIS (2004) *Gemis: Global Emission Model for Integrated Systems*, Öko-Institut, Darmstadt, Germany

Kovacs, P. and Pettersson, U. (2002) *Solar Combisystem: A Comparison between Vacuum Tube and Flat Plate Collectors using Measurements and Simulations*, SP Swedish National Testing and Research Institute, Borås, Sweden

Kvist, H. (2005) *DEROB-LTH for MS Windows, User Manual Version 1.0–20050813*, Department of Construction and Architecture, Lund Institute of Technology, Lund University, Lund, Sweden

Meteotest (2004) *Meteonorm 5.0 – Global Meteorological Database for Solar Energy and Applied Meteorology*, Bern, Switzerland, www.meteotest.ch/en

Solartechnik Prüfung Forschung (2005) *Polysun Program*, Switzerland, www.spf.ch

8.4 寒冷气候中应用节能策略的联排住宅

Udo Gieseler

寒冷气候中应用节能策略的联排住宅的目标　　　　　　　　　表8.4.1

	目标
室内采暖	15 kWh/（m²·a）
不可再生一次能源	
（室内采暖+家用热水+机械系统用电）	60 kWh/（m²·a）

　　本节介绍寒冷气候中联排住宅的一种示范方案。将斯德哥尔摩作为寒冷气候的参照。该方案基于建筑热损失最小化的节能目标。其中采用了热回收平衡式机械通风系统以减少通风热损失。

8.4.1 解决方案1：利用区域供热实现节能

建筑围护结构和室内采暖需求

　　在寒冷气候中，标准参照联排住宅的剩余室内采暖需求约为 58kWh/（m²·a）。为了实现15kWh/（m²·a）的能源需求目标，必须大幅减少建筑损失。表 8.4.2 给出了参照住宅和高性能住宅（解决方案 1）的性能指标。实现节能目标的策略包括以下三种措施：

　　保温：墙体和屋面要高水平保温。东西向墙体保温材料最厚，墙体 U 值达到 0.10W/（m²·K）。由于与参照住宅相比其整体结构并没有改变，所以这些墙体显得相当厚，大约为50cm。因而，如此高的保温标准在此只用于窗户面积较小的东西向墙体。这一整体结构提高了夏季的舒适性，同时也提高了太阳能得热在冬季的可用性。建筑首层与地面之间的保温层并未增厚，因为通常这样做成本较高而节能收益又较少（Gieseler et al，2004）。

窗户：南向立面的高性能窗户玻璃 U 值为 0.7W/（m² · K）。由于这种窗户成本较高，所以稍微减小了窗户尺寸。缩小窗户的另一好处是可以减少夏季过热的情况。由于较低的 U 值使玻璃表面温度与墙体表面温度更为接近，于是冬季舒适性也得到了提高。建筑北、东和西向窗户面积较小，上述作用不明显。为了节省成本，这些地方使用的窗户玻璃 U 值为 1.1W/（m² · K）。

通风：高性能住宅气密性提高，50Pa 压差下换气次数为 1ach，而空气渗透率非常小仅为 0.05ach。新风则由热回收率为 75% 的集中通风系统提供。75% 的效率，对于实现覆盖剩余能源需求的目标而言是必需的。应注意的是，热交换器除霜能耗会随着效率的提高而增加。在寒冷气候中，效率较高（65%—90%）的热交换器不会大幅减少一次能源需求。如果使用电热融霜，那么一次能源需求就几乎与 65%—90% 的效率无关（Gieseler et al，2002）。由于当前热回收装置的成本随着效率的提高而增加，而一次能耗却没有明显减少，因而这里并没有选择效率非常高的设备。

这些措施使联排住宅中间户的剩余室内采暖需求为 13.0 kWh/（m² · a），尽端户则为 19.1kWh/（m² · a）。包括四个中间户和两个尽端户的联排住宅，其平均室内采暖需求为 15 kWh/（m² · a），符合节能目标的要求。

参照住宅与高性能住宅对比的详细信息参见表 8.4.3，其中给出了采暖期能量平衡方面的 5 个得失影响。图 8.4.1 则给出了 6 户联排参照住宅和高性能住宅的平均值。

节能策略的目的是减少热损失，而实现该目标的主要手段是将通风热损失减少 66%。正如此前论述，就是让机械通风系统具有热回收功能。参照住宅围护结构不透明部分的 U 值为 0.2W/（m² · K），已经很低，所以其减少传热损失的幅度不会很大。总而言之，高性能住宅的热损失要被减少到参照住宅的一半。这些热损失一部分由内部得热所抵消，而另一方面，其得热又会比参照住宅要少一些。这是因为高效设备产生的自由热量较少，而通过 g 值和面积都比较小的窗户输入的被动式太阳能得热也会更少（见表 8.4.3）。不过，得热的减少可以被通风和传输热损失的明显减少所平衡。高性能住宅的剩余室内采暖需求仅为 15kWh/（m² · a）。

联排住宅构造和能源性能主要数据比较（面积为每户的面积）　　　　表8.4.2

	参照建筑	节能策略
墙体		
南北区域墙体面积（m²）	39.40	41.40
北/南向墙体U值[W/（m² · K）]	0.20	0.18
东西区域墙体面积（m²）	57.00	57.00
东/西向墙体U值[W/（m² · K）]	0.20	0.10
屋面（面积：60m²）		
U值[W/（m² · K）]	0.20	0.14
楼板（面积：60m²）		
U值[W/（m² · K）]	0.20	0.20

续表

	参照建筑	节能策略
窗户		
南窗		
面积（m²）	14.00	12.00
窗玻璃U值[W/（m²·K）]，70%	1.75	0.70
窗框U值[W/（m²·K）]，30%	2.30	0.70
g值	0.68	0.58
北窗		
面积（m²）	3.00	3.00
窗玻璃U值[W/（m²·K）]，60%	1.75	1.10
窗框U值[W/（m²·K）]，40%	2.30	1.80
g值	0.68	0.59
东/西窗		
面积（m²）	3.00	3.00
窗玻璃U值[W/（m²·K）]，60%	1.75	1.10
窗框U值[W/（m²·K）]，40%	2.30	1.80
g值	0.68	0.59
换气次数（空气体积：275 m³）		
空气渗透率（ach）	0.60	0.05
通风量（ach）	0.00	0.45
热回收（–）	0.00	0.75
室内采暖需求		
（1月1日至12月31日的模拟）		
中间户[kWh/（m²·a）]	53.4	13.0
尽端户[kWh/（m²·a）]	65.8	19.1
有4个中间户和2个尽端户的联排住宅[kWh/（m²·a）]	57.5	15.0

采暖期能量平衡模拟结果　　　　　　　　　　　表8.4.3

能量平衡	得热			失热	
模拟实验周期 4月30日—10月1日	剩余室内采暖需求	太阳能	内部得热	传输热损失	通风热损失
	[kWh/（m²·a）]				
参照住宅					
中间户	52.2	16.7	22.5	46.0	45.4
尽端户	63.3	18.9	22.5	59.4	45.2
联排住宅（4个中间户+2个尽端户）	55.9	17.4	22.5	50.5	45.3
节能策略					
中间户	13.0	10.4	19.2	27.0	15.7
尽端户	19.1	11.5	19.2	35.3	14.5
联排住宅（4个中间户+2个尽端户）	15.0	10.8	19.2	29.8	15.3

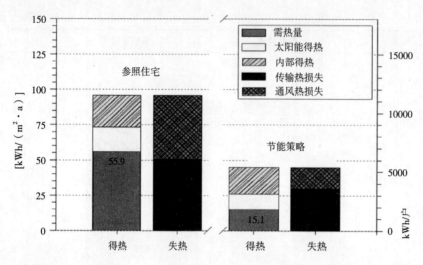

图8.4.1 根据表8.4.3得到的联排住宅（6户）的能量平衡模拟结果

资料来源：Udo Gieseler

机械系统

室内采暖和家用热水系统：将区域供热作为家用热水和室内采暖的热源。最大峰值负荷对确定采暖系统的实际规模很重要。图8.4.2给出了尽端户小时热负荷的模拟结果。为了模拟最恶劣的天气条件，在此考虑太阳漫射辐射（阴天）的情况。热负荷按照有住户使用建筑（具有内部得热）计算。得到的最大热负荷为1730W。模拟中，设定的采暖系统容量为1800W，可满足该案例的峰值负荷。图8.4.3给出了联排住宅单元的月室内采暖需求及其在一年中的分布情况。

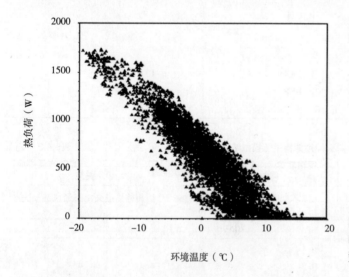

图8.4.2 无太阳直接辐射条件下小时热负荷的模拟结果；尽端户最大热负荷为1730W

资料来源：Udo Gieseler

家用热水系统：预设每一联排住宅对55℃热水需求为每天160L。每个单元都有一个容量为300L的储水箱。储水箱热损失计算条件为：储水箱高度1.6m，保温 U 值 0.28 W/（m²·K）。进入系统的自来水温度8.5℃，应用区域供热，假设家用热水系统的效率为85%。

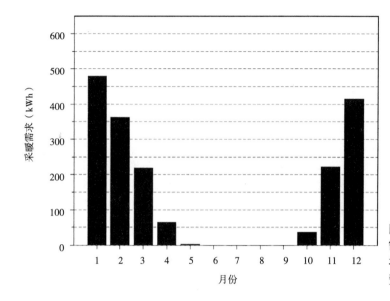

图8.4.3 联排住宅单元的各月采暖需求（4个中间户＋2个尽端户的平均值）

资料来源：Udo Gieseler

机械系统用电：估算泵、风机和控制器的用电需求为 5 kWh/（$m^2 \cdot a$）。

能源性能

不可再生一次能源需求和 CO_2 排放：表 8.4.4 给出了高性能联排住宅的能源需求以及相应的不可再生一次能源需求和 CO_2 排放。高性能住宅的不可再生一次能源需求为 47 kWh/（$m^2 \cdot a$），符合目标的要求。应注意，区域供热系统的一次能源系数可存在明显差异。对于非热电联供（CHP）的燃油型区域供热，一次能源系数（PEF）可以达到 1.5；而对于充分应用热电联供和/或可再生能源的区域供热，一次能源系数（PEF）可以小于 1。CO_2 当量排放总计 13 kg/（$m^2 \cdot a$）。

区域供热方案的总能源需求、不可再生一次能源需求和CO_2当量排放；
所有的数据都基于采暖面积计算（120m²）　　表8.4.4

净能耗 [kWh/($m^2 \cdot a$)]		总能耗 [kWh/($m^2 \cdot a$)]		传输能源 [kWh/($m^2 \cdot a$)]		不可再生 一次能源 系数（—）	不可再生 一次能源 [kWh/($m^2 \cdot a$)]	CO_2 （kg/kWh）	CO_2当量排放 [kg/($m^2 \cdot a$)]
		系统能耗	能源						
机械系统	5.0	机械系统 5.0	电 5.0	电	5.0	2.35	11.8	0.43	2.2
室内采暖	15.0	室内采暖 15.0	区域 供热	区域 供热	46.4	0.77	35.7	0.24	11.2
家用热水	26.2	家用热水 26.2	46.4						
		储水箱 热损失 0.6							
		转换热 损失 4.6							
总计	46.2	51.4	51.4		51.4		47.5		13.4

8.4.2 夏季舒适性

为评估夏季舒适性，研究进行了另一次单独模拟。从 5 月 1 日到 9 月 30 日，将夜间 7 点到次日清晨 6 点之间的夜间通风量提高 1ach，不使用热回收设备。夏季遮阳使透过窗户的直射及漫射光减少了50%。为避免过高估计冷却作用，室内温度在任何时候都不允许低于 20℃。这些预设条件形成了一个合理的被动式制冷策略。

图 8.4.4 和图 8.4.5 给出了平均室内温度超过一定温度的小时数。如前所述，图示中仅应用夜间通风策略的过热小时数用深色柱表示，同时应用夜间通风和遮阳策略的过热小时数用浅色柱表示。

图 8.4.4 表明，若仅应用夜间通风，那么联排住宅尽端户的平均室内温度在 22℃ 以上的时间为2840h（夏季时间的 77%）。若再加上遮阳（50%）时，平均室内温度在 22℃ 以上的时长为 1120h（夏季时间的 30%）。通过该冷却策略，室内温度不会超过 26℃，这在多数情况下可被认为是舒适的。

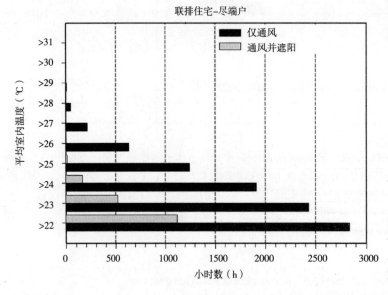

图8.4.4　尽端户平均室内温度超出一定温度的小时数；模拟时间为5月1日到9月30日

资料来源：Udo Gieseler

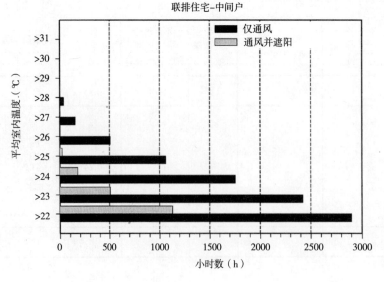

图8.4.5　中间户平均室内温度超出一定温度的小时数；模拟时间为5月1日到9月30日

资料来源：Udo Gieseler

8.4.3 灵敏度分析

本节内容说明了窗户类型和窗户面积对室内采暖需求的重要作用。图 8.4.6 给出了不同的南向窗户面积的室内采暖需求。窗户面积中 30% 是窗框面积。窗户总体 U 值为 0.7W/（$m^2 \cdot K$）。结果显示这些窗户的太阳能得热几乎能够和窗户传热损失完全平衡。高性能方案中每个单元的南立面窗户面积为 12m^2，即每个单元每层窗户面积为 6m^2。更大的窗户面积将增加成本和过热小时数，但采暖需求却没有减少。

图 8.4.7 给出了对房屋北立面窗户不同情况的模拟结果，其中包含两种类型窗户的分析结果。两类窗户都有 40% 为窗框面积，每个单元都使用 3m^2 的标准窗户（即窗户面积占立面的 11%）。而若采用高性能窗户［玻璃和窗框的平均 U 值为 0.7 W/（$m^2 \cdot K$）］，则面积为立面 35% 的窗户已能够满足能源目标。这就相当于每个单元的窗户面积可以达到 9.5m^2。不过，目前这些窗户的成本至少是标准窗户的两倍，标准窗户的玻璃 U 值为 1.1W/（$m^2 \cdot K$）、窗框 U 值为 1.8 W/（$m^2 \cdot K$）。因而如果想要在北立面有较大面积的窗户，那么为了不增加室内采暖需求，应选用高性能窗户。

图 8.4.8 给出了遮挡对南立面的影响，图中所示为联排住宅（全部 6 户）不同遮挡系数下的室内采暖需求。直接照射在南立面窗户上的阳光被遮挡，而漫射辐射不变。这作为一个简化模型，用于反

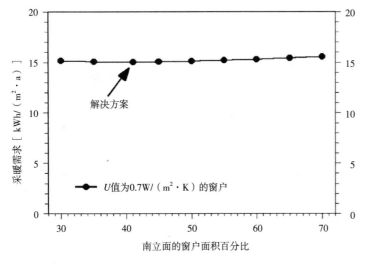

图8.4.6 联排住宅应用不同南向窗户时的室内采暖需求（各单元平均）；此处U值为玻璃U值

资料来源：Udo Gieseler

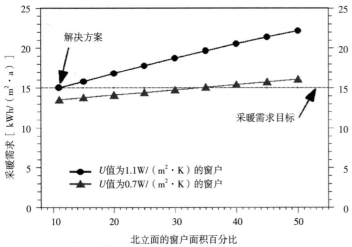

图8.4.7 联排住宅应用不同北向窗户时的室内采暖需求；此处U值为玻璃U值

资料来源：Udo Gieseler

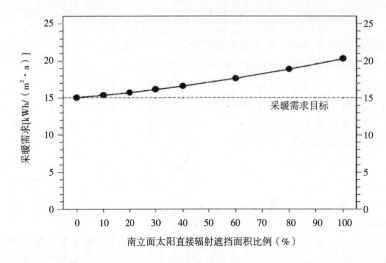

图8.4.8 联排住宅（全部6户）不同
遮挡系数下的室内采暖需求
资料来源：Udo Gieseler

映来自建筑、树木或其他物体的遮挡。如果没有阳光能直接照射到南立面，那么采暖需求可能增加到
20kWh/（m²·a）以上。这种情况下必须对房屋进行改良以满足室内采暖目标。

8.4.4　结论与设计建议

本节介绍了寒冷气候中联排住宅的节能策略，包括热回收通风系统、围护结构高水平保温和缩小
窗户面积。

这些节能策略满足了相当高的能源目标[室内采暖需求为15 kWh/（m²·a）]，并以合理的建造成
本实现了夏季和冬季较高的舒适性。该高性能住宅的室内采暖需求仅为同在寒冷气候中以常规标准建
造的联排住宅的25%。

注意不要增加北向窗户的面积，而南向窗户面积增加则可以不导致室内采暖需求上升。但应注意
到增大南窗面积比较容易导致过热小时数的增加。

另外，如果在冬季时建筑被遮挡，那么被动式太阳能得热将减少，进而导致较高的室内采暖需求而
无法实现节能目标。因此，如果计划在建筑密集区或森林附近修建住宅，应在规划时就考虑到这个问题。

本例中应用了区域供热系统。也可以应用其他系统，如室外空气对水热泵或多栋住宅共用的埋管
地源热泵系统。而应用太阳能集热器供应家用热水的是进一步减低不可再生能源消耗的好办法。

寒冷气候中应用节能策略的联排住宅的细部构造（各构造层按从内到外的顺序列出）　表8.4.5

构件	构造层	厚度 （m）	导热率 [W/（m·K）]	热阻 [（m²·K）/W]	U值 [W/（m²·K）]
墙体	石膏	0.015	0.700	0.021	
南/北	轻质混凝土	0.170	0.120	1.417	
	聚苯乙烯	0.140	0.035	4.000	
	石膏	0.020	0.869	0.023	
	表面热阻	—	—	0.170	
	Σ	0.345	—	5.631	0.18
墙体	石膏	0.015	0.700	0.021	
东/西	轻质混凝土	0.170	0.120	1.417	

续表

构件	构造层	厚度 （m）	导热率 [W/(m·K)]	热阻 [(m²·K)/W]	U值 [W/(m²·K)]
	聚苯乙烯	0.300	0.035	8.571	
	石膏	0.020	0.869	0.023	
	表面热阻	—	—	0.170	
	Σ	0.505	—	10.202	0.10
屋面90%	石膏板	0.013	0.211	0.062	
	矿棉	0.370	0.040	9.250	
	波形瓦	0.020	—	—	
	表面热阻	—	—	0.170	
	Σ	0.403	—	9.482	0.11
屋面10%	石膏板	0.013	0.211	0.062	
	木料构件	0.370	0.131	2.824	
	波形瓦	0.020	—	—	
	表面热阻	—	—	0.170	
	Σ	0.403	—	3.056	0.33
楼板	镶木地板	0.020	0.200	0.100	
	硬石膏	0.060	1.200	0.050	
	聚苯乙烯	0.162	0.035	4.629	
	混凝土	0.120	2.100	0.057	
	表面热阻	—	—	0.170	
	Σ	0.362	—	5.006	0.20
窗户	玻璃（低辐射）	0.004	—	—	
玻璃	氩气	0.016	—	—	
北/东/西	玻璃	0.004	—	—	
	Σ	0.024	—	—	1.10
窗户	玻璃（低辐射）	0.004	—	—	
玻璃	氩气	0.016	—	—	
南	玻璃	0.004	—	—	
	氩气	0.016	—	—	
	玻璃（低辐射）	0.004	—	—	
	Σ	0.044	—	—	0.70

参考文献

Gieseler, U. D. J., Bier, W. and Heidt, F. D. (2002) *Cost Efficiency of Ventilation Systems for Low-Energy Buildings with Earth-to-Air Heat Exchange and Heat Recovery*, Proceedings of the 19th International Conference on Passive and Low Energy Architecture (PLEA), Toulouse, France, pp577–583

Gieseler, U. D. J., Heidt, F. D. and Bier, W. (2004) 'Evaluation of the cost efficiency of an energy efficient building', *Renewable Energy Journal*, vol 29, pp369–376

TRNSYS (2005) *A Transient System Simulation Program*, Solar Energy Laboratory, University of Wisconsin, Madison, WI

8.5　寒冷气候中应用可再生能源策略的联排住宅

Joachim Morhenne

寒冷气候中应用可再生能源策略的联排住宅的目标　　　　　　　　　　　　　　表8.5.1

	目标
室内采暖	20 kWh/（m² · a）
不可再生一次能源	
（室内采暖+热水+机械系统电耗）	60 kWh/（m² · a）

　　本节介绍寒冷气候中联排住宅的一种可再生能源解决方案。将斯德哥尔摩市作为寒冷气候的参照。

8.5.1　解决方案2：太阳能家用热水和太阳能辅助采暖

　　对于寒冷气候中的联排住宅，使用太阳能联合系统和高效热回收机械通风装置对实现 20 kWh/（m² · a）（每户 2400 kWh/a）的室内采暖目标是必要的。这两种措施可缓解在降低传热损失方面的压力并仍实现目标。对于联排住宅，应用这两种措施，再配合以适当的体形系数，那么仅需使围护结构稍微超出现行建筑规范要求，即可实现节能目标。因此该策略适用于围护结构难于改善的建筑改造项目。

　　要实现一次能源目标，使用太阳能保证率为 60% 的太阳能热水系统就足够了。而更大的太阳能联合系统则可以把一次能源需求降低到 60 kWh/（m² · a）的目标值以下。

为何要遵循这一策略？

　　充分利用太阳能，可以在不应用其他节能措施的情况下实现目标。当前大多数高性能住宅都已经具有太阳能热水系统，在此建议扩大太阳能系统以同时满足部分室内采暖需求，这样就可以在不应用昂贵的高性能窗户时也能够达成目标。

　　由于该方案应用表面辐射而非送风传输所需热量，传热能力不受通风量限制。而且辐射表面供暖可以实现更高的舒适性。另外，当建筑朝向不是很理想或被遮挡时，该策略能够弥补较低的被动式太阳能得热。

建筑围护结构

　　不透明构件：具有外保温的厚重或轻质墙体。蓄热提高了夏季舒适性并略微提高了太阳能得热的有效性。如果使用了轻质墙体，那么就应使用厚重的地板和顶棚。

建筑围护结构的U值　　　　　　　　　　　　　　　　　　　　　表8.5.2

构件	U值 [W/（m² · K）]
楼板	0.21
墙体	0.20
东/西墙（端头住宅）	0.16
屋面	0.16
窗框	1.2
窗玻璃	1.7

窗户：30% 的窗框面积比；双层充氩气低辐射镀膜玻璃。

机械系统

通风装置：热回收率为 80% 的机械通风系统。通风量:0.45ach。空气渗透率:0.05ach。用电量:0.3W/（m²·K）。

供热：集中冷凝燃气锅炉、生物质燃料锅炉或本地管网。每排住宅有 4 条供热管道。

太阳能系统：集中式太阳能联合系统，或为每户配备独立式太阳能联合系统。

热量分配：地板或墙面辐射采暖、送风供暖

图 8.5.1 解析了太阳能采暖系统。这是一个典型的太阳能联合系统，6 户中每户的集热器面积都是 10m²。一个重要的问题是，该太阳能系统属于私人产权还是公共产权？应如何分担投资与维护成本？与公共系统不同，独立式系统需要更大的贮存空间，所以投资成本会更高，而且一个家庭的余热不能被其他家庭分享。不过，分户设备没有管网热损失问题。

太阳能热量被用于提高地板采暖回流的温度（见 8.5.3 节）。要进一步了解太阳能联合系统，请参看 IEA-SHC 第 26 号任务的最终报告（Weiss，2003）。

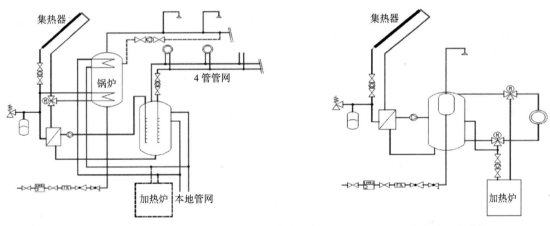

图8.5.1　太阳能辅助供热系统方案：（a）联排住宅的集中式系统；　　　　　　（b）独立式系统

资料来源：Joachim Morhenne

能源性能

室内采暖需求：利用 TRNSYS 对联排住宅的月室内采暖需求进行计算，结果表示在图 8.5.2 中。该联排住宅包括 2 个尽端户和 4 个中间户。表 8.5.3 所示结果是联排住宅的平均值。采暖季从 10 月 1 日持续到次年 5 月 31 日。

当不使用太阳能系统时，建筑采暖的净能源需求为 21.7 kWh/（m²·a）。而实际上，采暖需求可达 26.6 kWh/（m²·a），原因是：

- 室内温度经常超过 20℃；
- 管网提供的热量在到达住宅之前已经发生损失。

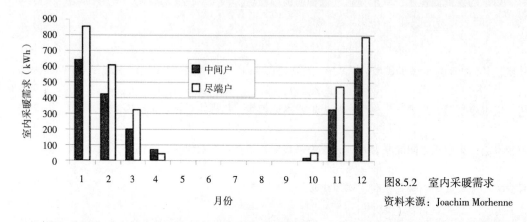

图8.5.2 室内采暖需求

资料来源：Joachim Morhenne

表8.5.3 给出了建筑的性能，包括太阳能系统的节能。用于供热的传输能源中包括了控制系统、贮存、管道、集热器及其循环中的热损失。系统损失包括了用于采暖和供应热水的冷凝燃气锅炉的燃烧损失。

建筑及各系统性能		表8.5.3
采暖传输能源（平均）	19.3［kWh/（m² · a）］（2300kWh/a）	
系统损失	1.5kWh/（m² · a）	
采暖需热量的太阳能贡献	16%	
采暖设置温度	20℃	

室内采暖峰值负荷：尽端户的峰值负荷为 2350W，而中间户的峰值负荷为 1800W。峰值出现在 1 月环境温度为 –18.9℃时，而次峰值出现在 2 月和 12 月。在这三个月之外，峰值迅速下降。

家用热水的传输能源：热水的能源需求是 1360 kWh/a 即 11.3kWh/（m² · a）。太阳能提供了热水传输能源的 62%。

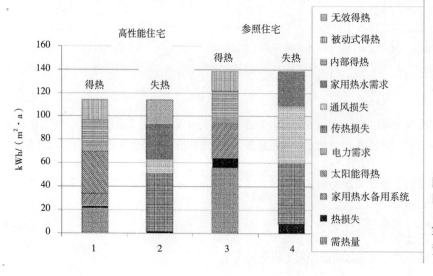

图8.5.3 参照住宅及太阳能住宅的能量平衡（第1和第3列为得热、第2和第4列为失热）

资料来源：Joachim Morhenne

传递能量消耗: 家用热水和采暖总终端能耗为 3850 kWh/a。风机、泵和控制器的用电量为 670 kWh/a。图 8.5.3 给出了参照住宅和高性能住宅的能量平衡分析。

一次能源需求和 CO_2 排放: 表 8.5.4 给出了一次能源需求和 CO_2 排放。系数是从 GEMIS（2004）中得到的。

一次能源系数为:

- 燃气: 1.14;
- 生物燃料: 0.06;
- 电力: 2.35。

CO_2 排放系数为:

- 燃气: 0.247 kg/kWh;
- 生物燃料: 0.035 kg/kWh;
- 电力: 0.430 kg/kWh。

当将燃气作为满足剩余能源需求的热源时，一次能源需求为 49.8 kWh/ ($m^2 \cdot a$)，相应的 CO_2 排放为 10.3 kg/ ($m^2 \cdot a$)。当将生物燃料作为热源时，一次能源需求仅为 15 kWh/ ($m^2 \cdot a$)，CO_2 排放为 3.6kg/ ($m^2 \cdot a$)。

总能耗、不可再生一次能源需求和CO_2排放　　　　　　　　　　　表8.5.4

净能耗 [kWh/($m^2 \cdot a$)]		总能耗 [kWh/($m^2 \cdot a$)]		传输能源 [kWh/($m^2 \cdot a$)]		不可再生 一次能源 系数（—）	不可再生 一次能源 [kWh/($m^2 \cdot a$)]	CO_2 (kg/kWh)	CO_2当量排放 [kg/($m^2 \cdot a$)]
		系统能耗	能源						
机械系统	5.6	机械系统	5.6	电	5.6	电	5.6	2.4	13.2	0.43	2.4
室内采暖	21.7	室内采暖	21.7	燃气	32.1	燃气	32.1	1.1	36.6	0.25	7.9
家用热水	30.0	家用热水	30.0								
		储水箱热损失和循环热损失转换热损失	5.9	太阳能	25.5						
总计	57.3		63.2		63.2		37.7		49.8		10.3

8.5.2 夏季舒适性

采暖系统在夏季不工作，只有内部得热、被动式太阳能得热以及通风会造成过热现象。在模拟的一年时间中，室内温度从来没有超过26℃（见图8.5.4）。应用遮阳和通风策略实现了夏季舒适性，而更好的遮阳设施和强化夜间通风能够进一步提高舒适性。

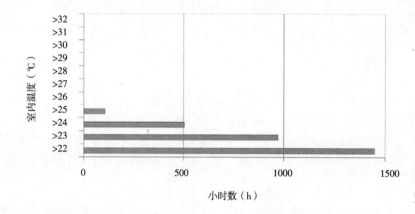

图8.5.4　室内温度小时数分布

资料来源：Joachim Morhenne

为了减少用电，可开窗自然通风以代替机械通风来实现夜间冷却。如果在夏季要使用通风系统，那么应当使用有自动式旁通管的热交换器。应当注意的是，对于这些气密性非常高的住宅，由于空气渗透率非常低，确保有效通风十分重要。

8.5.3 灵敏度分析

系统设计

图8.5.5所示为该系统。由于处于寒冷气候，太阳能系统的冬季性能对供热系统的回流温度有显著影响（见图8.5.7）。因此，这里使用具有4管管网为采暖和家用热水提供不同温度的水。采暖管网的供回水温度比家用热水管网要低，这能够更好地利用太阳能得热。与双管管网相比，该供热网络的损失

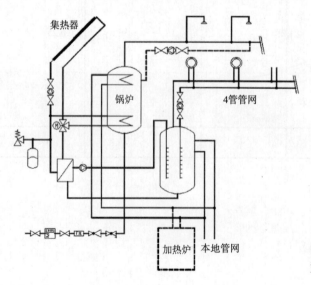

图8.5.5　集中系统方案

资料来源：Joachim Morhenne

会更大；但如果将供热管网安装在建筑围护结构之内，那么其中部分热损失能够被平衡。

表8.5.5 列出了该供热系统的重要参数。

重要系统参数	表8.5.5
	寒冷气候[1]；太阳能策略
设计温度	35/30℃
散热表面/采暖功率	2550W
集热器面积：	
基于高性能改造	10m²
集热器类型	平板
集热器南向倾角	54°
流量	12L/（m²·h）
控制器	最高效率
热交换器	92%
储热罐	45L/m²
主立面	南
遮阳系数	0.5
结构	重型

集热器面积

集热器倾角和方位角带来的影响可从标准对照表（Duffie and Beckman，1991）中查到。这里使用最佳值（方位：南；倾角：54°）。图 8.5.6 所示为集热器面积对集热器有效得热的影响。面积为 10m² 的集热器的有效得热为 255kWh/（m²·a）（每平方米集热器）。用于采暖的集热器得热约为 44kWh/（m²·a），该得热值难以进一步增加了（见图 8.5.7）。通过增加的太阳能得热来进一步降低总能源需求的唯一途径，就是提高热水的太阳能保证率。

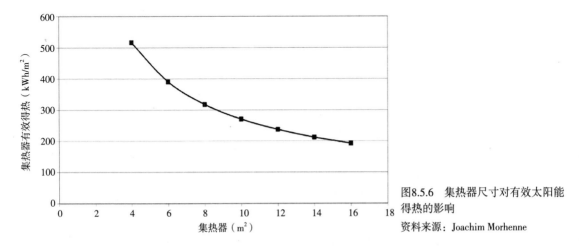

图8.5.6 集热器尺寸对有效太阳能得热的影响

资料来源：Joachim Morhenne

供热系统的设计温度对于太阳能联合系统的使用操作是非常重要的。有效太阳能随着回流温度的升高急剧降低。因此只推荐使用低温地板或墙体供暖系统。

---

1 原文误为 Temperate Climate，在此已作修正。——译者注

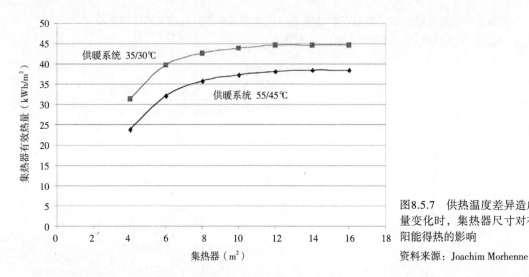

图8.5.7　供热温度差异造成需热量变化时，集热器尺寸对有效太阳能得热的影响

资料来源：Joachim Morhenne

　　集热器面积与一次能源需求的关系：图 8.5.8 所示为集热器面积与一次能源需求的关系，所需剩余能源由天然气供应。

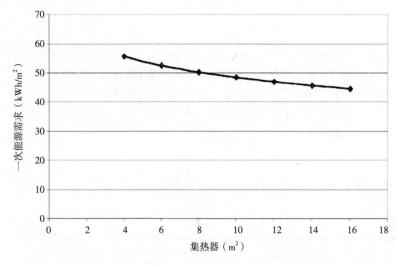

图8.5.8　集热器面积与一次能源需求的关系

资料来源：Joachim Morhenne

　　采暖系统供水温度的影响：由于太阳能系统总是与系统回水相连，采暖系统的供回水温度对有效太阳能得热影响很大。如图 8.5.7 所示，供水温度的影响大约可达到 8%—10%。

　　储水规模的影响：除非储水容积超出临界值，否则储水量不会给系统性能带来太大影响。当每平方米集热器对应的储存容量在 42—57L 之间时，其对系统性能的影响小于 3%。

　　集热器循环流量带来的影响：理论上讲，由于太阳能集热器的热量要被传输到室内用于采暖的回流中，集热器输出温度必须高于回流的温度，从而使热量得以传输利用。因而必须降低流量，直到集热器能够实现必要的热量输出，这一点与集热器效率无关。集热器循环流量动态控制优化了系统性能。模拟中流量设定为 12L/（m² · h）。其他参数则在温和气候案例中进行分析，例如建筑热质量等。

8.5.4 设计建议

该方案中节能效果大部分由太阳能热水贡献。因此在家用热水系统和室内采暖储水箱分开设置的情况下，家用热水贮存量是极为重要的。最重要的设计参数是供热系统的水温和集热器流量，在此不建议超出这里给出的温度。

许多建筑项目的热水分配管网常有较大的热损失。因而优良的管道保温很重要。为了避免采暖季以外出现采暖管网热损失，建议使用手动开关来停止循环，因为即便在没有采暖需求的情况下，自动温控开关也会在环境温度降到设定值之下时触发运行管网。

要进一步了解太阳能联合系统，参见 IEA SHC 第 26 号任务的结论（Weiss，2003）。

符合20 kWh/(m²·a)室内采暖目标的建筑构造 表8.5.6

	材料	厚度		导热率	百分比	支架	支架	热阻		U值	
		m		λ [W/(m·K)]	%	λ [W/(m·K)]	%	[(m²·K)/W]		[W/(m²·K)]	
		寒冷气候参照	寒冷气候基础					寒冷气候参照	寒冷气候基础	寒冷气候参照	寒冷气候基础
墙体	外表面							0.04	0.04		
	石膏	0.02	0.02	0.9	100%			0.02	0.02		
	聚苯乙烯	0.16	0.16	0.035	100%			4.57	4.57		
	石灰石	0.175	0.175	0.560	100%			0.31	0.31		
	石膏	0.015	0.015	0.7	100%			0.02	0.02		
								0.13	0.13		
		0.37	0.37					5.10	5.10	0.20	0.20
墙体东/西	外表面							0.04	0.04		
	石膏	0.02	0.02	0.9	100%			0.02	0.02		
	聚苯乙烯	0.16	0.2	0.035	100%			4.57	5.71		
	石灰石	0.175	0.175	0.560	100%			0.31	0.31		
	石膏	0.015	0.015	0.7	100%			0.02	0.02		
								0.13	0.13		
		0.37	0.41					5.10	6.24	0.20	0.16
屋面	外表面							0.04	0.04		
	屋面瓦	0.050	0.050		100%						
	空气间层	0.045	0.045		100%						
	防护膜	0.0025	0.0025		100%						
	矿棉	0.200	0.300	0.039	85%			4.59	6.88		
	木构件	0.220	0.320			0.13	15%	1.69	2.46		
	聚乙烯薄膜				100%						
	纸面石膏板	0.013	0.013	0.210	100%			0.06	0.06		
	内表面							0.10	0.10		
		0.5305	0.7305					4.36	6.42	0.23	0.16
楼板	混凝土	0.012	0.012	2.1	100%			0.01	0.01		
	矿棉	0.150	0.150	0.035	100%			4.29	4.29		
	铺砌	0.060	0.060	0.800	100%			0.08	0.08		
	木构件	0.020	0.020	0.130	100%			0.15	0.15		
	内表面							0.17	0.17		
		0.230	0.230					4.69	4.69	0.21	0.21
窗户				玻璃/低辐射/填充气体							
	玻璃板	0.004	0.004	低辐射							
	填充气体	0.016	0.016	氩气							
	玻璃板	0.004	0.004	无膜							
		0.024	0.024							1.5	1.20
	窗框			木构件						1.70	1.70

参考文献

Duffie, J. A. and Beckman, W. A. (1991) *Solar Engineering of Thermal Processes*, John Wiley and Sons, New York

TRNSYS (2005) *A Transient System Simulation Program*, Solar Energy Laboratory, University of Wisconsin, Madison, WI

Weiss, W. (ed) (2003) *Solar Heating Systems for Houses: A Design Handbook for Solar Combisystems*, James and James Ltd, London

8.6 寒冷气候中应用节能策略的公寓楼

Johan Smeds

寒冷气候中应用节能策略的公寓楼的目标	表8.6.1
	目标
室内采暖	15 kWh/（m² · a）
不可再生一次能源	
（采暖+热水+机械系统用电）	60 kWh/（m² · a）

本节介绍寒冷气候中公寓的两种解决方案。将斯德哥尔摩的气候作为寒冷气候地区的参照。这些示范方案主要基于节能措施，目标是将建筑热损失最小化。其中应用了热回收平衡式机械通风系统以减少通风热损失。

8.6.1 解决方案 1a：利用电热采暖和太阳能家用热水系统实现节能

建筑围护结构

该方案通过对围护结构和通风系统的设计，将采暖的峰值负荷限制在大约 10 W/m²。这使公寓所有住户都能够共用一个集中采暖系统，并且通过送风方式分配热量，这比独立式房间采暖器更经济。这种解决方案需要高水平保温并有良好气密性的建筑围护结构。

该公寓楼为钢筋混凝土结构和矿棉保温木框架立面。窗框面积比 30%、三层玻璃，含一层低辐射镀膜并充有氪气。表 8.6.2 给出了 *U* 值，表 8.6.6 是构造数据。

建筑构件	表8.6.2
建筑构件	***U*值[W/（m² · K）]**
墙体	0.13
屋面	0.09
楼板（不含地面）	0.12
窗户（窗框+玻璃）	0.92
窗框	1.20
窗玻璃	0.80
整个建筑围护结构	0.21

机械系统

采用的热回收平衡式机械通风系统，且带有用于夏季通风的旁通管，热交换器的效率为80%，送风配热。家用热水由太阳能热水系统和电锅炉联合提供。该太阳能系统包括60m²的集热器、6m²的储水箱以及8kW的电锅炉。

能源性能

采暖需求和峰值负荷：DEROB–LTH的模拟结果显示采暖需求为10300 kWh/a[6.5 kWh/（m²·a）]。图8.6.1给出了解决方案1a的月采暖需求与参照案例（建筑规范2001）的对比。

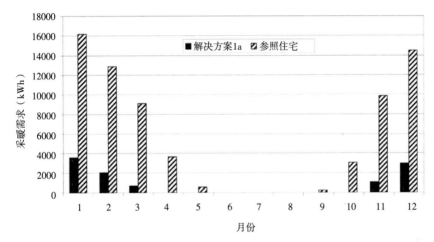

图8.6.1 解决方案1a的室内采暖需求

资料来源：Johan Smeds

采暖系统的小时负荷是基于对完全被遮蔽的建筑进行的模拟，也就是在不考虑直接太阳辐射的条件下用DEROB–LTH计算得到。年峰值负荷为16 kW或10 W/m²，出现在1月。

这些模拟的一般预设条件为：

- 采暖设定温度：20℃；
- 最高室内温度：冬季23℃，夏季26℃（使用遮阳设施和开窗通风）；
- 通风量：0.45 ach；
- 空气渗透率：0.05 ach；
- 热回收效率：80%。

家用热水需求：热水的净需热量约为37800 kWh/a [23.6 kWh/（m²·a）]。热水需求比采暖需求大的多。

系统损失主要是由储水箱的热损失造成，同时也包括分配系统中管道热损失。储水箱和循环热损失分别为1.5kWh/（m²·a）和4.4kWh/（m²·a）。DEROB–LTH进行模拟时将循环热损失视为内部得热。另一方面，由于储水箱和锅炉放置在居住区域保温围护结构以外的地下室中，所以储水箱和集热器循环热损失不能作为内部得热利用。这里将电锅炉转换热损失设为零。

系统解决方案的选择基于DEROB–LTH对建筑采暖需求的模拟。主动式太阳能系统的模拟则应用了Polysun3.3。通过使用Polysun–Larsen版本（Polysun的改进版本），可直接利用DEROB–LTH热负荷模拟得到的采暖需求数据。

家庭用电：每户（两个大人和两个孩子）的用电量为2190kWh或21.9kWh/（m²·a）。一次能源目标不包括家庭用电，因为家庭用电完全取决于居住者。

不可再生一次能源需求与CO_2排放：家用热水、室内采暖、系统损失和机械系统的总能耗为63200 kWh/a。考虑太阳能热水利用因素，最终传输能源为34200 kWh/a，由电力提供。结果是80300 kWh/a [55 kWh/（m²·a）] 的不可再生一次总能耗和10 kg/（m²·a）的CO_2当量排放（见表8.6.3）。

应用电热采暖及带备用电锅炉的太阳能热水系统的公寓楼的总能耗、
不可再生一次能源需求和CO_2当量排放 表8.6.3

| 净能耗
[kWh/(m²·a)] | | 总能耗
[kWh/(m²·a)] | | | | 传输能源
[kWh/(m²·a)] | 不可再生一次能源 | | CO_2当量排放 | |
		系统能耗		能源			系数 （—）	[kWh/(m²·a)]	系数 （kg/kWh）	[kg/(m²·a)]
机械系统	5.0	机械系统	5.0	电	5.0	电	5.0	2.35	11.8	0.43	2.2
室内采暖	6.5	室内采暖	6.5	电	6.5	电	18.3	2.35	43.0	0.43	7.9
家用热水	23.6	家用热水	23.6	电	11.8						
		储水箱热损失和循环热损失	5.5	太阳能	17.3						
		转换热损失	0.0								
总计	35.1		40.6		40.6		23.3		54.8		10.0

8.6.2 解决方案1b：应用区域供热实现节能

建筑围护结构

与解决方案1a采用送风供暖相比，使用区域供热系统和热水辐射采暖允许建筑围护结构保温性略低。

该公寓为钢筋混凝土结构，矿棉保温木框架立面，窗框面积比为30%、三层玻璃，一层低辐射镀膜并充有氩气。表8.6.4给出了构件U值，表8.6.7则为构造数据。

建筑构件U值 表8.6.4

建筑构件	U值[W/（m²·K）]
墙体	0.24
屋面	0.25
楼板（不含地面）	0.30
窗户（窗框+玻璃）	0.92
窗框	1.20
窗玻璃	0.80
整个建筑围护结构	0.34

机械系统

夏季通风采用平衡式热回收机械通风系统，设有旁通管，换热器效率为80%。区域供热通过热水辐射采暖系统配热。可安装废水逆流管换热器以预热室内采暖系统用水，但这方面不包含在如下能源性能计算中。

能源性能

室内采暖需求：应用DEROB–LTH进行模拟，结果表明建筑的室内采暖需求为21500 kWh/a [13.4 kWh/（$m^2 \cdot a$）]。图8.6.2对该建筑和参照建筑的月室内采暖需求进行对比。推荐方案1b中，采暖季从十一月持续到次年三月。

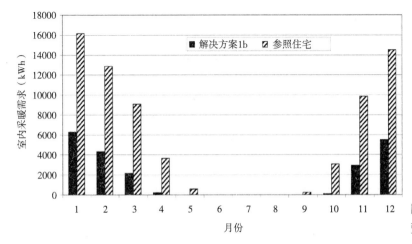

图8.6.2 室内采暖需求
资料来源：Johan Smeds

采暖系统的小时负荷是基于对完全被遮蔽的建筑进行的模拟，也就是在不考虑直接太阳辐射的条件下用DEROB–LTH计算得到。年峰值负荷为21.2kW或13W/m^2，出现在1月。

生活热水需求：48名居住者的净热水需求为37800 kWh/a [23.6 kWh/（$m^2 \cdot a$）]。

系统热损失：系统热损失主要包括配热系统的循环热损失。应用DEROB–LTH进行模拟时，将循环热损失视为内部得热。换热器与区域供热系统相连，其转换热损失设为零。

家庭用电：对于有两个大人和两个孩子的家庭，用电量为2190kWh（21.9kWh/m^2）。一次能源目标不考虑家庭用电问题。

不可再生一次能源需求与CO_2排放：生活热水、室内采暖、系统热损失和机械系统的总能耗为74240kWh/a。采用区域供热的全年不可再生一次能源需求为69760kWh/a [44kWh/（$m^2 \cdot a$）]，CO_2当量排放为12kg/（$m^2 \cdot a$）（见表8.6.5）。

应用区域供热的公寓楼的总能源需求、不可再生一次能源需求和CO_2当量排放　　　表8.6.5

净能耗 [kWh/(m²·a)]		总能耗 [kWh/(m²·a)]			传输能源 [kWh/(m²·a)]		不可再生一次能源		CO_2当量排放	
		系统能耗		能源			系数 (—)	[kWh/(m²·a)]	系数 (kg/kWh)	[kg/(m²·a)]
机械系统	5.0	机械系统	5.0	电	5.0	电	5.0	2.35	11.8	0.43	2.2
室内采暖	13.4	室内采暖	13.4								
生活热水	23.6	生活热水	23.6	区域 供热	41.4	区域 供热	41.4	0.77	31.9	0.24	10.0
		循环热 损失	4.4								
		转换热 损失	0.0								
总计	42.0		46.4	46.4		46.4			43.6		12.1

8.6.3　设计建议

这里介绍的两种解决方案均可满足一次能源目标。若比较建筑围护结构和现行建筑标准，显而易见的是如果充分提高今天公寓楼的气密性并采用高效通风换热器，那么它们就已经可以实现 IEA 第28号任务设定的目标了。

解决方案1a：应用直接电热采暖和太阳能热水供应实现节能–围护结构构造　　　表8.6.6

	材料	厚度	导热率	百分比	支架	支架	总热阻，不含内部 热阻及外部热阻	总热阻，含内部热 阻及外部热阻	U值
		m	λ[W/(m·K)]	%	λ[W/(m·K)]	%	[(m²·K)/W]	[(m²·K)/W]	[W/(m²·K)]
墙体	外表面							0.04	
	木板	0.045		100%					
	空气间层	0.025		100%					
	矿棉板	0.050	0.030	100%			1.67		
	矿棉	0.250	0.036	85%	0.14	15%	4.84		
	塑料薄膜			100%					
	矿棉	0.050	0.036	85%	0.14	15%	0.97		
	石膏板	0.013	0.220	100%			0.06		
	内表面							0.13	
		0.433					7.54	7.71	0.130
屋面	外表面							0.04	
	屋面油毡	0.003		100%					
	矿棉板	0.050	0.030	100%			1.67		
	矿棉	0.350	0.036	100%			9.72		
	塑料薄膜			100%					
	混凝土	0.15	1.700	100%			0.09		
	内表面							0.10	
		0.553					11.48	11.62	0.086
楼板	外表面								
	矿棉	0.300	0.036	100%			8.33		
	混凝土	0.150	1.700	100%			0.09		
	内表面							0.17	
		0.450					8.42	8.59	0.116
窗户				辐射率					
	玻璃板	0.004	低辐射	5%	反向				
	填充气体	0.012	氩气						
	玻璃板	0.004	无膜	83.70%					
	填充气体	0.012	氩气						
	玻璃板	0.004	无膜	83.70%					
		0.036							0.800
	窗框	0.093	木制		0.14		0.66	0.83	1.20

如果建筑位于城区，且区域供热系统大量采用可再生能源（如北欧地区 80% 的燃料是可再生的），那么解决方案 1b 是更可取的。在无法实现区域供热的农村地区，应用太阳能热水系统和电气辅助采暖的解决方案 1a 是不错的选择，因为太阳能系统能够满足夏季的能源需求。当然，发电方法是一个重要问题，因为它会显著影响大用电量建筑的一次能源需求（例如解决方案 1a）。计算中电力一次能源系数采用 17 个欧洲国家的平均值。环境友好型发电方式将对一次能耗产生巨大作用。

解决方案1b：利用区域供热实现节能–围护结构构造 表8.6.7

	材料	厚度	导热率	百分比	支架	支架	总热阻，不含内部热阻及外部热阻	总热阻，含内部热阻及外部热阻	U值
		m	λ[W/（m·K）]	%	λ[W/（m·K）]	%	[（m²·K）/W]	[（m²·K）/W]	[W/（m²·K）]
墙体	外表面							0.04	
	木板	0.045		100%					
	空气间层	0.025		100%					
	矿棉板	0.030	0.030	100%			1.00		
	矿棉	0.100	0.036	85%	0.14	15%	1.94		
	塑料薄膜			100%					
	矿棉	0.050	0.036	85%	0.14	15%	0.97		
	石膏板	0.013	0.220	100%			0.06		
	内表面							0.13	
		0.263					3.97	4.14	0.242
屋面	外表面							0.04	
	屋面油毡	0.003		100%					
	矿棉板	0.030	0.030	100%			1.00		
	矿棉	0.100	0.036	100%			2.78		
	塑料薄膜			100%					
	混凝土	0.15	1.700	100%			0.09		
	内表面							0.10	
		0.283					3.87	4.01	0.250
楼板	外表面								
	矿棉	0.110	0.036	100%			3.06		
	混凝土	0.150	1.700	100%			0.09		
	内表面							0.17	
		0.260					3.14	3.31	0.302
窗户				辐射率					
	玻璃板	0.004	低辐射	5%	反向				
	填充气体	0.012	氪气						
	玻璃板	0.004	无膜	83.70%					
	填充气体	0.012	氪气						
	玻璃板	0.004	无膜	83.70%					
		0.036							0.800
	窗框	0.093	木制		0.14		0.66	0.83	1.20

解决方案1a中太阳能家用热水系统的设计参数 表8.6.8

参数	数值
电加热器效率	8 kW
太阳能回路管	
管材	铜
内径	16 mm
外径	18 mm
室内管道长度	24 m
室外管道长度	6 m
管道导热性 λ	0.04 W/（m·K）

续表

参数	数值
保温层厚度	25 mm
集热器回路	
泵功率	210 W
集热器回流	525 l/h
单位通过量	7 l/h，m^2
传热介质	水（50%），乙二醇（50%）
向传热介质输出的能量	60%
分层换热器的传热率k*A	5000 W/K
储水箱	
容积	6 m^3
高度	4 m
储水箱内温度	15 ℃

参考文献

Kvist, H. (2005) *DEROB-LTH for MS Windows, User Manual Version 1.0–20050813*, Energy and Building Design, Lund University, Lund, Sweden, www.derob.se

Meteotest (2004) *Meteonorm 5.0 – Global Meteorological Database for Solar Energy and Applied Meteorology*, Bern, Switzerland, www.meteotest.ch

Polysun 3.3 (2002) *Polysun 3.3: Thermal Solar System Design, User's Manual*, SPF, Institut für Solartechnik, Rapperswil, Switzerland, www.solarenergy.ch

8.7　寒冷气候中应用可再生能源策略的公寓楼

Helena Gajbert and Johan Smeds

寒冷气候中应用可再生能源策略的公寓楼的能源目标 表8.7.1

	目标
室内采暖	20 kWh/（$m^2 \cdot a$）
不可再生一次能源	
（室内采暖+热水+机械系统用电）	60 kWh/（$m^2 \cdot a$）

　　本节介绍公寓楼在寒冷气候下的一种示范方案。将斯德哥尔摩作为寒冷气候地区的参照。该方案应用了平衡式热回收机械通风系统降低通风热损失，方案基于可再生能源的供应。

8.7.1 解决方案 2：应用太阳能联合系统和生物质燃料锅炉的可再生能源策略

建筑围护结构

该公寓为钢筋混凝土结构，矿棉保温木框架立面。表 8.7.2 给出了 U 值，双层玻璃窗，窗框面积比 30%，有一层低辐射镀膜并充有空气。表 8.7.7 给出了构造数据。

建筑构件的U值	表8.7.2
建筑构件	U值[W/（m²·K）]
墙体	0.27
屋面	0.29
楼板（不含地面）	0.30
窗户（窗框+玻璃）	1.34
窗框	1.20
窗玻璃	1.40
整个建筑围护结构	0.41

机械系统

通风装置：安装平衡式热回收机械通风系统，设有用于夏季通风的旁通管。换热器的效率为 80%，通风量为 0.045ach，空气渗透率为 0.05ach。

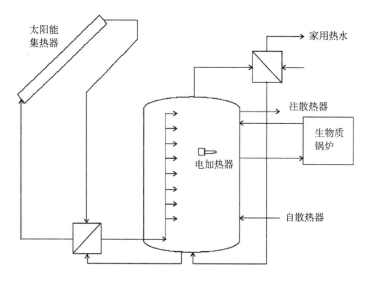

图8.7.1 太阳能联合系统设计：该系统设有一个颗粒锅炉和电加热器作为辅助热源，并配有两台外置换热器（一台用于热水，一台用于太阳能回路）；用于太阳能回路的换热器安装在储水箱的分层装置上

资料来源：Helena Gajbert and Johan Smeds

室内采暖和热水：建筑的供能系统选用太阳能联合系统，该系统通过共用储水箱将室内采暖系统和热水（DHW）系统结合，并且与太阳能集热器和辅助能源连接在一起。

太阳能加热系统由安装在南向屋面上的集热器构成，集热器面积为 50m²，倾角为 40°。储水箱为 4m³，另外还有 35kW 的颗粒锅炉和 5kW 的电加热器与储水箱相连以提高系统灵活性。外置换热器与分层装置（用于改善储水箱内的温度分层）相连，将集热器回路中的热量传递至储水箱。另一台外置换热器用于加热生活热水，从储水箱顶部取水并将水送回至底部。在集热器回路中，液体传热介质为水和乙二醇的混合物，两者各占50%。储水箱中的水也用于建筑的热水辐射式室内采暖系统中。该系统的其他重要设计参数可在表8.7.8中找到。图8.7.1为该系统的图解。

电加热器和生物质燃料锅炉交替工作，在必要时可加热储水箱上部。当短期内所需辅助热量很少时（通常为夏季），生物质燃料锅炉频繁启动和停止的工作方式导致不必要的能源损失。因此，夏季期间太阳能可满足大部分能源需求，此时应停用锅炉。电加热器在天气寒冷和阴天时是良好的补充设备。在冬季极其寒冷的时节，电加热器和锅炉可同时使用。

提高效率的另一种系统设计，是在采暖需求量大时将太阳能直接传递给低温散热器采暖系统。这样可以降低集热器温度，同时降低系统热损失并提高效率。

建筑设计是基于DEROB-LTH（Kvist，2005）模拟进行的。应用改进版Polysun3.3（Polysun，2002），即Polysun-Larsen版本，对主动式太阳能系统进行模拟，其中应用了DEROB-LTH模拟得到的室内采暖需求数据。将从Meteonorm（Meteotest，2004）中得到的斯德哥尔摩气候数据用于两项模拟程序中。确定太阳能加热系统规模时主要考虑了夏季辅助能耗需求较低、避免系统停运和过热以及经济方面的因素。表8.7.7和表8.7.8给出了DEROB-LTH和Polysun模拟中使用的一般假设和参数。

能源性能

室内采暖需求：应用DEROB-LTH模拟的结果得到建筑的室内采暖需求为30400kWh/a〔19kWh/（$m^2 \cdot a$）〕。假设采暖设定温度为20℃。最高室内温度设定为冬季23℃，夏季26℃（应用遮阳措施和开窗通风）。

图8.7.2对比了高性能建筑与参照建筑的月室内采暖需求（现行建筑规范2001）。采暖系统的小时峰值负荷是基于对被遮蔽的建筑进行的模拟，也就是在不考虑直接太阳辐射的条件下用DEROB-LTH计算得到。年峰值负荷为26.8kW（17W/m^2），出现在1月份。

热水需求：假设生活热水的净能源需求为37800 kWh/a〔23.6 kWh/（$m^2 \cdot a$）〕。可见热水需求大于室内采暖需求。

系统热损失：系统热损失主要是热水储水箱的热损失，也包括热水分配系统的循环热损失。储水箱热损失和循环热损失分别为1.2kWh/（$m^2 \cdot a$）和4.4kWh/（$m^2 \cdot a$）。在热负荷模拟中会将循环热损失视为内部得热。然而，由于本案例的储水箱和锅炉放置在建筑保温围护结构外面的地下室内，所以储水箱和集热器回路的热损失不能作为内部得热。生物质燃料锅炉的效率设置为85%，其转化热损失为5.5kWh/（$m^2 \cdot a$）。

家庭用电：对于两个大人和一个孩子的家庭，其用电量为2190kWh（21.9kWh/m^2）。一次能源目标不考虑家庭用电因素，因为家庭用电完全取决于居住者的行为。

总能耗、不可再生一次能源需求与CO_2排放：如表8.7.3所示，生活热水、室内采暖和机械系统的净能源需求为47.6kWh/（$m^2 \cdot a$）（76200kWh/a）。储水箱、锅炉和系统的附加损失使得总能耗达到58.7kWh/（$m^2 \cdot a$）（93900kWh/a）。总辅助能源需求（电力和颗粒）为36.4kWh/（$m^2 \cdot a$）（58300kWh/a），包括颗粒燃料锅炉的转换热损失；其中颗粒燃料锅炉中的生物燃料提供36.2kWh/（$m^2 \cdot a$）（57900kWh/a），电加热器大约提供0.3kWh/（$m^2 \cdot a$）（400kWh/a）。

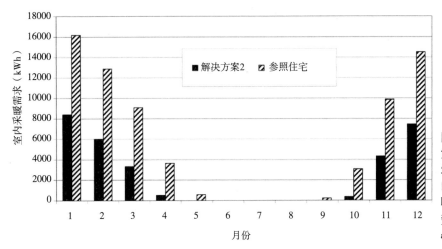

图8.7.2 一年中的各月室内采暖需求；高性能建筑和参照建筑的年总室内采暖需求分别为30400 kWh/a和70000 kWh/a。

资料来源：Helena Gajbert and Johan Smeds

模拟同一建筑在不使用太阳能集热器时的情形，模拟结果需求为77400 kWb/a（如 8.7.2 小节所述），主动式太阳能得热为17.3kWh/（$m^2 \cdot a$）（27600kWh/a），采暖系统的太阳能保证率为35%。机械系统的用电量为5.0kWh/（$m^2 \cdot a$）（8000 kWh/a）。

由于应用了太阳能，传输能源降低至41kWh/（$m^2 \cdot a$）（66200 kWh/a）。不可再生一次能源总能耗约为17kWh/（$m^2 \cdot a$）（27900kWh/a），CO_2 当量排放为3.8kg/（$m^2 \cdot a$）（6100kg/a）。与参照建筑相比，高性能建筑的不可再生能源消耗和 CO_2 当量排放要少得多（见表 8.7.4 和图 8.7.3）。

本方案公寓楼总能耗、不可再生一次能源需求和CO_2当量排放   表8.7.3

净能耗 [kWh/(m²·a)]	总能耗 [kWh/(m²·a)]		传输能源 [kWh/(m²·a)]	不可再生一次能源		CO_2当量排放	
	系统能耗	能源		系数 (—)	[kWh/(m²·a)]	系数 (kg/kWh)	[kg/(m²·a)]
机械系统　　5.0	机械系统　　5.0	电　　5.0	电　　5.0	2.35	11.8	0.43	2.2
室内采暖　19.0	室内采暖　19.0	电　　0.3	电　　0.3	2.35	0.6	0.43	0.1
		太阳能　17.3					
家用热水　23.6	家用热水　23.6						
	储水箱热损失和循环热损失　5.6	生物质颗粒燃料　36.2	生物质颗粒燃料　36.2	0.14	5.1	0.04	1.6
	锅炉转换热损失　5.5						
总计　　47.6	58.7	58.7	41.4		17.4		3.8

比较高性能建筑和参照建筑的系统能耗和CO_2当量排放				表8.7.4
建筑	净能耗 ［kWh/（m²·a）］	总能耗 ［kWh/（m²·a）］	传输能源 ［kWh/（m²·a）］	CO_2当量排放 ［kg（m²·a）］
高性能建筑	47.6	58.7	41.4	3.8
参照建筑	72.4	81.2	81.2	20.5

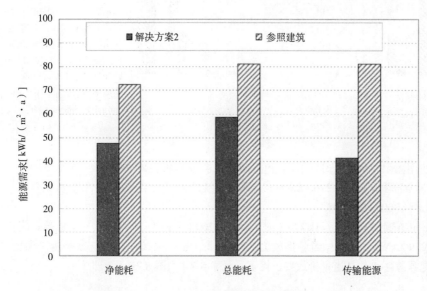

图8.7.3 高性能建筑和参照建筑的净能源需求、总能耗和传输能源数据概要
资料来源：Helena Gajbert and Johan Smeds

8.7.2 灵敏度分析

由于系统设计参数对太阳能系统的性能影响很大，所以下面给出在系统设计过程中通过 Polysun 模拟得出的一些重要结果。如果不涉及其他因素，那么模拟系统的参数与推荐的系统相同。图示中的"辅助能源"是指辅助能源系统的热输出，包括生活热水、室内采暖所需热量以及热损失。辅助能源不包括生产热量所造成的转换热损失（即木质颗粒燃料锅炉燃烧和换热器损失）。

集热器面积

集热器面积和储水箱容积既要分别考虑，也要相互结合作为整体来考虑。然而，为了将辅助能耗降至最低，集热器面积是更重要的设备优化因素。模拟中集热器面积不断变化，而储水箱容积保持不变，目的是探索能满足全部夏季采暖需求（也就是生活热水需求）的集热器规模，同时要保持集热器停运风险较低。

根据公式 8.1 计算太阳能保证率（Solar fraction-SF）。参数 Aux 和 Aux_0 分别代表使用太阳能系统和不使用太阳能系统时所需的辅助能源。在 Polysun 模拟中，将集热器面积设为零以获得 Aux_0 值，这样每年的辅助能源需求达到 77400 kWh，夏季（6月、7月和8月）的能源需求达到 11600 kWh。

$$SF = 1 - \frac{Aux}{Aux_0}$$

（8.7.1）

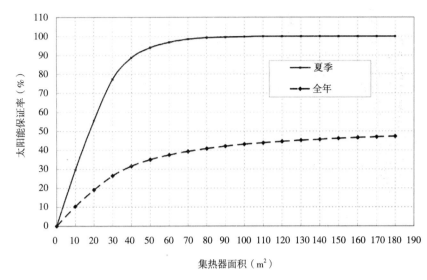

图8.7.4　全年和夏季期间系统的太阳能保证率

资料来源：Helena Gajbert and Johan Smeds

图 8.7.4 给出了全年和夏季（6 月、7 月和 8 月）的太阳能保证率如何随集热器面积增大而提高。

为降低停运和过热风险，集热器的理想规模为 50m²。尽管在较冷的日子可能需要消耗少量电能，但可在夏季停用颗粒锅炉。夏季的太阳能保证率将为 95%。如果夏季太阳能保证率达到 100%，那么过热和停运的风险将会很大。即使良好的控制策略能够缓解这些问题，最好还是能彻底避免这些问题。如果夏季时能让供热系统为游泳池加热水，则由于热负荷的增加，过热和停运问题可以得到缓解。图8.7.5 给出了不同系统规模在夏季期间的月辅助能源需求。

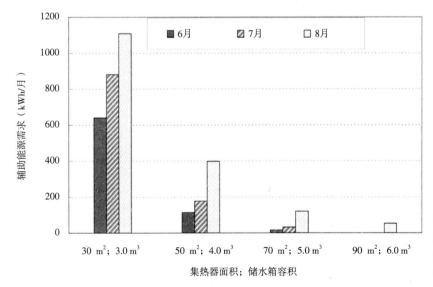

图8.7.5　不同规模太阳能系统的月辅助能源需求

资料来源：Helena Gajbert and Johan Smeds

图 8.7.6 所示说明了安装太阳能集热器可节省能源的边际面积效益（即集热器面积每增大 10m² 的节能增量）。根据粗略估算，最合适的集热器面积为 40—60m² 之间，这样才能使每边际集热器面积都能充分供给能源，继而形成与总投资成本相匹配的足量的能源输出。

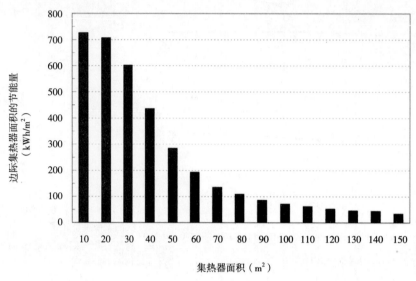

图8.7.6　每边际集热器面积的节能量（即集热器面积每增加10m²的节省增量，从左向右看图）

资料来源：Helena Gajbert and Johan Smeds

　　图 8.7.7 给出了使用不同规模太阳能联合系统产生的不可再生一次能源需求和CO_2当量排放。每个案例中的储水箱容积都进行了优化。

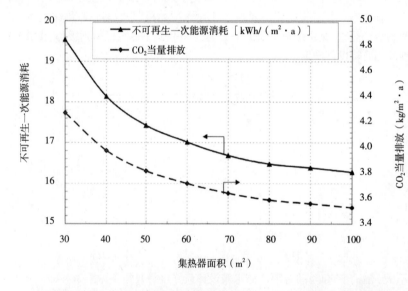

图8.7.7　不同集热器面积所对应的不可再生一次能源需求和CO_2当量排放结果

资料来源：Helena Gajbert and Johan Smeds

　　如图 8.7.8 所示，如果为参照建筑（参见 8.1 节）安装太阳能系统，那么辅助能源需求将会更大。该图给出了两个建筑使用不同规模太阳能系统时的辅助能源需求。每个案例的储水箱容积也都进行了优化。

　　图 8.7.9 给出了高性能建筑和参照建筑的能源需求概况以及集热器面积分别为 30m²、50m² 和 70m² 时的太阳能得热。注意图中生活热水、循环热损失及储水箱热损失数值线对应于 50m² 集热器的情况。对面积大于 50m² 的集热器系统，其储水箱热损失会略有提高。

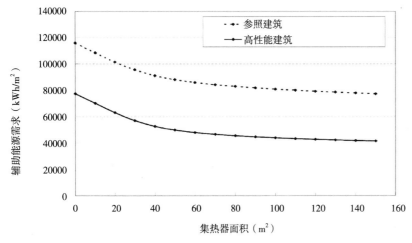

图8.7.8　应用Polysun模拟不同系统规模下每居住面积的年辅助能源需求

资料来源：Helena Gajbert and Johan Smeds

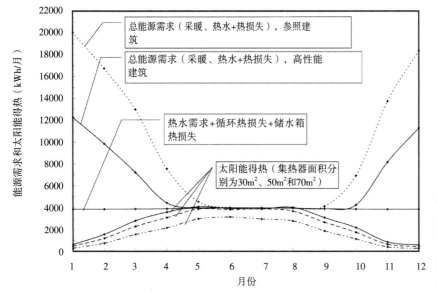

图8.7.9　高性能建筑和参照建筑的能源需求和太阳能得热；给出了集热器面积不同时的太阳能得热

资料来源：Helena Gajbert and Johan Smeds

储水箱容积

从经济性的角度而言,如何确定储水箱的容积十分重要。如图 8.7.10 所示,较大的储水箱更为昂贵,然而其对辅助能源的影响却不大。由于贮存时间有限,储水箱设计最好以每日能源需求为基础。考虑到过热风险和贮存容量会逐步减小,储水箱不宜太小。另一方面,储水箱过大时热损失也会增加,可能会需要更多辅助能源来加热储水箱。因此,如图 8.7.10 所示,高保温水平很重要,而且储水箱越大保温越重要。

图 8.7.11 给出了集热器面积在 50—100m² 之间,而储水箱容积各不相同的多方案模拟结果。最终选用的系统以圆圈标出。这些结果也表明,集热器面积对辅助能耗的影响要比储水箱容积的影响更大。尽管储水箱容积对辅助能耗的影响相对较小,但还是不能选用太小的储水箱,因为储水箱太小有过热风险,会难以提供生活热水和室内采暖所需的热量。对于较大的集热器,可以使用较大的储水箱来节约一些能源。根据模拟结果,推荐系统的集热器面积为 50m²、储水箱容积为 4m³,这种条件下既不会过热,也不会导致储水箱热损失过度。

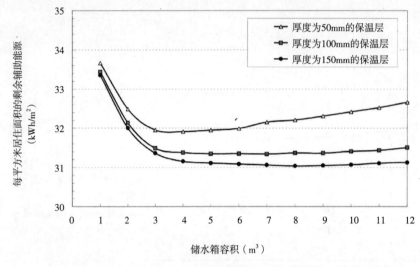

图8.7.10　储水箱容积和储水箱保温水平的影响；不同容积储水箱每平方米居住面积的辅助能源需求

资料来源：Helena Gajbert and Johan Smeds

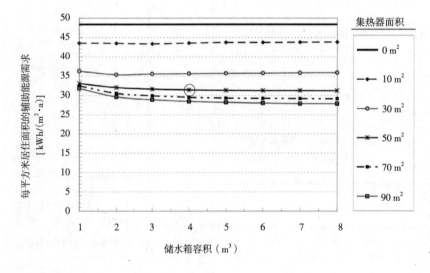

图8.7.11　应用Polysun模拟不同系统规模下每平方米居住面积的年辅助能源需求

资料来源：Helena Gajbert and Johan Smeds

集热器倾角

在满足给定夏季供热需求的情况下，集热器的倾角决定了集热器的面积需要有多大。为确保夏季持续获得 95% 的太阳能保证率，集热器倾角在介于 30° — 40° 之间时所需的面积是最小的（50m²），而倾角进一步增大或缩小时，所需的集热器尺寸也会随之增大（见图 8.7.12）。

高度倾斜或垂直的集热器更能满足冬季室内采暖需求，从而使太阳能得热与季节性采暖需求之间实现更好的平衡。而这需要更大面积的集热器才能满足夏季需求。使用高倾角的大型集热器，全年总体上可实现节能，这也意味着年太阳能保证率会较高。因而应用超大型的外墙立面垂直式集热器是一个不错的方案，不过这也会很贵。这种做法对于联合系统的好处自然要大于家用热水系统。另一方面，使用小倾角或卧式的集热器通常没有什么好处。

进一步研究与建筑设计整合优化的两种集热器安装方案，一种是安装在倾斜 40° 的屋面上，另一种是安装在外墙上（倾斜 90°）；图 8.7.13 显示了辅助能源需求是如何随系统规模的增大而降低的。相对而言，40° 倾角的年辅助能源需求要低一些，其差异在小规模系统中更明显。

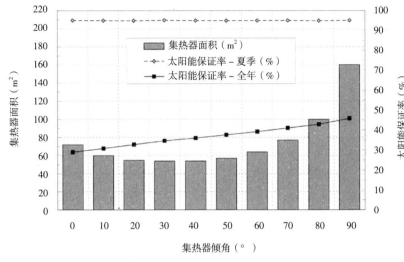

图8.7.12 确保夏季获得95%太阳能保证率时不同倾角的集热器所需的面积（这是确保不造成储水箱内热水沸腾的适当面积）；图中还显示了全年太阳能保证率和夏季太阳能保证率常量（Constant solar fraction）。

资料来源：Helena Gajbert and Johan Smeds

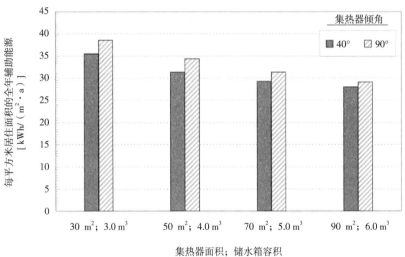

图8.7.13 针对不同集热器倾角系统的模拟结果（40°屋面式集热器，90°外墙式集热器）

资料来源：Helena Gajbert and Johan Smeds

另外，当倾角非常小时，应注意集热器有可能被雪覆盖。这种风险对真空管集热器而言会更大。

方位角

如果倾斜方向偏离正南（即存在方位角），那么辅助能源需求和太阳能保证率也会发生变化，如图8.7.14 所示。

集热器性能

集热器的选择对系统性能而言非常重要。研究中对各类集热器——包括从没有选择性吸收表面的旧式集热器到最先进的真空管集热器——进行了模拟，表 8.7.5 列出了各集热器特性及模拟结果。图8.7.15 也给出了有关判断结论。在推荐的系统方案中使用了一种先进的平板集热器，有选择性表面、抗反射玻璃和高效保温材料，即表 8.7.5 中的第 3 种。与旧式的没有选择性表面的集热器相比，所采用的平板集热器将太阳能保证率从 21% 提高到 30%。如果使用真空管集热器，太阳能保证率会提高更多。

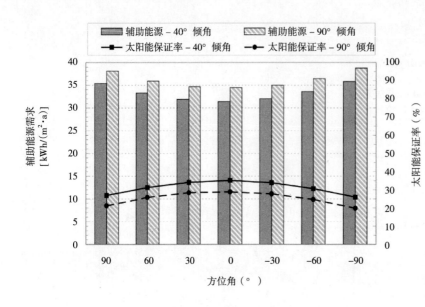

图8.7.14 不同方位角系统
的辅助能源需求和太阳能保
证率

资料来源：Helena Gajbert and
Johan Smeds

集热器参数与相应的太阳能保证率和辅助能源 表8.7.5

集热器类型	$?_0$	c_1	c_2	KCH1	KCH2	比热容	太阳能保证率	剩余辅助能源需求	辅助能源
	(−)	[W/ $(m^2 \cdot K)$]	[W/ $(m^2 \cdot K^2)$]	(−)	(−)	[kJ/ $(m^2 \cdot K)$]	(%)	(kWh/a)	[kWh/$(m^2 \cdot a)$]
1.先进真空管集热器	0.88	1.41	0.013	0.92	1.15	7.84	40.5	46053	28.8
2.真空管集热器	0.77	1.85	0.004	0.9	1.00	5.71	36.7	49004	30.6
3.先进平板集热器	0.85	3.7	0.007	0.91	0.91	6.32	35.1	50232	31.4
4. 平板集热器	0.8	3.5	0.015	0.9	0.9	6.32	33.1	51767	32.4
5.平板集热器－无选择性表面	0.75	6.00	0.03	0.9	0.9	7.00	26.4	56976	35.6

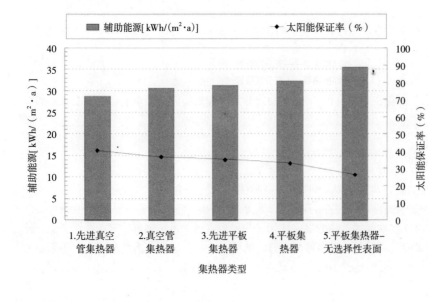

图8.7.15 不同类型集热器系
统的模拟结果

资料来源：Helena Gajbert and
Johan Smeds

有反射镜和无反射镜的真空管集热器的辅助能源需求　　　　　　表8.7.6

	70°，42m²		90°，56m²	
	无反射镜	无反射镜	有反射镜	有反射镜
全年辅助能源总量（kWh/a）	47538	42297	45643	40570
太阳能保证率（%）	38.6	45.4	41.0	47.6

对于此类太阳能采暖系统而言，35m²的真空管集热器就足够了。真空管集热器效率很高而价格也很昂贵。

聚光型集热器

通过聚光型反射器加强吸热体上的辐照度，可增加集热器输出。若集热器的布置可减少接收高角度日光辐照，则集热器是有利于改善季节平衡的，即可提高冬季性能而同时抑制夏季性能。该策略用于真空管集热器是个有吸引力的做法，因为真空管集热器能在较低辐照水平下工作，虽然目前还比较昂贵。研究针对真空管集热器（特征见表8.7.5中的第一种类型）在应用上述做法时会产生哪些影响进行了评估。在此进行了 Polysun 模拟，假设从 10 月到次年 3 月的两种不同面积的集热器，倾角分别为70°和90°。面积的选择是为了使夏季太阳能保证率达到95%。表 8.7.6 所示结果表明，安装反射镜，不论倾角 70°或 90°时，节能效果均被强化11%。

集热器回路换热器和流量的设计

储水箱及其相连构件的设计，对提高系统效率也很重要，这是因为不同类型的换热器的理想流量也各不相同。集热器回路中的流量不宜太小，以防止出现层流（laminar flow）、气阻和热损失增加。因此，如果热量通过内部换热器从集热器传递至储水箱，高流量意味着辅助能源需求较低，如图 8.7.16 所示。

使用外部换热器可以提高太阳能供热系统效率，如果再增设分层装置，系统效率会更高。对于规模较小的储水箱，分层装置的重要性更为突出。在这些案例中低流量更合适，以免注入储水箱的液体

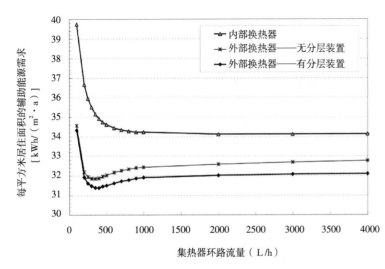

图8.7.16　太阳能回路采用不同流量和换热器类型时的辅助能源需求

资料来源：Helena Gajbert and Johan Smeds

流量过高导致其将分层水混合起来。但是流量也不宜过小。图 8.7.16 给出了最佳流量。较小流量有助于降低泵用电量，而管道尺寸缩小也能够降低成本。

太阳能家用热水系统和联合系统的不可再生能源消耗

如果用太阳能家用热水系统代替联合系统，并采用电采暖，就无法实现不可再生一次能源目标。如图 8.7.17 所示，若以区域供热采暖，那么太阳能集热器面积至少要达到 $40m^2$，才能实现 $60\,kWh/(m^2 \cdot a)$（居住面积）的目标。图 8.7.18 给出了 CO_2 当量排放数据，从中可以看出，最环保的设计是采用有生物质颗粒锅炉和电加热器的太阳能联合系统。

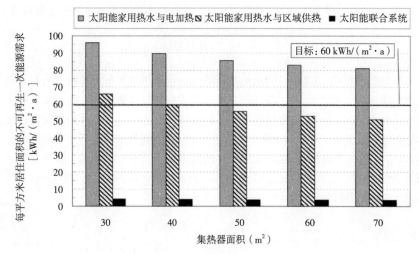

图8.7.17 三种不同能源系统设计方案需消耗的不可再生一次能源：上述讨论中的太阳能联合系统结合应用颗粒锅炉和电加热器；结合区域供热的太阳能热水系统；结合电热采暖的太阳能热水系统

资料来源：Helena Gajbert and Johan Smeds

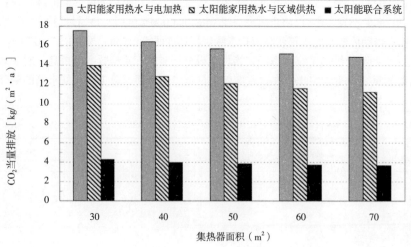

图8.7.18 三种不同能源系统设计方案的 CO_2 当量排放：讨论中的太阳能联合系统结合生物质颗粒燃料锅炉和电加热器；结合区域供热的太阳能热水系统；结合电热采暖的太阳能热水系统

资料来源：Helena Gajbert and Johan Smeds

8.7.3 设计建议

本节介绍的示范方案能够满足一次能源目标。比较建筑围护结构和现行建筑标准，显而易见的是如果提高当前公寓的气密性，并使用高效通风换热器，那么这些公寓就可以实现能源目标。

在寒冷气候中，供热需求较高，太阳能联合系统可以满足高性能住宅的大部分能源需求。采暖需求方面，对于保温良好的建筑，太阳能可在一定程度上满足室内采暖。不过，如果能源需求很低，仅通过热回收和新风电热采暖就已经能满足室内采暖的话，则从经济性角度考虑，应用太阳能家用热水系统更合适。

在采暖季使用太阳能联合系统的一个好处是，因联合系统储水箱可回收较多能源，可降低集热器回路温度，于是能在一定程度上提高集热器效率。和使用两个独立的储水箱相比，将热水和室内采暖的储水箱相结合，能够提高系统灵活性，进而也可减少热损失。

集热器太阳能系统尺寸的设计最好能满足夏季大部分能源需求（太阳能联合系统和太阳能热水系统）。当集热器倾角为30°—50°时，年太阳能保证率可达到最高水平。如果可以负担更大规模集热器，那么设计一个联合系统、超大规模集热器面积以及将集热器垂直安装在墙壁上的做法都是不错的，这样做可以提高采暖季期间的太阳能得热并降低夏季停运的风险。

在建筑技术设施管理方面，太阳能联合系统必然比区域供热系统多一部分增量成本；但由于生物质燃料锅炉可以在夏季停用，其运营成本可在合理水平。

本节介绍的示范方案包含极低的化石燃料消耗量和较低的CO_2当量排放。因此，对于不能实施区域供热的农村地区建筑而言，该示范方案是很适用的，特别是太阳能系统能够满足夏季能源需求，届时可停用锅炉。

北欧地区的区域供热系统使用大量可再生能源，其比例约占80%。此时如果建筑位于在有区域供热系统的城区，与生物质燃料锅炉相比，应优先采用区域供热。这是因为生物质燃料锅炉会产生一些在城区禁止排放的物质。不过现在的废气净化处理技术已经很成熟，通常新式锅炉的燃烧过程可以实现耗氧量的优化。如果使用生物质燃料锅炉，锅炉应符合"环境审批"要求，并连接储热罐以使燃烧过程高效并且可控，将挥发性有机物（VOCs）和颗粒的排放降至最低（Johansson et al，2003）。

该建筑在DEROB-LTH模拟中的一般设定条件-解决方案2的构造，采暖目标20kWh/（m²·a）　表8.7.7

	材料	厚度	导热率	百分比	支架	支架	总热阻，不含内部热阻及外部热阻	总热阻，含内部热阻及外部热阻	U值
		（m）	λ［W/（m·K）］	（%）	λ［W/（m·K）］	（%）	［（m²·K）/W］	［（m²·K）/W］	［W/（m²·K）］
墙体	外表面							0.04	
	木板	0.045		100%					
	空气间层	0.025		100%					
	矿棉板	0.030	0.030	100%			1.00		
	矿棉	0.100	0.036	85%	0.14	15%	1.94		
	塑料薄膜			100%					
	矿棉	0.030	0.036	85%	0.14	15%	0.58		
	石膏板	0.013	0.220	100%			0.06		
	内表面							0.13	
		0.243					3.58	3.75	0.267
屋面	外表面							0.04	
	屋面油毡	0.003		100%					
	矿棉板	0.015	0.030	100%			0.50		
	矿棉	0.100	0.036	100%			2.78		
	塑料薄膜			100%					
	混凝土	0.15	1.700	100%			0.09		
	内表面							0.10	
		0.268					3.37	3.51	0.285
楼板	外表面								
	矿棉	0.110	0.036	100%			3.06		
	混凝土	0.150	1.700	100%			0.09		
	内表面							0.17	
		0.260					3.14	3.31	0.302
窗户				辐射率					
	玻璃板	0.004	无膜	83.70%					
	填充气体	0.015	空气						
	玻璃板	0.004	低辐射	4%					
		0.023							1.400
	窗框	0.093	木制		0.14		0.66	0.83	1.20

Polysun模拟太阳能联合系统的设计参数	表8.7.8
参数	**值**
颗粒燃料锅炉	
颗粒燃料锅炉峰值功率	35 kW
电加热器峰值功率	5 kW
太阳能回路管	
管材	铜
内径	16 mm
外径	18 mm
室内管道长度	24 m
室外管道长度	6 m
管道的导热性 λ	0.040 W/（m·K）
保温材料厚度	25 mm
集热器回路	
泵功率	210 W
集热器回路流量	525L/h
单位通过量	7L/（m^2·h）
传热介质	水（50%），乙二醇（50%）
向传热介质输出的能量	60%
太阳能回路中的换热器	
换热器的传热率k*A	5000W/K
储水箱	
容积	4 m^3
高度	4 m
储水箱内温度	15 ℃
储水箱的保温材料	150 mm

参考文献

Johansson, L., Gustafsson, L., Thulin, C. and Cooper, D. (2003) *Emissions from Domestic Bio-fuel Combustion – Calculations of Quantities Emitted*, SP Report 2003:08, SP Swedish National Testing and Research Institute, Borås, Sweden

Kvist, H. (2005) *DEROB-LTH for MS Windows, User Manual Version 1.0–20050813*, Energy and Building Design, Lund University, Lund, Sweden, www.derob.se

Meteotest (2004) *Meteonorm 5.0 – Global Meteorological Database for Solar Energy and Applied Meteorology*, Bern, Switzerland, www.meteotest.ch

Polysun (2002) *Polysun 3.3: Thermal Solar System Design, User's Manual*, SPF, Institut für Solartechnik, Rapperswil, Switzerland, www.solarenergy.ch

Swedish Environmental Protection Agency (2005) www.naturvardsverket.se

Swedish National Testing and Research Institute (2005) www.sp.se

Weiss, W. (ed) (2003) *Solar Heating Systems for Houses: A Design Handbook for Solar Combisystems*, James and James Ltd, London

8.8　寒冷气候中的公寓楼：阳光房

Martin Reichenbach

8.8.1　引言

本节将分析北方气候中低能耗公寓楼应用玻璃阳台的效果。阳台安装玻璃窗，除了能获得额外的起居空间，还可以在不增加供热成本的条件下，通过利用太阳能得热和建筑热损失，形成与室外环境之间的缓冲，这是完全被动式设计的概念。

另一概念是主动从阳光房中抽取已被阳光加热的空气，作为公寓的预热新风。不过这样做会使阳光房温度低于单纯的缓冲空间，从而会不利于将其用于起居。

与联排住宅或独栋住宅相比，为公寓增加阳光房会更困难。由于直接对户外（而非对着阳光房）的窗户面积将缩小，导致直接进入户内的阳光有所减少，也限制了开窗通风的作用。因而阳光房的框架应尽量薄，将遮光损失降至最低。考虑到公寓的高保温标准，在此设定使用高标准的玻璃和气密性结构。

此项研究的第一步将分析不同的阳光房形式和材料参数对公寓采暖需求产生的影响。对形式的研究基于设计早期阶段常用的简化计算方法。研究第二步，通过精确的模型评估不同通风和遮阳策略的影响，以详细研究阳光房的舒适性。

8.8.2　各类阳光房的性能

每个公寓和每间阳光房被当作相互独立的热工区，在动态模拟模型中进行了分析。8.8.5 小节给出了具体的设定条件。所分析公寓的位置全面覆盖各种不同室外暴露程度的单元，以反映不同的采暖需求（见图 8.8.1）。特别值得注意的是 A 单元，位于公寓的顶层角端，是一种极端情况。

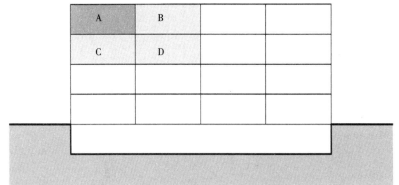

图8.8.1　为研究模拟所选的公寓单元

资料来源：Martin Reichenbach，Reinertsen Engineering AS，N 0216 Oslo，Norway

图 8.8.2 给出了所研究的阳光房形式。第 1 种和第 2 种类型位于平整立面上；第 3 种，3A 和第 4 种类型部分或全部嵌入建筑内。

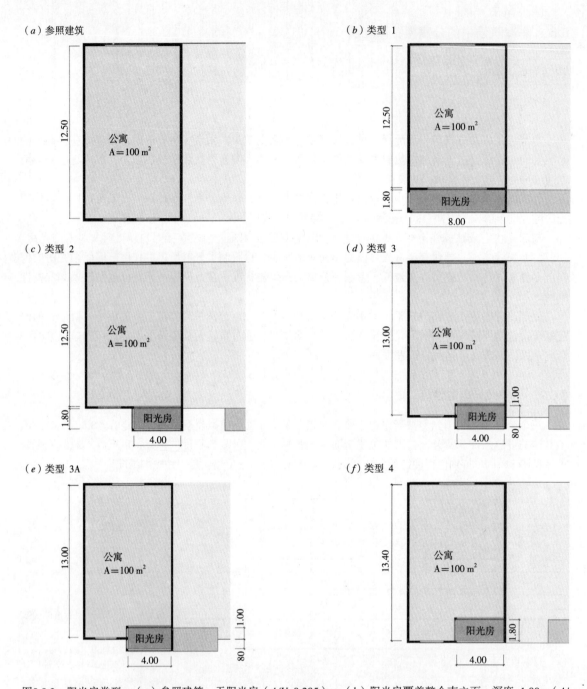

图8.8.2 阳光房类型：（a）参照建筑：无阳光房（A/V=0.285）；（b）阳光房覆盖整个南立面：深度=1.80m（A/V=0.265）；（c）阳光房占南立面50%：深度=1.80m（A/V=0.282）；（d）阳光房占50%南立面并部分缩回到公寓内：深度=外部0.80m/内部1.00m（A/V = 0.285）；（e）与第3种阳光房形式和朝向相同，但和相邻单元阳光房"背靠背"（A/V = 0.278）；（f）阳光房占50%南立面并全部缩进到房间内：深度=1.80 m（A/V=0.274）

资料来源：Martin Reichenbach，Reinertsen Engineering AS，N 0216 Oslo，Norway

交叉对比模拟结果

在设定平均需求为 15kWh/（m²·a）的条件下，模拟不同位置公寓的采暖需求范围。顶层角端户的室内采暖需求是中间户需求的将近三倍。所有阳光房规律相同。交叉对比的重点是 A 单元，即负荷最大的情况。

无阳光房参照案例的室内采暖需求 表8.8.1

玻璃面积，南立面［%］	玻璃U值，南面［W/（m²·K）］	玻璃g值，南面	总玻璃面积（南+北）与建筑面积之比［%］	Q_h［kWh/（m²·a）］			
				A	B	C	D
				顶楼角端户	顶楼中间户	三楼尽端户	三楼中间户
29.2	0.84	0.52	10.0	22.4	16.9	13.7	9.0

注：＊玻璃面积（不含窗框）与立面面积之比

表 8.8.2 和图 8.8.3 给出了上述所有类型阳光房在室内隔墙玻璃 U 值 =1.2W/（m²·K）时的模拟结果。各阳光房对公寓室内采暖需求都没有造成太大影响。只有案例 1（完整的"双层皮"立面方案）可视为有一定节能效益。它是研究对象中形式最紧凑的一个。尽管如此，其他案例也是不错的，因为它们可在不提高供热成本的条件下增加半采暖的起居空间（假设居住者不通过打开房门来为阳光房升温）。虽然窗户的面积比参照案例有所扩大，但其增加的热损失会被其气候缓冲作用抵消。很明显的一点结论是，阳光房向建筑内部嵌入得越深，其最低室内温度就越高。

各阳光房类型（A单元）模拟结果 表8.8.2

案例	室内采暖需求	阳光房最低温度
	［kWh/（m²·a）］	［℃］
参照案例	22.4	
1	21.2	0.4
2	22.9	−1.3
3	22.8	1.5
3A	22.7	1.7
4	22.6	3.7

"背靠背"并排的阳光房最低温度也较高，它们还会使公寓的室内采暖需求有所下降（比较类型 3 和类型 3A）。在所有室内分隔墙形式中，通高玻璃幕要优于在窗台上方使用玻璃的形式。

当阳光房外侧玻璃幕和分隔墙玻璃幕的 U 值都很好［0.84 W/（m²·K）］时，其室内采暖需求最小。尽管如此，减小分隔墙 U 值而使其间接收公寓热量而升温，会使阳光房最低温度高于0℃。这样做仅

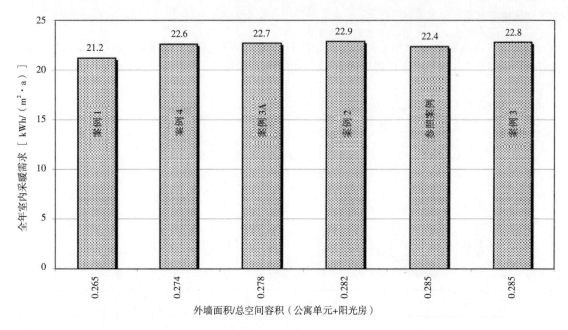

图8.8.3　室内采暖需求与面积体积比（*A/V*）的关系

资料来源：Martin Reichenbach，Reinertsen Engineering AS，N 0216 Oslo，Norway

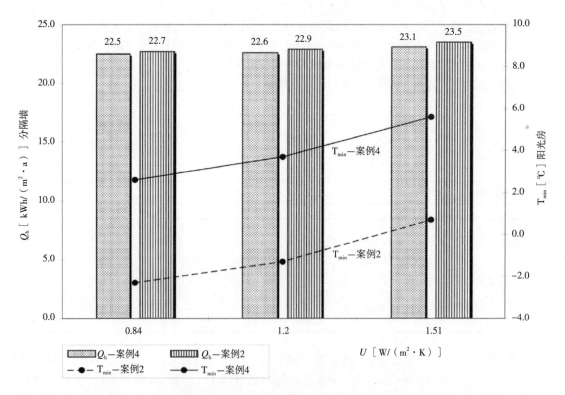

图8.8.4　室内采暖需求、阳光房最低温度与分隔墙玻璃*U*值之间的关系

资料来源：Martin Reichenbach，Reinertsen Engineering AS，N 0216 Oslo，Norway

会少量增加室内采暖需求,但也显著增强了对植物防霜冻作用。图8.8.4给出了分隔墙与阳光房玻璃质量,以及阳光房最低温度与室内采暖需求之间的关系。

若按照现行标准在阳光房外侧使用性能较差的玻璃 [$U = 1.51$ W/（$m^2 \cdot K$）],则高水平保温的分隔墙仍然能够保证合理的室内采暖需求,但阳光房的最低温度会降至 0℃以下。这种方案的优点是成本较低并且结构灵活,例如可安装折叠式玻璃板。而该方案的目的是延长秋天并提早感受春天。

8.8.3 详细研究:阳光房全年的舒适性

遮阳和通风策略

研究第二步的关键在防止阳光房出现冬季霜冻和夏季过热的问题上。研究对象是类型3,即阳光房覆盖 50% 南立面,部分缩进房间,部分突出立面。公寓南立面剩余部分的玻璃面积从 29% 增加到了 44%,而模拟显示这样并不会增加采暖需求。在阳光房和外露立面的所有窗户上方都设置了水平遮阳板,甚至冬季亦如此,这样就可以模拟窗户略微嵌入立面是类似的遮阳效果。

类型3阳光房在西侧使用和不使用玻璃窗,模拟结果显示两者差别不大。因而结论是在本次研究的具体案例中,没有理由需要防止在西侧安装玻璃窗。

模拟模型中的主要参数一般不变化（见 8.8.5 小节）,除非阳光房在通风和遮阳策略中有明显差异。

为合理模拟阳光房的温度条件,阳光房遮阳和通风策略的时间同时考虑按日和按年的变化情况。通过一系列试错过程,最终确定了能全年保证阳光房温度条件可接受的参数。

在此对阳光房的三种通风策略进行了研究:

1. 11 月到次年 2 月,阳光房的通风越少越好（例如只有空气渗透）。这段期间应将阳光房当做缓冲空间以减少热损失。只偶尔使用阳光房。由于不怎么使用,多数情况下,阳光房都无需通风或遮阳。
2. 3 月到 5 月以及从 9 月中旬到 10 月,阳光房需要通风以防止过热。增加午间通风和适当的遮阳措施,能达到可接受的条件。夜间通风应尽量最少以维持其在夜间的温度。在这段时间,阳光房可作为公寓起居空间的延伸利用起来。
3. 6 月到 9 月中旬的目标是避免阳光房和公寓过热。增加夜间通风和遮阳是有效的方法。设定的换气次数可以通过自然通风实现。白天时应减少通风,以避免外立面表面的热空气进入室内。

预计室内采暖需求和阳光房温度

这些不同形式的阳光房会将公寓的采暖负荷提高,最多时可比参照案例高出 10%。这表明先前的设计软件所估算的热工性能可能过于乐观。不过,舒适性的提高却令人印象深刻。在整个冬季,阳光房的平均温度约比环境温度高 10—15K（见图 8.8.5）。在夏季,在有效通风和遮阳条件下,阳光房的温度可以相当接近环境温度。实际上,在一年 62% 的时间里,阳光房温度可保持在 15—28℃之间。

是否为阳光房供热?

这里为两种形式建立了模型:一种让阳光房内温度自由浮动,另一种是确保其温度不低于 +5℃。模拟结果表明,即使是在没有采暖的情况下,阳光房的温度也不会低于 0℃（1 月的最低温度为 1.3℃）。而冬季使其最低温保持在 +5℃以上的采暖负荷非常小,事实上可低至 0.1kWh/（$m^2 \cdot a$）（每平方米公寓面积）。这证明了为阳光房采暖几乎是可有可无的。

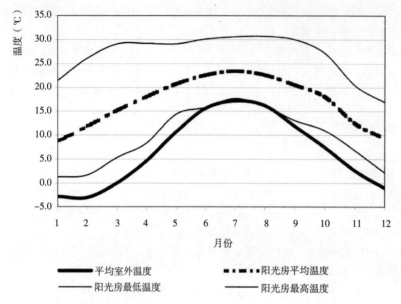

图8.8.5　阳光房与平均环境温度
的关系（阳光房不采暖）
资料来源：Martin Reichenbach,
Reinertsen Engineering AS, N 0216
Oslo, Norway

增加热质量的影响

砖砌 80cm 高窗台的做法对室内采暖需求的影响，与阳光房和公寓之间为全玻璃分隔的情况相比相差无几。

结果显示，由于热储存性能的增加，阳光房最低温度略有升高且峰值负荷略微降低。图 8.8.6 比较了全玻璃分隔墙（第 1 种类型）和有砖砌窗台的分隔墙（第 2 种类型）的温度分布。热储存效应可将阳光房在 15—28℃的时间延长约 120h。由于所有模拟中阳光房的楼板都设置为表面外露的混凝土楼板，因而增加一点蓄热能力的作用明显较小。

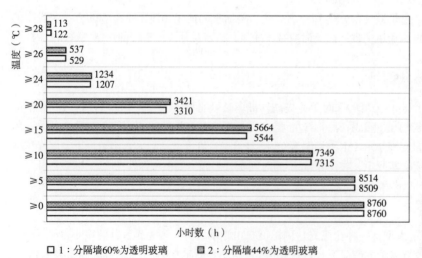

图8.8.6　阳光房的温度分布
资料来源: Martin Reichenbach,
Reinertsen Engineering AS, N
0216 Oslo, Norway

阳光房预热新风

在最后的对比方案中，阳光房用来预热公寓机械通风系统所吸入的空气。假设11月到次年4月从阳光房进入公寓的新风常量为11m³/h。而10月为22m³/h。阳光房冬季通风量约为0.5ach，为公寓约提供了10%的新风，以满足卫生要求。其余新风从外界环境直接通过效率为80%的换热器获得。在3月和4月，需增加阳光房通风以避免温度峰值过高，而在冬季通过阳光房进入公寓的空气量已足以满足阳光房的通风要求。为了检验通风的舒适温度，允许阳光房的新风温度在采暖季超过20℃。4月和10月的温度偶尔会超过最高室内温度（23℃），但舒适度不受影响。

阳光房预热新风确实能实现节能，且不会造成公寓过热或阳光房过冷。该策略降低了总室内采暖需求和峰值需求。建议将阳光房的进风口设在外墙上较低处，而往公寓的出风口应设在分隔墙的较高处。于是新风以对角线穿过阳光房，以使温度最大幅度的提升。在冬季，若为了控制阳光房与公寓间的换气而打开分隔墙上的门或窗，必然会增加热损失并导致阳光房出现冷凝现象。

8.8.4 经验

通过模拟可得到以下经验：

- 阳光房的做法应反映它的用途：外部采用性能较差的玻璃，也可能成功实现舒适性。而在阳光房应用高性能玻璃，即便在北方气候中也能将其冬季利用价值最大化，并可防止植物霜冻。
- 采用高保温的玻璃时，阳光房与公寓之间窗户面积可以较大，更有利于采光。
- 如果希望阳光房无霜冻现象，阳光房外墙的保温性能应比分隔墙好。
- 阳光房的位置不应太深：与较短较深的阳光房相比，沿南立面设置较长较浅的阳光房能够为公寓提供更好的采光。
- 全部或部分嵌入建筑的阳光房，要优于完全凸出立面的阳光房。
- 寒冷气候中，阳光房并不是热源，而应视为没有或仅有少量增量成本就能提高生活质量的一种措施。阳光房能在不显著增加供热需求或峰值容量的情况下，使公寓的南向墙可以被打开，这本身就是一项重要贡献。

8.8.5 动态模拟的假设

在应用DEROB-LTH进行模拟时，以下参数保持不变。

- 参照案例：公寓、TSS1、寒冷气候；
- 公寓朝正南方向，不被其他建筑或植物遮挡；
- 符合TSS 1的内部负荷目标，高性能案例；
- 所有不透明外墙的U值为0.21 W/（m²·K）；
- 屋面的U值为0.24 W/（m²·K）；
- 公寓玻璃U值为0.84 W/（m²·K）（三层玻璃、一层低辐射镀膜，充有氪气）；
- 公寓玻璃的g值为0.52；
- 窗框面积比30%；
- 窗框U值为1.2 W/（m²·K）；

- 玻璃面积占北立面的 16%；
- 玻璃面积占南立面的 29%；
- 玻璃面积占阳光房外墙（南墙和西墙）60%；
- 公寓通风量：0.45ach；
- 公寓空气渗透率：0.05ach；
- 效率为 80% 的换热器；
- 阳光房空气渗透率：0.5ach（恒量），无机械通风；
- 模拟中无遮阳措施；
- 公寓采暖设定温度：20℃；
- 阳光房无采暖；
- 公寓夏季的制冷设定温度为 23℃/26℃（以模拟必要的额外通风或遮阳）；
- 将阳光房的制冷设定温度设为 28℃（避免在模拟中高估阳光房的缓冲作用）。

各类阳光房的研究中，其余相关参数（如玻璃质量和玻璃面积比）是变化的。有三种不同质量的玻璃用于阳光房与公寓之间的分隔墙上（U = 0.84/1.2/1.51）。所有这三种玻璃都针对阳光房与公寓之间为全玻璃，以及 80 厘米窗台以上为玻璃的情况进行了研究分析。阳光房外部玻璃要比阳光房与公寓间分隔玻璃的保温性能（U = 0.84）更好或至少一样好。只在最后研究了一种相反的情况：阳光房外部采用保温性能相对较低的玻璃（双层玻璃、一层低辐射镀膜并充有空气，U = 1.51），而内部采用保温性能高的玻璃（U = 0.84）。

研究了室内采暖需求之后，一系列模拟结果中还包含了全年的阳光房最低温度，使人们大致了解不同的做法的冬季热舒适性如何。不过，这个分析所得到的数值并不十分准确，因为第一阶段模拟仅仅基于十分简单的通风和遮阳假设。

参考文献

Kvist, H. (2005) *DEROB-LTH for MS Windows, User Manual Version 1.0–20050813*, Energy and Building Design, Lund University, Lund, Sweden, www.derob.se

第9章 温和气候

9.1 温和气候中的设计

Maria Wall and Johan Smeds

　　本章介绍节能和可再生能源示范方案，将与其进行比较的参照建筑符合 2001 年奥地利、比利时、德国、荷兰、瑞士、英格兰和苏格兰的普通建筑规范。本章方案的设计在满足本项目设定的能源目标的同时，还能实现较高舒适性。

9.1.1 温和气候特征

　　在此将苏黎世的气候作为温和气候区的代表。苏黎世位于北纬 47.3°，年平均气温为 9.1℃（Meteotest，2004）。图 9.1.1 对苏黎世和其他两个气候区进行了对比。这些国家作为温带区的代表，采暖度日数达到 3086K·d（英格兰 / 诺丁汉）到 3639K·d（格拉斯哥 / 苏格兰）。

　　温和气候的特征是采暖度日数适中，冬季的直接太阳能得热较少并且夏季无极端温度。图 9.1.2 给出苏黎世的月平均室外温度及总体太阳辐射。各月份总水平辐射在 22kWh/m²（12 月）到 173kWh/m²（6月）之间。

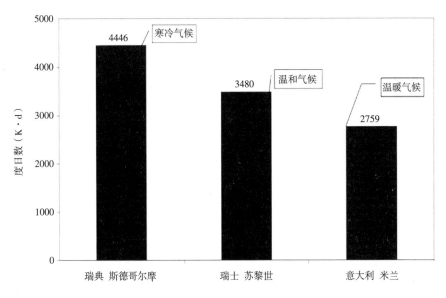

图9.1.1 寒冷气候、温和气候和温暖气候城市的度日数（20/12）

资料来源：Maria Wall and Johan Smeds

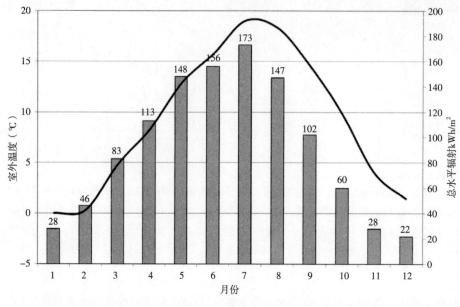

图9.1.2 苏黎世的月平均室外温度与太阳辐射（总水平辐射）

资料来源: Maria Wall and Johan Smeds

苏黎世的度日数在温和气候区十分典型，但其太阳能得热水平低于温和气候区平均水平。因此，这里给出的策略和示范方案在阳光较充足的地方能够发挥更大作用。

高性能住宅最初就是在温和气候区建造的。原因是在温和气候下，通过增加保温层厚度并使用热回收机械通风装置，即可大幅降低热损失。在能源供应方面，有效利用太阳能得热能够满足大部分全年生活热水需热量。在采暖季，被动式太阳能得热即能满足短期采暖需求。温和气候中无需采取非常措施。达到高性能的方法有很多，可以通过不同途径来抵消其不利因素。这样就能使示范方案的成本效益合理，且可以使建筑设计有更大自由空间。

对于体形系数较小的建筑（如联排住宅和公寓），能够轻松实现设计目标，即室内采暖需求和一次能源需求均比较低。对于独栋住宅来说，虽然达到这样的性能需要付出更多努力，但还是有可能实现的。然而关键是要实现较高的供热能力。然而使用与废气相连的小型热泵供热并通过送风配热时，提高供热能力是个问题。

因此，我们所面临的挑战并不是达到能源目标，而是保持较低的供热能力，同时不失经济性。选择构件时应考虑其使用寿命和操作方便性，还应考虑材料和生产活动的环境影响。

9.1.2 独栋住宅

独栋住宅参照建筑

对于建筑面积为 150m² 的参照独栋住宅，其围护结构平均 U 值为 0.47 W/（m²·K）。这遵循了前文提及各国 2001 年建筑规范的平均保温标准。冷凝燃气锅炉用于生活热水供应和室内采暖，总体通风渗透率为 0.6ach 并且没有热回收。通过 SCIAQ Pro（ProgramByggerne，2004）模拟得知，室内采暖需求为 70.4kWh/（m²·a），生活热水需求为 21kWh/（m²·a）。最后，假设家庭用电量为 29kWh/（m²·a）。

生活热水、室内采暖、机械系统和系统热损失的总能耗约为 104kWh/（m²·a）。将电和燃气作为能源，将产生不可再生一次能源需求 124 kWh/（m²·a）和二氧化碳当量排放 26.5kg/（m²·a）。

独栋住宅示范方案

策略 1(节能策略)的室内采暖目标为 20kWh/(m²·a),策略 2(可再生能源策略)为 25kWh/(m²·a),这表明独栋住宅的能耗必须非常低。当然,示范方案的选用取决于可用能源供应系统和地方能源成本。所有示范方案均采用热回收率为 80% 的机械通风系统。

具体方案如下:

节能:示范方案1A与1B	
建筑整体U值	0.21 W/(m²·K)
室内采暖需求	19.8 kWh/(m²·a)
采暖分配	热水辐射采暖
采暖系统	冷凝燃气锅炉(示范方案1a)或木质颗粒炉(示范方案1b)
生活热水供应系统	太阳能集热器和冷凝燃气锅炉(示范方案1a)或太阳能集热器、木质颗粒燃料锅炉(80%)和电(20%)(示范方案1b)
可再生能源:示范方案2	
建筑整体U值	0.25 W/(m²·K)
室内采暖需求	25.0 kWh/(m²·a)
采暖分配	热水辐射采暖
生活热水和室内采暖系统	太阳能联合系统和生物燃料锅炉

图 9.1.3 给出参照独栋住宅与不同示范方案的总能耗、传输能源和不可再生一次能源需求。与参照住宅相比,不同示范方案的总能源需求减少了 50% 左右。示范方案的不可再生一次能源需求仅为参照住宅的 15%—24%。由于太阳能和生物燃料提供了大量可再生能源,示范方案 2 的一次能源需求极低。图 9.1.4 给出了 CO_2 当量排放。

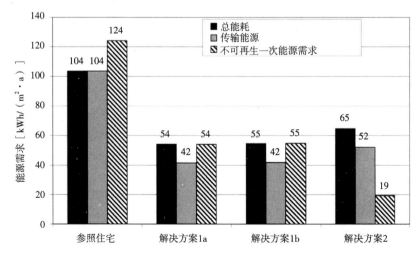

图9.1.3 独栋住宅的总能耗、传输能源以及不可再生一次能源需求概况;参照住宅采用冷凝燃气锅炉进行供热

资料来源:Maria Wall and Johan Smeds

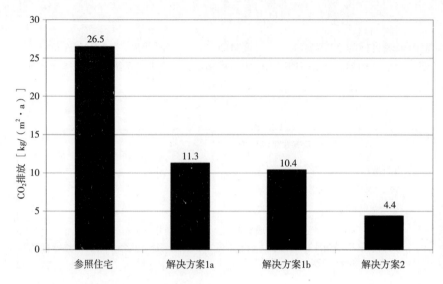

图9.1.4 独栋住宅的CO_2当量排放概况；参照住宅采用冷凝燃气锅炉进行供热

资料来源：Maria Wall and Johan Smeds

解决方案 2 中，CO_2 排放为 4.4 kg/（$m^2 \cdot a$），仅占参照住宅 CO_2 排放量 [26.5 kg/（$m^2 \cdot a$）] 的 17%。

结果表明采暖系统的选择对一次能源需求和 CO_2 当量排放影响重大。采取节能措施可大幅降低能耗并减少 CO_2 排放。

9.1.3 联排住宅

联排住宅参照建筑

联排住宅包括六户，各户建筑面积均为 120m^2。参照联排住宅的建筑围护结构平均 U 值为 0.55 W/（$m^2 \cdot K$）。冷凝燃气锅炉用于生活热水供应和室内采暖，综合通风渗透率为 0.6ach 并且没有热回收。应用 TRNSYS 模拟参照住宅的室内采暖需求为 60.8 kWh/m^2，热水需求为 25.6 kWh/（$m^2 \cdot a$）。家庭用电量设为 36 kWh/（$m^2 \cdot a$）。

生活热水、室内采暖、机械系统和系统热损失的总能耗约为 100kWh/（$m^2 \cdot a$）。利用电和燃气进行能源供应将产生不可再生一次能源需求 120 kWh/（$m^2 \cdot a$）和 CO_2 当量排放 26 kg/（$m^2 \cdot a$）。

联排住宅示范方案

策略 1（节能策略）的室内采暖目标为 15 kWh/（$m^2 \cdot a$）；策略 2（可再生能源策略）的室内采暖目标为 20 kWh/（$m^2 \cdot a$），其能源需求必须非常低。因此，联排住宅一个经济有效的节能策略是共用的采暖系统。这在某些地区是可以实现的。所有的解决方案都采用热回收率为 80% 的机械通风系统。方案主要情况：

图 9.1.5 给出了联排住宅参照方案和解决方案的总能耗、传输能源和不可再生一次能源需求。解决方案 1b 采用室外空气源热泵，其传输能源需求最低。尽管如此，与受益于太阳能的解决方案 1a 和解决方案 2 相比，解决方案 1b 的一次能源需求略高一些。总的来讲，解决方案的能源需求是参照建筑的一半。解决方案的 CO_2 当量排放大约仅占参照建筑的 40%（见图 9.1.6）。

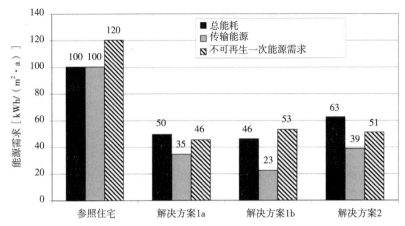

图9.1.5 联排住宅总能耗、传输能源和不可再生一次能源需求概况；参照住宅采用冷凝燃气锅炉进行供热

资料来源：Maria Wall and Johan Smeds

节能: 解决方案1A

建筑整体U值	0.32 W/（m$^2 \cdot$ K）
室内采暖需求	15 kWh/（m$^2 \cdot$ a）
采暖分配	热水辐射采暖
采暖系统	燃油或燃气锅炉
生活热水供应系统	太阳能集热器和燃油或燃气锅炉

节能: 解决方案1B

建筑整体U值	0.34 W/（m$^2 \cdot$ K）
室内采暖需求	15 kWh/（m$^2 \cdot$ a）
采暖分配	热水辐射采暖
生活热水和室内采暖系统:	环境空气源热泵

可再生能源: 示范方案2

建筑整体U值	0.38 W/（m$^2 \cdot$ K）
室内采暖需求	19.8 kWh/（m$^2 \cdot$ a）
采暖分配	热水辐射采暖、送风采暖
生活热水供应和室内采暖系统:	太阳能联合系统和燃气锅炉

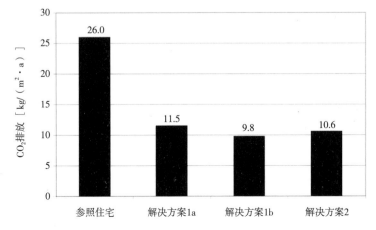

图9.1.6 联排住宅的CO_2当量排放概况；参照住宅使用冷凝燃气锅炉

资料来源：Maria Wall and Johan Smeds

9.1.4　公寓

公寓参照建筑

公寓的建筑面积为 $1600m^2$ 公寓参照方案的建筑围护结构平均 U 值为 $0.60\ W/(m^2 \cdot K)$。冷凝燃气锅炉用于生活热水供应和室内采暖，综合通风渗透率为 0.6ach 并且没有热回收。应用 EN832（Heidt，1999）计算得知参照住宅的室内采暖需求为 $56\ kWh/(m^2 \cdot a)$，热水需求为 $23.1\ kWh/(m^2 \cdot a)$。对于有两个成人和一个孩子的公寓参照方案，用电量设为 $38\ kWh/(m^2 \cdot a)$。

参照公寓的生活热水、室内采暖、机械系统和系统热损失的总能耗约为 $98\ kWh/(m^2 \cdot a)$。由于没有使用可再生能源，所以传输能源相同。用电和燃气作为能源将产生不可再生一次能源需求 $118\ kWh/(m^2 \cdot a)$ 和 CO_2 当量排放 $25\ kg/(m^2 \cdot a)$。

公寓示范方案

由于公寓体形系数小，实现策略 1（节能策略）室内采暖目标 $15\ kWh/(m^2 \cdot a)$ 以及策略 2（可再生能源策略）室内采暖目标 $20\ kWh/(m^2 \cdot a)$ 并不困难。示范方案采用热回收率为 80% 的机械通风系统。具体方案如下：

节能：示范方案1	
建筑整体 U 值	$0.40\ W/(m^2 \cdot K)$
室内采暖需求	$10\ kWh/(m^2 \cdot a)$
采暖分配	热水辐射采暖
采暖系统	冷凝燃气锅炉
生活热水供应系统	太阳能集热器和冷凝燃气锅炉
可再生能源：示范方案2	
建筑整体 U 值	$0.40\ W/(m^2 \cdot K)$
室内采暖需求	$10\ kWh/(m^2 \cdot a)$
采暖分配	热水辐射采暖
采暖系统	生物燃料锅炉
生活热水供应系统	太阳能集热器和生物燃料锅炉

即便在没有高水平保温的围护结构的情况下，公寓楼这类建筑的室内采暖需求仍然较低，只需采取适度措施即很容易降低能耗。图 9.1.7 给出了公寓参照方案和示范方案示例的总能耗、传输能源和不可再生一次能源消耗量。示范方案所需的传输能源仅为参照住宅的 20%。不可再生一次能源需求可进一步降低。示范方案的 CO_2 当量排放约为参照住宅的 12%—25%（见图 9.1.8）。

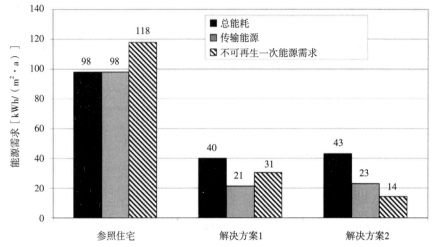

图9.1.7 公寓的总能耗、传输能源和不可再生一次能源需求概况；参照住宅使用冷凝燃气锅炉

资料来源：Maria Wall and Johan Smeds

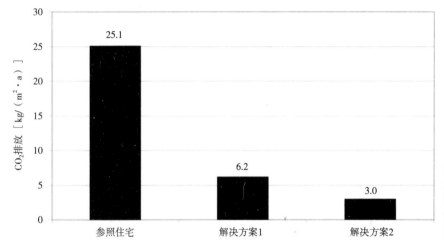

图9.1.8 公寓的CO_2排放概况；参照住宅使用冷凝燃气锅炉

资料来源：Maria Wall and Johan Smeds

参考文献

Heidt, F. D. (1999) *Bilanz Berechnungswerkzeug, NESA-Datenbank*, Fachgebiet Bauphysik und Solarenergie, Universität-GH Siegen, Siegen, Germany

Kvist, H. (2005) *DEROB-LTH for MS Windows, User Manual Version 1.0–20050813*, Energy and Building Design, Lund University, Lund, Sweden, www.derob.se

Meteotest (2004) *Meteonorm 5.0 – Global Meteorological Database for Solar Energy and Applied Meteorology*, Bern, Switzerland, www.meteotest.ch

ProgramByggerne (2004) *ProgramByggerne ANS, SCIAQ Pro 2.0 – Simulation of Climate and Indoor Air Quality: A Multizone Dynamic Building Simulation Program*, www.programbyggerne.no

TRNSYS (2005) *A Transient System Simulation Program*, Solar Energy Laboratory, University of Wisconsin, Madison, WI

9.2 温和气候中应用节能策略的独栋住宅

Tor Helge Dokka

温和气候中采用节能策略的独栋住宅的目标   表9.2.1

	目标
室内采暖	20 kWh/（m² · a）
不可再生一次能源	
（室内采暖+生活热水+机械系统用电）	60 kWh/（m² · a）

本节介绍了温和气候中独栋住宅的一种示范方案。将苏黎世作为温和气候的参照城市。气候数据取自气象软件数据库 Meteonorm（Meteotest，2004）。该示范方案基于节能策略，即将建筑热损失最小化。其中采用了平衡式热回收机械通风系统来降低通风损失。

9.2.1 解决方案 1a：利用冷凝式燃气锅炉和太阳能热水供应实现节能；解决方案 1b：利用木质颗粒燃料锅炉和太阳能热水供应实现节能

建筑围护结构

建筑围护结构不透明部分为矿棉保温轻质木框架。表 9.2.2 给出建筑围护结构的 *U* 值和面积。楼板结构是在地面上铺设有膨胀性聚苯乙烯保温材料（EPS）的混凝土板。窗框面积比为 30%，有三层玻璃、一层低辐射镀膜并充有氪气。

建筑围护结构构件   表9.2.2

构件	*U*值 [W/（m² · K）]	面积（m²）
墙体	0.20	113.6
屋面	0.13	129.7
楼板（不含地面）	0.17	96.4
窗户（窗框+玻璃）	0.92	22.0
窗框	1.20	—
窗玻璃	0.80	—
入口门	1.00	2.0
整个建筑围护结构	0.21	—

机械系统

采用热回收为 80% 的平衡式机械通风系统，该系统带有夏季通风换气用的旁通管。室内采暖应用带有水媒散热系统的冷凝式燃气锅炉供热。

平板式太阳能集热器可满足大约 50% 的热水需求，剩余部分由冷凝式燃气锅炉来满足。南向太阳能集热器以 40° 倾角安装，并假设储水箱体积为 0.4m³。一年当中，40W 的循环泵大约有 2000h 在控制太阳能集热器回路。因此，循环泵相应每平方米居住面积的年用电量约为 0.5 kWh/（m² · a）。

木质颗粒燃料锅炉能满足 80% 室内采暖需求，可作为备选能源系统。剩余的 20% 室内采暖需求通过电能（电热器）满足。由上述太阳能集热系统满足 50% 的热水需求，剩余需求通过电能满足。两种能源系统都能够达到一次能源目标 60 kWh/（m² · a）。

能源性能

室内采暖需求：应用挪威能源模拟软件 SCIAQ Pro（ProgramByggerne，2004）模拟可得建筑的每月室内采暖需求，如图 9.2.1 所示。采暖季大约从十一月持续到次年三月。

- 室内采暖需求：2960 kWh/a[19.8 kWh/（m² · a）]；
- 采暖设定温度：20℃；
- 通风量：0.45ach；
- 空气渗透率：0.05ach；
- 热回收率：80%。

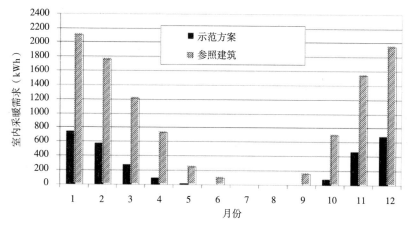

图9.2.1 推荐方案[19.8 kWh/（m² · a）]和参照建筑[70.4 kWh/（m² · a）]的每月室内采暖需求

资料来源：Tor Helge Dokka

应用 SCIAQ Pro 模拟无直接太阳辐射的情形下采暖系统的小时负荷。全年峰值负荷大约为 2200W 或 14.5W/m²，通常在 1 月出现。参照建筑的年峰值负荷约为 5300W 或 35W/m²，也出现在 1 月。

生活热水需求：净热水需热量约为 3150 kWh/a[21 kWh/（m² · a）]。典型独栋住宅中居住两个成人和两个孩子，平均每人每天消耗 55℃ 的热水 40L。因此，独栋住宅每天的热水消耗量为 160L。冷水全年平均温度设为 8.5℃，热水出水温度设为 50℃。储水箱中恒温器的开/关温度设定温度为 55℃/57℃。

系统热损失：系统热损失主要是热水储水箱的损失，配热系统的管道热损失以及锅炉的转换热损失。太阳能集热器模拟程序规定的损失指的是储水箱热损失，其中包括储水箱侧壁、底部和盖子的总体热损失以及连接处的热损失。当储水箱规模或太阳能集热器面积增大时，储水箱热损失会随之增加。对于设有 4m² 集热器和 400L 储水箱的太阳能集热系统，其储水箱热损失约为每年 630 kWh 或 4.2[kWh/（m² · a）]（居住面积）。木质颗粒燃料锅炉的年性能系数（COP）为 80%，产生的转换热损失为 5.0[kWh/（m² · a）]。将冷凝式燃气锅炉的年性能系数（包括热水辐射采暖系统的配热损失）设置为 90%。

家庭用电：对于有两个大人和两个孩子的家庭，其家庭电耗量设为 2500kWh 或 16.6[kWh/（m² · a）]由于家庭用电完全取决于居住者的行为，所以不包括在一次能源目标内。

总能耗：生活热水、室内采暖、系统热损失、转换热损失以及风机和泵用电的总能耗约为 8300 kWh/a。将家庭用电计算在内时，总能耗为 10800 kWh/a。

总能耗		表9.2.3
总能耗	kWh/（m²·a）	kWh/a
室内采暖	19.8	2964
生活热水	21.0	3150
系统热损失	4.2	630
转换热损失	5.0	743
换气扇用电	5.0	750
循环泵用电	0.5	75
总计	55.4	8312

　　不可再生一次能源需求和 CO₂ 排放：应用电脑程序 Polysun 计算家用热水和室内采暖的剩余能源需求，将太阳能得热考虑在内并计算储水箱和管道热损失。太阳能热水系统包括面积为 4.0m²、倾角 40° 的平板式集热器以及 400L 的储水箱。表 9.2.3 给出了该系统采用冷凝燃气方案时的总能耗、传输能源、不可再生一次能源和 CO₂ 排放的结果。

　　表 9.2.4 给出了使用木质颗粒燃料锅炉备选方案时的结果。

太阳能热水（DHW）系统结合冷凝式燃气锅炉的总能耗、不可再生一次能源需求和CO₂排放　　表9.2.4

净能耗 [kWh/(m²·a)]		总能耗 [kWh/(m²·a)]			传输能源 [kWh/(m²·a)]		不可再生一次能源系数（—）	不可再生一次能源 [kWh/(m²·a)]	CO₂ 系数 (kg/kWh)	CO₂当量排放 [kg/(m²·a)]
		系统能耗		能源						
机械系统	5.5	机械系统	5.5	电	5.5	电	5.5	2.35	12.9	0.43	2.4
室内采暖	19.8	室内采暖	19.8	燃气	36.0	燃气	36.0	1.14	41.0	0.25	8.9
生活热水	21.0	生活热水	21.0								
		储水箱和循环热损失	4.2	太阳能	12.6						
		转换热损失	3.6								
总计	46.3		54.1		54.1		41.5		54.0		11.3

资料来源：Tor Helge Dokka

太阳能热水系统结合木质颗粒燃料锅炉时的总能耗、不可再生一次能源需求和CO₂排放　　表9.2.5

净能耗 [kWh/(m²·a)]		总能耗 [kWh/(m²·a)]			传输能源 [kWh/(m²·a)]		不可再生一次能源系数（—）	不可再生一次能源 [kWh/(m²·a)]	CO₂ 系数 (kg/kWh)	CO₂当量排放 [kg/(m²·a)]
		系统能耗		能源						
机械系统	5.5	机械系统	5.5	电	22.1	电	22.1	2.35	51.9	0.43	9.5
室内采暖	19.8	室内采暖	19.8	木质颗粒	19.8	木质颗粒	19.8	0.14	2.8	0.04	0.9
生活热水	21.0	生活热水	21.0								
		储水箱和循环热损失	4.2	太阳能	12.6						
		转换热损失	4.0								
总计	46.3		54.5		54.5		41.9		54.7		10.4

9.2.2　夏季舒适性

为了在夏季达到可接受的热舒适性，应用 SCIAQ Pro 模拟对两种策略进行了测试。第一项策略是使用热回收旁通管，在 6 月到 8 月是晚上 7 点到早上 6 点的强制通风量为 1.5ach（仅通风策略）。在西向、南向和东向窗户外使用透射率为 50% 且吸收率为 10% 的固定外部遮阳设施。第二项策略是采用同样的通风设计，但南向窗改为透射率为 15% 且吸收率为 5% 的自控式外置百叶窗（遮阳与通风综合策略）。当外部太阳辐射强度超过 150 W/m^2 时，自动启用百叶窗。

如图 9.2.2 和图 9.2.3 所示，当只采用通风策略时，一年会有很多小时的温度超过 26℃，7 月最高温度可达 33.5℃。若用温度超过 26℃ 的总小时数来描述夏季舒适性，则本方案中全年过热小时数为 1989 K·h/a。

图 9.2.4 和图 9.2.5 给出了遮阳和通风组合策略的模拟结果。最高温度出现在 7 月，且降至 32.3℃。26℃ 以上的小时数减少到 996 K·h/a，数值仍然较高。

为了达到更好的夏季热舒适性，必须考虑采用其他被动式制冷技术，例如夜间采取高效对流通风（夜间通风），增加一些蓄热体（混凝土或砌体结构）。本章对这些措施不进行研究。

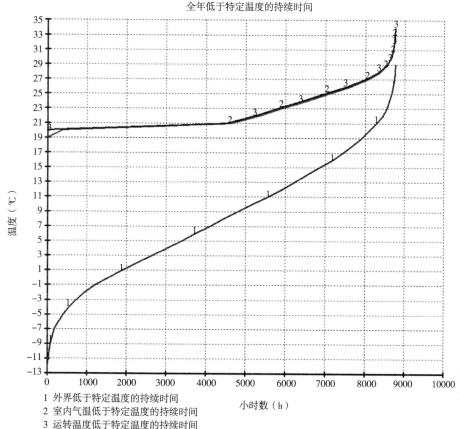

全年低于特定温度的持续时间

1 外界低于特定温度的持续时间
2 室内气温低于特定温度的持续时间
3 运转温度低于特定温度的持续时间

小时数（h）

图9.2.2　仅采用通风策略时的全年低于特定温度的持续时间

资料来源：Tor Helge Dokka

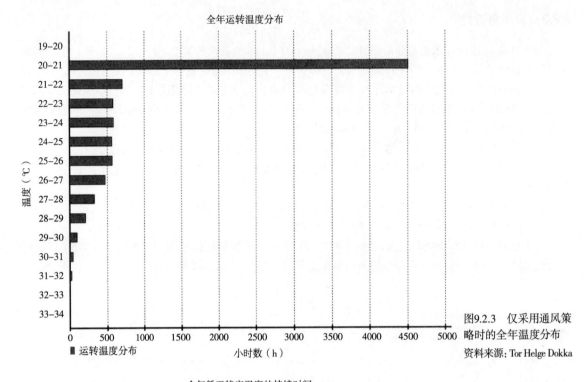

图9.2.3   仅采用通风策略时的全年温度分布

资料来源: Tor Helge Dokka

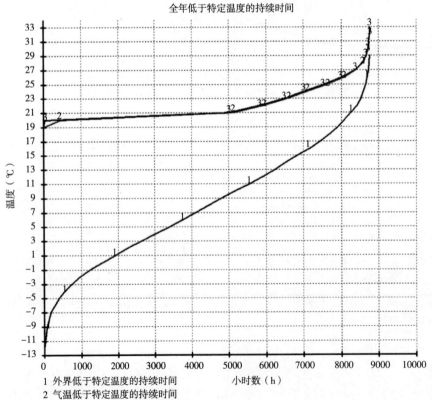

1 外界低于特定温度的持续时间
2 气温低于特定温度的持续时间
3 运转温度低于特定温度的持续时间

图9.2.4   同时采用遮阳和通风策略时的全年低于特定温度的持续时间

资料来源: Tor Helge Dokka

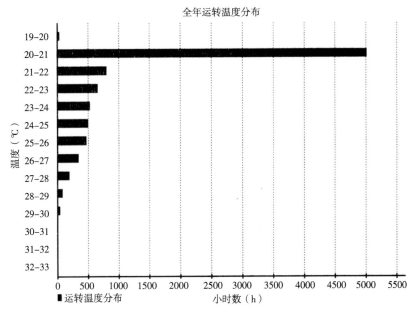

图9.2.5 同时采用遮阳策略和通风策略时的全年温度分布
资料来源：Tor Helge Dokka

9.2.3 灵敏度分析

在节能策略中，最重要的措施是降低建筑热损失，其次是增加并利用被动式太阳能得热。在后面章节中将对采暖需求影响最大的参数进行灵敏度分析。

不透明建筑围护结构

不透明建筑围护结构的室内采暖需求分为五个等级：差、中、良、好、优。表9.2.6 给出了不同建筑构件的 U 值，以及相应建筑围护结构的平均 U 值。图9.2.6 给出了不同等级建筑围护结构的室内采暖需求。如前文所述，影响采暖需求的其他输入值保持不变。

恰如所料，建筑围护结构的平均 U 值颇影响室内采暖需求。事实上，在将平均 U 值降至最低 $0.15\mathrm{W/}(\mathrm{m}^2 \cdot \mathrm{K})$ 的过程中，平均 U 值每降低 $0.1\ \mathrm{W/}(\mathrm{m}^2 \cdot \mathrm{K})$，室内采暖需求就降低 $15\ \mathrm{kWh/}(\mathrm{m}^2 \cdot \mathrm{a})$。而当 U 值从 $0.15\ \mathrm{W/}(\mathrm{m}^2 \cdot \mathrm{K})$ 进一步降低，室内采暖需求的下降幅度会减小。

通常，用于降低屋面和楼板结构 U 值的额外费用最低，用于降低外墙 U 值的额外费用最高。不同结构和建筑形式的额外费用差异显著，而且为了实现有成本效益的低能耗建筑目标，必须对每个项目的额外费用进行优化。

	不同级别建筑围护结构的平均U值			表9.2.6
建筑围护结构级别	墙体U值 [W/(m²·K)]	楼板U值 [W/(m²·K)]	屋面U值 [W/(m²·K)]	平均U值 [W/(m²·K)]
差	0.40	0.30	0.30	0.333
中	0.30	0.20	0.20	0.233
良	0.20	0.17	0.13	0.165
好	0.15	0.13	0.11	0.129
优	0.10	0.10	0.08	0.092

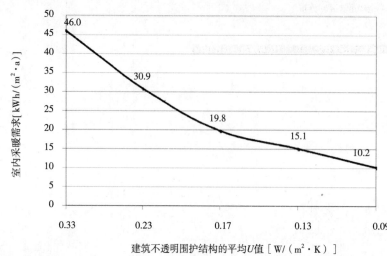

图9.2.6　建筑不透明围护结构的平均U值对室内采暖需求的影响
资料来源：Tor Helge Dokka

窗户类型

为研究不同窗户类型对室内采暖需求的影响，需考虑四种不同窗型，如表9.2.7所示。高保温玻璃大幅降低了 U 值，同时也由于 g 值较低而减少了被动式太阳能得热。

用 U 值为 0.92 W/（m² · K）的三层玻璃取代双层玻璃，这样大大降低了室内采暖需求。在本方案中，当 U 值进一步降低到 0.75 W/（m² · K）时，室内采暖需求下降幅度不明显。必须强调的是：该住宅大部分窗户都朝南，比起窗户朝向平均分布的住宅，这种节能窗户（U = 0.92）g 值更高。这一分析结果受气候条件约束，不能直接用于其他气候条件。

不同窗户类型的室内采暖需求；该示范方案采用三层玻璃，覆一层低辐射镀膜且填充氪气　　表9.2.7

窗户类型 [kWh/(m² · a)]	U值[W/（m² · K）]	g值（-）	室内采暖需求
双层玻璃	2.00	0.73	29.9
双层玻璃，一层低辐射镀膜，氪	1.40	0.64	24.0
三层玻璃，一层低辐射镀膜，氪	0.92	0.55	19.8
三层玻璃，两层低辐射镀膜，氪，保温窗框	0.75	0.47	19.0

窗户朝向

在被动式太阳能得热策略中，大部分窗户朝向为南。这里对五种不同的窗户分布情况（从正南方到正北方）进行了模拟。模拟结果如表9.2.8所示。窗户方位对室内采暖需求的影响有限；窗户朝向正北与正南时的室内采暖需求相差不到 4kWh/（m² · a）。对采暖需求影响小主要是因为采用节能策略时热损失较低，从而缩短采暖季，并限制了春秋季太阳能得热的利用。采用标准保温材料的建筑在春秋两季的采暖需求较大，因此这类建筑能够从被动式太阳能策略中获益良多。

当评估被动式太阳能策略时，必须考虑过热风险和必要的设计措施。很有必要进行有效的外部遮阳和换气通风。

不同窗户布局情况下的室内采暖需求　表9.2.8

窗户布局	窗户面积（m²）				室内采暖需求 [kWh/(m²·a)]
	东	南	西	北	
正南布局	3	15	3	1	18.8
南向布局	3	9	9	1	19.8
常规布局	3	8	3	8	20.6
北向布局	3	1	9	9	21.9
正北布局	3	1	3	15	22.6

气密性

通常采用密封增压试验测量气密性，以50Pa的压力差对建筑进行测试。测定值用N_{50}表示，实际测定值可能会在20ach（气密性极差的建筑）至0.2ach（气密性极高的建筑）之间变化。挪威建筑规范要求独栋住宅在50Pa压力下的气密性低于4.0ach，而被动房标准（被动式住宅研究所）要求该值低于0.6ach。当N_{50}值较小时，空气渗透率较低；当N_{50}值较大时，空气渗透率及其渗漏热损失较高。在高性能建筑中，由通风系统提供必要的空气流通，而空气渗透率过高只会导致不必要的热损失。

对气密性的五个等级进行模拟，根据EN 832标准计算各等级对应空气渗透率。表9.2.9给出的模拟结果表明良好的气密性对高性能建筑来讲至关重要。尽管如此，良好的气密性（1.0ach）与被动房标准（0.6ach）相比，室内采暖需求差异非常小[1.7 kWh/(m²·a)]。

不同气密性标准的室内采暖需求　表9.2.9

气密性标准	N_{50}（ach）	空气渗透率（ach）	室内采暖需求 [kWh/(m²·a)]
气密性差	6.0	0.42	43.3
气密性普通	4.0	0.28	34.0
气密性良好	2.0	0.14	25.2
气密性非常好	1.0	0.07	20.9
气密性极好（被动房标准）	0.6	0.04	19.2

通风热回收

通风热回收设备的效率通常用废气端的温度效率来测量。该效率应取年平均值，并考虑交换器除霜的能耗。通风换热器的典型效率为50%到将近90%。表9.2.10给出了与典型效率相对应的不同换热器的室内采暖需求。

换热器效率每提高10%，室内采暖需求约降低2.5 kWh/(m²·a)。高效换热器的成本通常仅比低效换热器略高一点，所以节能换热器通常是一项成本效益不错的选择。

不同换热器的计算室内采暖需求　表9.2.10

换热器	温度效率（%）	室内采暖需求 [kWh/(m²·a)]
交流式换热器	55	26.2
逆流式换热器	70	22.3
转轮式换热器或优化逆流式换热器	80	19.8
优化转轮式换热器	88	17.8

超节能水平

以上述灵敏度分析得到的最佳示范方案为基础，模拟"超"节能水平，以判断实现最低室内采暖需求的可能性。当采用表9.2.11中给出的示范方案时，室内采暖需求将非常低：965 kWh/a [6.4 kWh/（$m^2 \cdot a$）]（如图9.2.7）。事实上，可以通过电力满足超低的采暖需求，且仍然可实现一次能源目标60 kWh/（$m^2 \cdot a$）（见表9.2.12）。

超节能水平对应的各项指标　　　　　　　　　　　　　表9.2.11

优化建筑围护结构和通风系统	U值 [W/（$m^2 \cdot K$）]	g值 （-）	空气渗透率 （ach）	热回收效率 （%）
墙体	0.10			
楼板	0.10			
屋面	0.08			
窗户：三层玻璃，两层低辐射镀膜，氪气，保温窗框				
布局方向：东3m²，南15m²，西3m²，北1m²	0.75	0.47		
气密性：N50 = 0.6 ach			0.04	
换热器：优化转轮式换热器				88

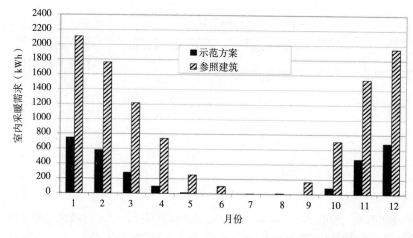

图9.2.7　超节能解决方案的月室内采暖需求（全年总需求为965kWh/a）

资料来源：Tor Helge Dokka

使用太阳能热水系统的超节能解决方案的一次能源需求和CO₂排放　　　　　　表9.2.12

净能耗 [kWh/（$m^2 \cdot a$）]		总能耗 [kWh/（$m^2 \cdot a$）]		传输能源 [kWh/（$m^2 \cdot a$）]		不可再生 一次能源 系数（-）	不可再生 一次能源 [kWh/（$m^2 \cdot a$）]	CO₂系数 （kg/kWh）	CO₂当量排放 [kg/（$m^2 \cdot a$）]
		系统能耗	能源						
机械系统	5.5	机械系统	5.5						
室内采暖	6.4	室内采暖	6.4	电	24.5	电 24.5	2.35	57.6	0.43	10.5
生活热水	21.0	生活热水	21.0						
		储水箱和循环热损失	4.2						
		转换热损失	0.0	太阳能	12.6				
总计	32.9		37.1	37.1		24.5		57.6		10.5

9.2.4 设计建议

在温和气候中，满足室内采暖需求 20 kWh/（m²·a）非常容易。以下是为满足该需求所需的重要设计参数：

- 保温良好的建筑围护结构：不透明建筑围护结构的平均 U 值应在 0.15W/（m²·K）到 0.20W/（m²·K）。

- 高保温窗户，U 值在 0.90W/（m²·K）到 1.10W/（m²·K）之间且 g 值大于 0.5。满足室内采暖需求 20[kWh/（m²·a）],无须将 U 值进一步降低到被动房标准 [0.80W/（m²·K）] 甚至更低。窗户的布局和朝向对此类高保温住宅来讲并不是很重要。

- 高气密性是高性能建筑的必备条件，在 50Pa 的压差下，气密性应当为 0.5—1.0ach。

- 设有高效换热器的通风系统也至关重要。通风系统的效率应至少达到 75%，效率越高越好。

达到室内采暖目标20 [kWh/（m²·a）] 的构造　　　　　　表9.2.13

	材料	厚度 （m）	导热率 [W/(m·K)]	百分比 （%）	支架导热率 [W/(m·K)]	支架百分比	热阻 [(m²·K)/W]	U值 [W/(m²·K)]
墙体	外表面	0.108					0.04	
	砖	0.025	0.75	100			0.14	
	空气间层	0.009					0.14	
	石膏板	0.225	0.23	100			0.04	
	保温层/支架		0.037	85	0.13	15	4.42	
	塑料膜						0.05	
	内墙板	0.013	0.12	100			0.11	
	内表面						0.13	
	总计	0.38					4.90	0.20
屋面	外表面							
	屋面瓦	0.108	0.75	100			0.14	
	屋面纸						0.05	
	木板	0.015	0.12	100			0.13	
	空气间层	0.05					0.14	
	矿棉/椽条	0.35	0.037	90	0.13	0.15	6.63	
	塑料膜						0.05	
	内墙板	0.013	0.12	100			0.11	
	内表面							
	总计	0.536					7.25	0.13
楼板	外表面							
	EPS保温层	0.2	0.036	100			5.56	
	塑料膜						0.05	
	混凝土	0.07	1.5	100			0.05	
	镶木地板	0.014	0.12	100			0.12	
	内表面							
	总计	0.284					5.77	0.17

满足一次能源需求 60 kWh/m² 有多种示范方案：

- 将冷凝式燃气锅炉和平板式太阳能集热器相结合，以满足 50% 热水需求，使用水媒散热系统来满足室内采暖需求。

- 木质颗粒燃料锅炉满足 80% 室内采暖需求、平板式太阳能集热器至少满足 50% 热水需求的组合。

- 室内采暖需求极低的超节能解决方案，结合平板式太阳能集热器以至少满足 50% 热水需求，使用高成本效益的直接电热采暖系统。

如条件允许，也可采用其他解决方案如热泵系统和区域供热，来实现 $60\,kWh/(m^2 \cdot a)$ 的一次能源目标。

参考文献

Meteotest (2004) *Meteonorm 5.0 – Global Meteorological Database for Solar Energy and Applied Meteorology*, Bern, Switzerland, www.meteotest.ch
ProgramByggerne (2004) *ProgramByggerne ANS, SCIAQ Pro 2.0 – Simulation of Climate and Indoor Air Quality: A Multizone Dynamic Building Simulation Program*, www.programbyggerne.no

9.3 温和气候中应用可再生能源策略的独栋住宅

Tor Helge Dokka

温和气候中采用可再生能源策略的独栋住宅的目标	表9.3.1
	目标
室内采暖	$25\,kWh/(m^2 \cdot a)$
不可再生一次能源 （室内采暖+热水+机械系统电耗）	$60\,kWh/(m^2 \cdot a)$

本节介绍适用于温和气候中独栋住宅的解决方案。将苏黎世作为温和气候的参照城市。气候数据来自气象软件数据库 Meteonorm（Meteotest，2004）。该解决方案基于可再生能源策略。其中采用平衡式热回收机械通风系统来降低通风热损失。生活热水和室内采暖系统采用生物颗粒燃料锅炉与太阳能集热器联合系统。

9.3.1 太阳能联合系统和生物燃料锅炉的可再生能源策略

建筑围护结构

建筑围护结构不透明的部分为矿棉保温轻质木结构。楼板结构是在地面铺设有膨胀性聚苯乙烯保温材料（EPS）的混凝土板。表 9.3.2 给出了建筑围护结构 U 值和面积。

建筑围护结构构件		表9.3.2
构件	U值 $[W/(m^2 \cdot K)]$	面积（m^2）
墙体	0.22	113.6
屋面	0.18	129.7
楼板（不含地面）	0.22	96.4
窗户（窗框+玻璃）	0.92	22.0
窗框	1.20	—
窗玻璃	0.80	—
入口门	1.00	2.0
整个建筑围护结构	0.25	—

机械系统

采用热回收率为80%，且带有夏季通风旁通管的平衡式机械通风系统。将太阳能集热器和生物燃料锅炉的联合系统用于水媒室内采暖系统和生活热水供应。该室内采暖系统配有水媒散热器。太阳能集热系统大约可提供50%的热水负荷。剩余能量需求由生物燃料锅炉来满足。平板式太阳能集热器朝南，其面积为4m²，并以正南40°倾角安装。假设储水箱容积为0.4m³，太阳能集热器回路的循环泵（40W）全年约有2000h在运转，循环泵年用电量约为0.5 kWh/（m²·a）。

能源性能

室内采暖需求：应用挪威能源模拟软件 SCIAQ Pro（ProgramByggerne，2004）模拟给出建筑的月室内采暖需求，如图9.3.1所示。采暖季大约从11月持续到次年3月。

- 室内采暖需求：3750 kWh/a［25 kWh/（m²·a）］；
- 采暖设定温度：20℃；
- 通风量：0.45ach；
- 空气渗透率：0.05ach；
- 热回收率：80%。

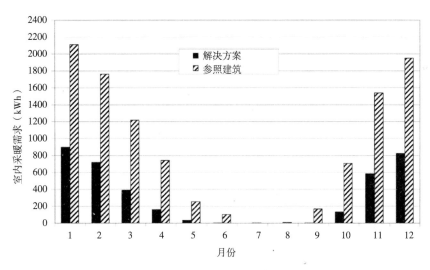

图9.3.1 推荐解决方案［25kWh/（m²·a）］和参照建筑［70.4kWh/（m²·a）］的月室内采暖需求

资料来源：Tor Helge Dokka

应用 SCIAQ Pro 模拟无直接太阳辐射的情况，计算采暖系统的小时负荷。年峰值负荷大约为2500 W 或 16.6W/m²，通常出现在1月。参照建筑的年峰值负荷大约为5300W 或 35W/m²，也出现在1月。

生活热水需求：净热水需热量约为3150kWh/a 或 21kWh/（m²·a）。两个大人和两个孩子居住在典型独栋住宅中，平均每人每天的热水消耗量为40L。因此，独栋住宅每天的热水消耗量为160L。冷水全年的平均温度设置为8.5℃。热水的出水温度设置为50℃。储水箱中恒温器的开/关温度设置为55℃/57℃。

系统热损失：系统热损失主要是热水储水箱的损失，同时也包括配热系统管道的热损失以及锅炉的转换热损失。模拟程序规定的损失是储水箱热损失，其中包括储水箱侧壁、底部和盖子的总体热损失以及连接热损失。当储水箱规模或太阳能集热器面积增大时，储水箱热损失也随之增加。对于设有 $4m^2$ 集热器和 400L 储水箱的太阳能集热系统，储水箱热损失约为每年 630 kWh 或 4.2 kWh/（m^2·a）（居住面积）。估计生物燃料锅炉的年性能系数为 80%，产生的转换热损失为 8.9 kWh/（m^2·a）。

家庭用电：对于有两个大人和两个孩子的家庭，假设电耗量为 2500kWh 或 16.6kWh/m^2。由于家庭用电完全取决于居住者行为，所以不包括在一次能源目标内。

不可再生一次能源需求和 CO_2 排放：应用 Polysun（Polysun，2004）计算太阳能集热系统的贡献。表 9.3.3 给出了该系统的总能耗、传输能源、不可再生一次能源和 CO_2 排放结果。一次能源消耗极低，低于目标 [60 kWh/（m^2·a）] 的三分之一，同时 CO_2 排放也适度。

太阳能热水系统和生物燃料锅炉的系统能耗、不可再生一次能源需求和CO_2排放 　　　　　　表9.3.3

净能耗 [kWh/(m^2·a)]	总能耗 [kWh/(m^2·a)]		传输能源 [kWh/(m^2·a)]	不可再生 一次能源 系数（—）	不可再生 一次能源 [kWh/(m^2·a)]	CO_2 系数 (kg/kWh)	CO_2当量排放 [kg/(m^2·a)]
	系统能耗	能源					
机械系统　5.5	机械系统　5.5	电　5.5	电　5.5	2.35	12.9	0.43	2.4
室内采暖　25.0	室内采暖　25.0	生物质燃料　46.5	生物质燃料　46.5	0.14	6.5	0.04	2.0
生活热水　21.0	生活热水　21.0						
	储水箱和循环热损失　4.2	太阳能　12.6					
	转换热损失　8.9						
总计　51.5	64.6	64.6	52.0		19.4		4.4

9.3.2　备选可再生能源系统的灵敏度分析

太阳能集热器和生物燃料锅炉联合系统的几项备选方案。这里将探讨三种备选系统：

1. 优化太阳能集热系统与冷凝燃气锅炉相结合；
2. 优化太阳能集热系统与区域供热相结合；
3. 热泵、通风与热水综合系统与用于冬季预热新风的地埋管系统相结合。

优化的太阳能联合系统结合冷凝燃气锅炉

该系统由优化的太阳能集热系统构成，该系统的设计可满足夏季（6月到8月）的总生活热水需求。设有 $7.5m^2$ 集热器和 600L 储水箱的太阳能系统能够满足该设计要求。集热器朝向正南方，倾角为 40°。该太阳能系统的全年太阳能保证率为 70%（满足 70% 的热水需求）。

当太阳能系统不足以满足能源需求时（冬季），可由冷凝燃气锅炉来满足热水和室内采暖的峰值负荷，冷凝燃气锅炉的年性能系数（包括水媒辐射采暖系统的配热损失）设为90%。

表9.3.4给出了该系统的总能耗、传输能源、不可再生一次能源和CO_2排放结果。计算所得一次能源需求远低于目标值60 kWh/（$m^2 \cdot a$），但CO_2排放却远远高于太阳能与生物燃料联合方案。

太阳能联合系统结合冷凝燃气锅炉的系统能耗、不可再生一次能源需求和CO_2排放　　表9.3.4

净能耗 [kWh/($m^2 \cdot a$)]		总能耗 [kWh/($m^2 \cdot a$)]			传输能源 [kWh/($m^2 \cdot a$)]		不可再生一次能源系数（—）	不可再生一次能源 [kWh/($m^2 \cdot a$)]	CO_2系数 (kg/kWh)	CO_2当量排放 [kg/($m^2 \cdot a$)]
		系统能耗		能源						
机械系统	5.5	机械系统	5.5	电	5.5	电 5.5	2.35	12.9	0.43	2.4
室内采暖	25.0	室内采暖	25.0	燃气	36.7	燃气 36.7	1.14	41.8	0.25	9.1
生活热水	21.0	生活热水	21.0							
		储水箱和循环热损失	6.3	太阳能	19.1					
		转换热损失	3.5							
总计	51.5		61.3		61.3	42.2		54.8		11.4

优化的太阳能联合系统结合区域供热

该示范方案与先前的系统采用同样的太阳能集热器，区别在于用区域供热系统（假设可用）取代原来的燃气锅炉，由水媒散热系统进行室内采暖配热。假设区域供热装置和配热损失的全年系统性能系数为95%。区域供热由以煤（35%）和油（65%）为燃料的热电联供（CHP）装置提供。

表9.3.5给出了该系统的总能耗、传输能源、不可再生一次能源和CO_2排放结果。该方案的一次能耗计算值低于燃气锅炉方案，并且低于目标值60kWh/（$m^2 \cdot a$）；但该方案的CO_2排放量高，甚至高于燃气锅炉方案。

太阳能联合系统结合区域供热的系统能耗、不可再生一次能源需求和CO_2排放　　表9.3.5

净能耗 [kWh/($m^2 \cdot a$)]		总能耗 [kWh/($m^2 \cdot a$)]			传输能源 [kWh/($m^2 \cdot a$)]		不可再生一次能源系数（—）	不可再生一次能源 [kWh/($m^2 \cdot a$)]	CO_2系数 (kg/kWh)	CO_2当量排放 [kg/($m^2 \cdot a$)]
		系统能耗		能源						
机械系统	5.5	机械系统	5.5	电	5.5	电 5.5	2.35	12.9	0.43	2.4
室内采暖	25.0	室内采暖	25.0	区域供热	34.8	区域供热 34.8	1.12	39.0	0.32	11.3
生活热水	21.0	生活热水	21.0							
		储水箱和循环热损失	6.3	太阳能	19.1					
		转换热损失	1.6							
总计	51.5		59.4		59.4	40.3		51.9		13.6

地埋管与热泵联合系统

该系统在奥地利和德国的被动式住宅中很常见。起初地埋管系统的功能是冬季在新风进入空调设备之前将其预热，以防换热器结霜。但对于逆流式和横流式换热器，当外部温度低于0℃且室内湿度较高时（例如沐浴时），仍然会出现问题。如果热泵从换热器的废气中提取热量，则地埋管系统能够提供的废气温度会略高一些。这样可提高热泵系统的年性能系数。夏季，地埋管系统可用作被动式制冷系统，但由于机械通风系统空气流量相对较低（0.45ach），所以效果并不明显。

热泵系统的最大功率为1500W。假设用250L的储水箱来平衡热水需求的峰值负荷，那么生活热水的平均峰值负荷（包括储水箱热损失）为450W，室内采暖的剩余采暖功率为1050W。模拟得到室内采暖峰值负荷为2480W，则辅助峰值负荷为1430W，可通过电阻采暖来满足。

全年模拟显示，除了满足生活热水需求外，热泵系统还可以满足约70%的室内采暖需求。热泵系统的年性能系数为2.7，其中包含水媒散热系统的配热损失（室内采暖）。

表9.3.6给出了该系统的总能耗、传输能源、不可再生一次能源和CO_2排放结果。计算所得一次能耗低于目标值60kWh/（m²·a），而CO_2排放低于燃气锅炉和区域供热解决方案。

地埋管与热泵联合系统的系统能耗、不可再生一次能源需求和CO_2排放　　　　表9.3.6

净能耗 [kWh/(m²·a)]	总能耗 [kWh/(m²·a)] 系统能耗	能源	传输能源 [kWh/(m²·a)]	不可再生一次能源系数（—）	不可再生一次能源 [kWh/(m²·a)]	CO_2系数（kg/kWh）	CO_2当量排放 [kg/(m²·a)]
机械系统　5.0	机械系统　5.0	电　　7.5	电　7.5	2.35	17.6	0.43	3.2
室内采暖　25.0	室内采暖　25.0		电　16.2	2.35	38.1	0.43	7.0
生活热水　21.0	生活热水　21.0	电热泵　16.2					
	储水箱和循环热损失　5.3	废气/地埋管　32.6					
	转换热损失　0.0						
总计　51.0	56.3	56.3	23.7		55.7		10.2

9.3.3　设计建议

考虑到环境因素，使用太阳能集热器和生物燃料锅炉的系统显然是最佳选择。该解决方案的一次能耗和CO_2排放比备选方案要低得多（该解决方案的CO_2排放仅为区域供热解决方案的三分之一）。使用太阳能集热器和生物燃料的缺点是必须支出一些运行维护费用。

地埋管和热泵系统的方案比较有吸引力，虽然其一次能耗和CO_2排放量都较高，但传输能耗却低很多（全部用电）。该系统的优点是设备占地小，可安装在盥洗室或储藏室内。优化后的地埋管和热泵系统可以是节能与可再生能源的组合策略，该策略可将室内采暖能源需求降低至约15kWh/（m²·a）。除满足生活热水供应负荷外，热泵通常还可以满足90%—95%的全年室内采暖负荷。事实上，许多被动式住宅都采用了该策略。

即使冷凝式燃气锅炉方案和区域供热方案能够达到一次能源目标，其不可再生能源耗量和温室气体排放量都比较高，所以不推荐采用这两种方案。不过一些地区的区域供热大量采用可再生能源，因而也可将其作为备选方案。

符合25kWh/（m²·a）室内采暖目标的构造　　　　　表9.3.7

	材料	厚度 （m）	导热率 [W/(m·K)]	百分比 （%）	支架导热率 [W/（m·K）]	支架百分比	热阻 [（m²·K)/W]	U值 [W/(m²·K)]
墙体	外表面						0.04	
	砖	0.108	0.75	100			0.14	
	空气间层	0.025					0.14	
	石膏板	0.009	0.23	100			0.04	
	保温层/支架	0.2	0.037	85	0.13	15	3.93	
	塑料膜						0.05	
	内墙板	0.013	0.12	100			0.11	
	内表面						0.13	
	总计	0.355					4.58	0.22
屋面	外表面						0.04	
	屋面瓦	0.108	0.75	100			0.14	
	屋面纸						0.05	
	木板	0.015	0.12	100			0.13	
	空气间层	0.05					0.14	
	矿棉/椽条	0.25	0.037	90	0.13	0.15	4.73	
	塑料膜						0.05	
	内墙板	0.013	0.12	100			0.11	
	内表面						0.13	
	总计	0.436					5.52	0.18
楼板	外表面						0.00	
	EPS保温层	0.15	0.036	100			4.17	
	塑料膜						0.05	
	混凝土	0.07	1.5	100			0.05	
	镶木地板	0.014	0.12	100			0.12	
	内表面						0.13	
	总计	0.234					4.51	0.22

参考文献

Meteotest (2004) *Meteonorm 5.0 – Global Meteorological Database for Solar Energy and Applied Meteorology*, Bern, Switzerland, www.meteotest.ch

ProgramByggerne (2004) *ProgramByggerne ANS, SCIAQ Pro 2.0 – Simulation of Climate and Indoor Air Quality: A Multizone Dynamic Building Simulation Program*, www.programbyggerne.no

Polysun (2004) *Polysun Version 3.3*, Institut für Solartechnik, www.solarenergy.ch

9.4   温和气候中应用节能策略的联排住宅

Udo Gieseler

温和气候中采用节能策略的联排住宅的目标   表9.4.1

	目标
室内采暖	1.5 kWh/（m²·a）
不可再生一次能源	
（室内采暖+生活热水+机械系统电耗）	60 kWh/（m²·a）

本节将讨论适用于温和气候下联排住宅的一种解决方案。将苏黎世作为温和气候的参照城市。该解决方案基于将建筑热损失最小化的节能措施。采用平衡式热回收机械通风系统来降低通风热损失。

9.4.1   解决方案 1a：利用燃油或燃气炉和太阳能热水供应实现节能；解决方案 1b：利用环境空气源热泵实现节能

建筑围护结构和室内采暖需求

在温和气候中，参照联排住宅的室内采暖需求约为 61kWh/（m²·a）。为了达到室内采暖目标 15kWh/（m²·a），必须大幅降低建筑热损失。表 9.4.2 给出了参照住宅和高性能住宅（解决方案 1）的性能指标。实现室内采暖目标的策略包括以下三种节能措施：

1. *保温*：墙体和屋面高水平保温。U 值在 0.16W/（m²·K）到 0.22W/（m²·K）之间（见表 9.4.2 和表 9.4.7）。楼板与地面之间的保温通常比较昂贵，与墙体相比，楼板的节能潜力比较小（参见 Gieseler et al，2004），因此厚度仅略有增加。
2. *窗户*：在建筑所有立面安装玻璃 U 值为 1.1 W/（m²·K）的标准窗户。稍微缩小南向窗尺寸以降低夏季过热的可能性。
3. *通风换气*：当高性能住宅的气密性提高 $n_{50} \leq 1$ach 时，空气渗透率很小，只有 0.05ach。由热回收率为 80% 的机械通风系统提供必要的新风。80% 的热回收率是实现室内采暖目标的必要条件。应注意的是：换热器除霜的能源需求随着效率的提高而增加（参见 Gieseler et al，2002）。

这些措施使得联排住宅中间户的室内采暖需求为 12.8 kWh/（m²·a），尽端户的室内采暖需求为 19.5kWh/（m²·a）。联排住宅由 2 个尽端户和 4 个中间户构成，其平均室内采暖需求为 15.0kWh/（m²·a），符合目标要求。

参照住宅与高性能住宅对比详情参见表 9.4.3 给出的能量平衡，注意这些模拟结果是按照采暖季计算的。图 9.4.1 给出了有 6 户的联排式参照住宅和联排式高性能住宅的平均值。

节能策略的目的是降低热损失，而实现途径主要是将通风热损失降低 73%，传导热损失降低 45%。总的来说，高性能住宅（解决方案 1）的热损失还不到参照建筑的一半。这些热损失必须通过得热来平衡。由于设备设定效率较高，解决方案 1 的可用内部得热略低于参照建筑内部得热。解决方案 1 的太阳能得热也减少了，主要是因为窗户 g 值较低（见表 9.4.2）。然而，热损失大幅降低使得室内采暖需求达到 15kWh/（m²·a），与之相比，前述各种影响是微不足道的。

联排住宅建造与能源性能主要数据比较（面积为每户面积）

表9.4.2

	参照建筑	节能策略
墙体		
南北墙体面积（m²）	39.4	41.4
北/南墙体U值[W/（m²·K）]	0.45	0.22
东/西墙体面积（m²）	57.0	57.0
东/西墙体U值[W/（m²·K）]	0.36	0.16
屋面（面积：60m²）		
U值[W/（m²·K）]	0.28	0.18
楼板（面积：60m²）		
U值[W/（m²·K）]	0.39	0.31
窗户		
南向		
面积（m²）	14.00	12.00
玻璃U值[W/（m²·K）]，70%	2.80	1.10
窗框U值[W/（m²·K）]，30%	1.80	1.80
g值	0.76	0.59
北向		
面积（m²）	3.00	3.00
玻璃U值[W/（m²·K）]，60%	2.80	1.10
窗框U值[W/（m²·K）]，40%	1.80	1.80
g值	0.76	0.59
东/西向		
面积（m²）	3.00	3.00
玻璃U值[W/（m²·K）]，60%	2.80	1.10
窗框U值[W/（m²·K）]，40%	1.80	1.80
g值	0.76	0.59
换气率（空间容积：275 m³）		
空气渗透率（ach）	0.60	0.05
通风量（ach）	0.00	0.45
热回收（-）	0.00	0.80
室内采暖需求		
（1月1日至12月31日的模拟）		
中间户[kWh/（m²·a）]	55.5	12.8
尽端户[kWh/（m²·a）]	71.3	19.5
有4个中间户和2个尽端户的联排住宅平均[kWh/（m²·a）]	60.8	15.0

能量平衡	得热			失热	
模拟周期：4月30日—10月1日	室内采暖需求	太阳能	内部得热	传导热损失	通风热损失
参照建筑					
中间户	55.5	20.5	22.5	60.0	38.5
尽端户	71.3	23.2	22.5	78.8	38.2
联排住宅（4个中间户+2个尽端户）	60.8	21.4	22.5	66.3	38.4
节能策略					
中间户	12.8	12.1	19.2	33.3	10.8
尽端户	19.5	13.9	19.2	42.8	9.9
联排住宅（4个中间户+2个尽端户）	15.0	12.7	19.2	36.5	10.5

采暖期能量平衡模拟结果[kWh/（m² · a）]　　　　　　　　　　　表9.4.3

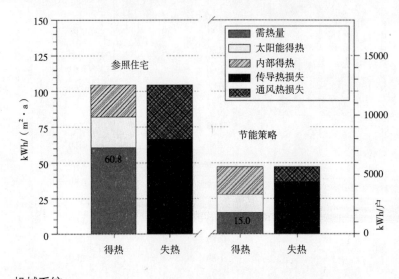

图9.4.1　根据表9.4.3得出联排住宅（6户）的能量平衡模拟结果

资料来源：Udo Gieseler

机械系统

室内采暖和热水系统：联排住宅有两套备选方案。第一种方案是典型的燃油（或燃气）炉，该方案需要太阳能集热器的热水供应作为补充。另一种方案是采用热泵。由于热泵的性能系数（COP）在夏季特别高（高温热源），所以不需要太阳能集热器。表9.4.4对这两种方案进行了总结。

对于采暖系统的实际尺寸来讲，最大峰值负荷很重要。图9.4.2给出了尽端户小时热负荷的模拟结果。为了模拟最恶劣的天气条件，只考虑太阳漫射辐射（阴天），计算使用中的建筑（具有内部得热）的热负荷。模拟得到的最大热负荷为1900W，并将该值作为采暖系统的功率极限。图9.4.3给出了联排住宅各户的平均月需热量以及一年内的热量分布情况。

生活热水系统：假设每一联排住宅住户每天需要160L 55℃的热水。每户都有一个300L的储水箱。计算储水箱热损失的基础条件是：储水箱高度为1.6m并且保温材料的 U 值为0.28 W/（m² · K），进水温度为9.7℃。

机械系统电耗：估计风机、泵和控制器的用电需求为5kWh/(m² · a)。该值不包括热泵的用电需求。

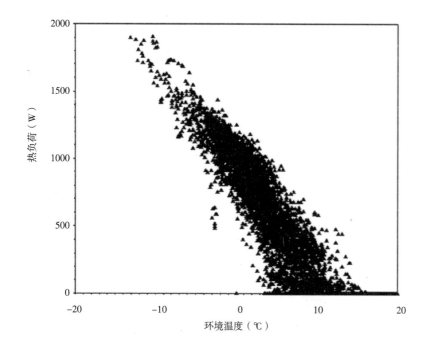

图9.4.2 无直接太阳辐射条件下的小时热负荷的模拟结果；尽端户的最大热负荷为1900W
资料来源：Udo Gieseler

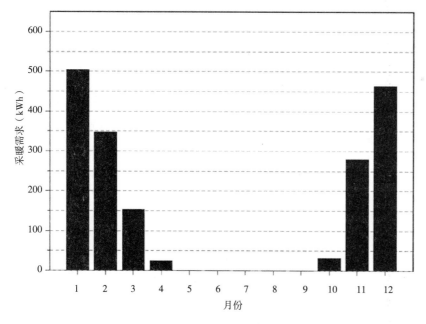

图9.4.3 联排住宅住户的月室内采暖需求（4个中间户+2个尽端户的平均值）
资料来源：Udo Gieseler

解决方案分析 表9.4.4

解决方案	解决方案名称	室内采暖供能	生活热水供能
1a	火炉和太阳能	燃油（燃气或木材）炉	燃油（燃气或木材）炉
			4m²的太阳能集热器
1b	热泵	电热泵（废气/水）	电热泵（废气/水）

解决方案 1a：火炉和太阳能：采用典型的燃油炉（或燃气炉）来满足生活热水和室内采暖需求。由于该系统设置在受热空间内部，所以室内采暖效率为 100%。假设用于生活热水供应，其效率为 85%。

每个联排住宅住户都有 4m² 的平板式太阳能集热器，对热水能源供应进行补充。集热器朝向南方，倾角为 45°。总流量为 50kg/h。平板式集热器的效率取决于集热器内的平均液体温度 T_i、室外环境温度 T_a 以及集热器表面的总入射辐射 I_T，如下：

$$\eta = \eta_0 - a_1 \frac{T_i - T_a}{I_T} - a_2 \frac{(T_i - T_a)^2}{I_T} \tag{9.4.1}$$

式中使用的集热器效率系数 $\eta_0 = 0.8$，$a_1 = 3.5 \text{ W/} (\text{m}^2 \cdot \text{K})$，$a_2 = 0.015 \text{W/} (\text{m}^2 \cdot \text{K}^2)$。热水储水箱的换热器效率为 95%。

示范方案 1b：热泵：为了模拟热泵，使用热泵的性能系数度量结果。WPZ Bulletin（Roth，2000）公布了 200 多个热泵的测量结果。性能系数取决于热源的类型和温度，以及供热一侧的温度。在该方案使用电功率为 3kW 的空气加热/热水，将环境空气作为热源。热水和室内采暖的供给温度都是 55℃。

能源性能

不可再生一次能源需求和 CO_2 排放：表 9.4.5 和表 9.4.6 给出了高性能联排住宅的总能源需求以及相应的一次能源需求和 CO_2 排放。推荐的高性能住宅在使用燃油炉（解决方案 1a）时的一次能源需求为 45kWh/ (m²·a)，使用热泵（解决方案 1b）时的一次能源需求为 53kWh/ (m²·a)。这两个数值比一次能源目标要低很多。

解决方案1a使用燃油炉和太阳能热水时的总能源需求、不可再生一次能源需求和CO₂排放　　　表9.4.5

净能耗 [kWh/(m²·a)]		总能耗 [kWh/(m²·a)]				传输能源 [kWh/(m²·a)]		不可再生一次能源系数（—）	不可再生一次能源 [kWh/(m²·a)]	CO₂系数 (kg/kWh)	CO₂当量排放 [kg/(m²·a)]
		系统能耗		能源							
机械系统	5.0	机械系统	5.0	电	5.0	电	5.0	2.35	11.8	0.43	2.2
室内采暖	15.0	室内采暖	15.0	油	29.8	油	29.8	1.13	33.7	0.31	9.3
生活热水	25.6	生活热水	25.6								
		储水箱热损失	1.7	太阳能	14.7						
		转换热损失	2.2								
总计	45.6		49.5		49.5		34.8		45.5		11.5

解决方案1b使用热泵时的总能源需求、不可再生一次能源需求和CO₂排放　　　表9.4.6

净能耗[kWh/(m²·a)]	总能耗[kWh/(m²·a)]			传输能源[kWh/(m²·a)]	不可再生一次能源系数（一）	不可再生一次能源[kWh/(m²·a)]	CO₂系数（kg/kWh）	CO₂当量排放[kg/(m²·a)]
	系统能耗		能源					
机械系统　5.0	机械系统　5.0	电　5.0		电　5.0	2.35	11.8	0.43	2.2
室内采暖　15.0	室内采暖　15.0	电热泵　17.6		电　17.6	2.35	41.4	0.43	7.6
生活热水　25.6	生活热水　25.6							
	储水箱热损失　0.6	环境空气　23.6						
	转换热损失　0.0							
总计　45.6	**46.2**	**46.2**		**22.6**		**53.2**		**9.8**

9.4.2　夏季舒适性

　　针对评估夏季舒适性进行了另一次模拟，从5月1日到9月30日，晚上7点到上午6点之间夜间通风量提高1ach，不使用热回收设备。夏季采用遮阳设施将直射和漫射在窗户上的光线减少50%。为了不高估制冷效果，室内温度在任何时候都不得低于20℃。这些假设表现了一个合理的被动式制冷策略。

　　图9.4.4和图9.4.5给出了平均室内温度超出一定范围的小时数。如前文所述，每个示意图中的两个方案，深色柱表示仅执行夜间通风策略的过热小时数，浅色柱表示同时执行夜间通风与遮阳策略的过热小时数。

　　图9.4.4说明如果只提高夜间通风水平，联排住宅尽端户的平均室内温度会有2620h（夏季时间的71%）达到22℃以上。当进一步采用遮阳策略（50%）时，平均室内温度仅有1130h（夏季时间的31%）达到22℃以上，而应用该制冷策略，室内温度不会超过27℃，非常适合于温和气候地区。

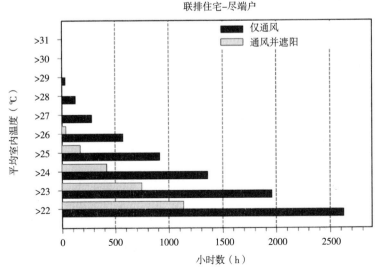

图9.4.4　平均室内温度超出一定范围的小时数；相应模拟时间为5月1日到9月30日
资料来源：Udo Gieseler

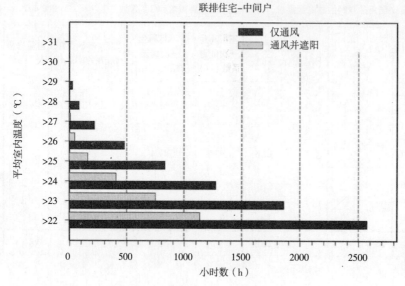

图9.4.5 平均室内温度超出一定范围的小时数；相应模拟时间为5月1日到9月30日

资料来源：Udo Gieseler

9.4.3 灵敏度分析

本节将介绍窗户类型和窗户面积对室内采暖需求的重要性。

图 9.4.6 给出了不同南窗面积的室内采暖需求，窗户面积有 30% 为窗框面积。两个方案中玻璃 U 值分别为 $U_g = 1.1\ W/(m^2 \cdot K)$ 和 $U_g = 0.7\ W/(m^2 \cdot K)$，窗框的 U 值分别为 $U_F = 1.8\ W/(m^2 \cdot K)$ 和 $U_F = 0.7\ W/(m^2 \cdot K)$。结果显示这两种窗型的太阳能得热大致与窗户的传导热损失相平衡。对于玻璃 U 值为 $1.1W(m^2 \cdot K)$ 的标准窗户，在温和气候中尚存在净能源损失；对于玻璃 U 值为 $0.7W/(m^2 \cdot K)$ 的高性能窗户，当窗户尺寸增大时，节约的能源减少。如果使用高性能窗户，当示范方案 1 中各户窗户面积为 $12m^2$ 时，室内采暖需求可以降低 $3.5kWh/(m^2 \cdot a)$ 到 $11.5\ kWh/(m^2 \cdot a)$。因而即使墙体保温水平较低仍可实现能源目标。但由于这种窗户的成本比较高，这还不是一种经济的解决方案。

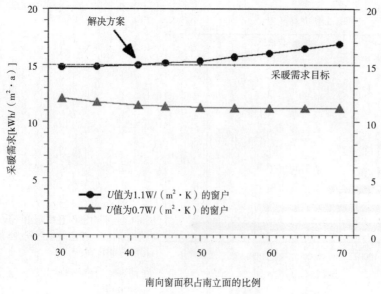

图9.4.6 联排住宅各种南向窗户比例下的室内采暖需求；U值为玻璃U值

资料来源：Udo Gieseler

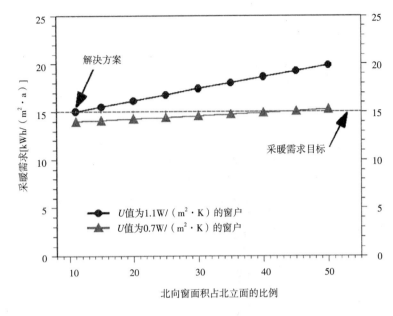

图9.4.7 联排住宅各种北向窗户
比例下的室内采暖需求；U值为
玻璃U值

资料来源：Udo Gieseler

图 9.4.7 给出了建筑北向立面窗户变化的模拟结果，窗型与图 9.4.6 相同。两类窗户的面积都有 40% 为窗框面积。在示范方案 1 中，每户有 $3m^2$ 的北向标准窗户（窗墙面积比为 11%）。当使用高性能窗户时［$U_g = 0.7\ W/(m^2 \cdot K)$］，即使窗户面积很大，仍然能够实现室内采暖目标。

图 9.4.8 给出了建筑南向立面被遮挡时的情况。该图绘制出了联排住宅（全部 6 户）不同遮挡系数下的室内采暖需求。遮挡作用针对直接照射在南向窗户上的阳光，漫射辐射不会减少。这是模拟建筑物、树木或其他物体遮挡的简化模型。如果没有阳光直射到建筑南向立面，采暖需求可以增加到 $20kWh/(m^2 \cdot a)$ 以上。在这种情况下，必须对建筑设计进行改良，以满足室内采暖目标。

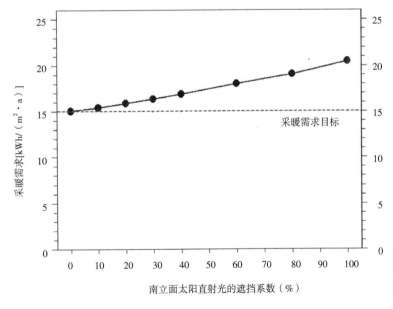

图9.4.8 联排住宅不同遮挡系数
下的室内采暖需求

资料来源：Udo Gieseler

9.4.4 结论

本节介绍了温和气候中联排住宅的节能策略。节能策略的基础是：

- 热回收通风系统；
- 围护结构保温水平高；
- 窗户面积减小。

为达到目标有两套示范方案可供选择：一是采用热泵从环境空气中获取热量；二是采用燃油或燃气炉与太阳能热水供应相结合。推荐的节能策略均能以适当的成本实现相当高的能源目标，即室内采暖需求达到 15kWh/（m²·a），并均可使不可再生一次能源需求远低于目标值 60kWh/（m²·a）。

温和气候中应用节能策略的联排住宅构造详情（构造按从内到外的顺序列出） 表9.4.7

构件	构造	厚度 （m）	导热率 [W/（m·K）]	热阻 [（m²·K）/W]	U值 [W/（m²·K）]
墙体 南/北	抹灰	0.015	0.700	0.021	
	石灰石	0.175	0.561	0.312	
	聚苯乙烯	0.140	0.035	4.000	
	抹灰	0.020	0.869	0.023	
	表面热阻	—	—	0.170	
	总计	0.350	—	4.526	0.22
墙体 东/西	抹灰	0.015	0.700	0.021	
	石灰石	0.175	0.561	0.312	
	聚苯乙烯	0.200	0.035	5.714	
	抹灰	0.020	0.869	0.023	
	表面热阻	—	—	0.170	
	总计	0.410	—	6.240	0.16
屋面 90%	石膏板	0.013	0.211	0.062	
	矿棉	0.260	0.040	6.500	
	波形瓦	0.020			
	表面热阻	—		0.170	
	总计	0.293	—	6.732	0.15
屋面 10%	石膏板	0.013	0.211	0.062	
	木框架	0.260	0.131	1.985	
	波形瓦	0.020		—	
	表面热阻	—		0.170	
	总计	0.293	—	2.217	0.45
楼板	镶木地板	0.020	0.200	0.100	
	硬石膏	0.060	1.200	0.050	
	聚苯乙烯	0.100	0.035	2.857	
	混凝土	0.120	2.100	0.057	
	表面热阻	—	—	0.170	
	总计	0.300	—	3.234	0.31
窗户玻璃	玻璃（低辐射）	0.004			
	氩	0.016			
	玻璃	0.004			
	总计	0.024	—	—	1.1

参考文献

Gieseler, U. D. J., Bier, W. and Heidt, F. D. (2002) *Cost Efficiency of Ventilation Systems for Low-Energy Buildings with Earth-to-Air Heat Exchange and Heat Recovery*, Proceedings of the 19th International Conference on Passive and Low Energy Architecture (PLEA), Toulouse, France, pp577–583

Gieseler, U. D. J., Heidt, F. D. and Bier, W. (2004) 'Evaluation of the cost efficiency of an energy efficient building', *Renewable Energy Journal*, vol 29, pp369–376

Roth, S. (2000) 'Mitteilungsblatt des Wärmepumpentest und Ausbildungszentrums Winterthur-Töss', *WPZ Bulletin*, no 22, January 2000

TRNSYS (2005) *A Transient System Simulation Program*, Solar Energy Laboratory, University of Wisconsin, Madison, WI

9.5 温和气候中应用可再生能源策略的联排住宅

Joachim Morhenne

温和气候中应用可再生能源策略的联排住宅的目标   表9.5.1

	目标
室内采暖	20kWh/（m² · a）
不可再生一次能源 （室内采暖+生活热水+机械系统电耗）	60kWh/（m² · a）

本节介绍温和气候中联排住宅的节能解决方案。将苏黎世作为温和气候的参照城市。

9.5.1 解决方案2：太阳能热水和太阳能辅助采暖

采用太阳能联合系统和高效热回收机械通风系统是实现使室内采暖达到目标值20kWh/（m² · a）（每户2400 kWh/a）的必需措施。两者都能在一定范围内降低传导热损失。只要采用保温水平比实际建筑规范略有改善的构造，具有典型体形系数（A/V）的联排住宅就能达到室内采暖目标。因全面改善建筑围护结构需较高花费，该策略也适用于建筑整修。

由于室内采暖需求较低，将太阳能系统仅用于生活热水供应（太阳能保证率为60%）便可达到一次能源目标。因此，太阳能联合系统将大幅降低一次能源需求，这种情况将在高性能方案中展示。降低通风换热器效率而扩大太阳能集热器面积（基本方案）也可作为一种示范方案。即使在建筑整修（改造方案）中，虽然不是所有建筑表面都保温良好，但仍然可以实现一次能源目标。

为什么要遵循此项策略？

即便不采用其他节能措施，仅太阳能得热就已可达到能源目标。假设当前多数高性能住宅都有太阳能生活热水系统，则该策略建议扩大太阳能系统，从而同时满足部分室内采暖需求。于是与现行标准相比，只需小幅改进建筑围护结构。策略的这项优点也使其适用于为实现更高能源目标的建筑改造，并可避免使用昂贵的高性能窗户。

由于采暖功率不受通风量限制，而辐射采暖又可以提高室内舒适性。另一方面，如果建筑因朝向或遮阳条件不利导致被动式得热低，那么应用该策略可缓解这种不利因素，从而有利于自由设计发挥。

分析解决方案的主要差别：

- 高性能案例：围护结构标准（基础）；通风热回收效率为90%；集热器面积为11m²。
- 基础案例：围护结构标准（基础）；通风热回收效率为80%；集热器面积为12m²。
- 改造案例：围护结构东西侧墙体保温层厚度是10cm而非12cm，屋面保温厚度16cm而非20cm。通风热回收效率为80%，集热器面积为13m²。采暖需求增加，不只是因为墙体保温层厚度有所降低，也有屋面保温性能差或热桥问题。
- 轻型结构案例：围护结构标准 U 值。墙体为矿棉填充木框架，而非厚重墙体。通风热回收效率为80%，集热器面积为12m²

无太阳能系统时的室内采暖需求

- 高性能案例：16.9 kWh/（m²·a）。
- 基础案例：19.1kWh/（m²·a）。
- 改造案例：21.2 kWh/（m²·a）。

建筑围护结构

　　基础案例、轻型结构方案和高性能方案中 U 值相同：

- 不透明部分：具有外部保温层的重型或轻质墙体。高热质量能提高夏季舒适性并增加太阳能得热。如果使用轻质墙体，就必须使用重型楼板和顶棚。
- 窗户：窗框比率30%；两层充有氩气的低辐射镀膜玻璃。

构件	U值[W/（m²·k）]	
	基础案例	改造案例
楼板	0.37	0.37
墙体	0.30	0.30
墙体东/西（尽端户）	0.25	0.30
屋面	0.23	0.29
窗玻璃	1.2	1.2
窗框	1.7	1.7

建筑围护结构U值　　　　　　　　　　表9.5.2

机械系统

- 通风：热回收机械通风系统。基础方案和改造方案：η=80%。高性能方案：η=90%。通风量：0.45ach。空气渗透率：0.05ach。电耗：0.3W/（m²·h）（所有方案）。
- 供热：使用生物燃料炉或冷凝燃气炉的联排住宅采用双管热网。备选方案：热泵（埋管）。
- 太阳能系统：单栋楼的独立太阳能联合系统或小区中央系统。
- 配热：热水辐射采暖、送风采暖。

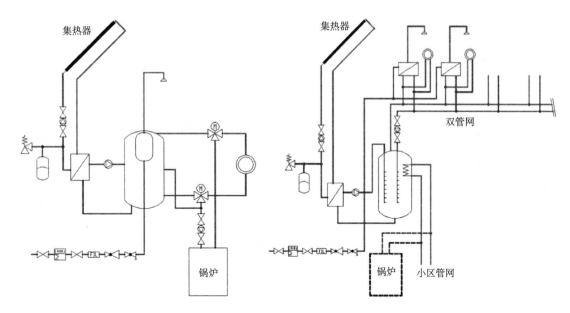

图9.5.1 适用于联排住宅太阳能辅助采暖系统的方案：（a）独立系统；（b）小区中央系统
资料来源：Joachim Morhenne

　　采用太阳能辅助采暖双管系统的优点是备用采暖需求最低。4管系统的成本效益取决于其管网长度和传输能源。关键在于太阳能系统属私人产权还是公共产权？投资与维修成本由谁承担？独立系统需要更多的贮存空间；虽然投资较高，但管网损失较小。图 9.5.1 解析了太阳能采暖系统。

能源性能

　　室内采暖需求：应用 TRNSYS 模拟，得出联排住宅的月室内采暖需求（总能耗），如图 9.5.2 所示。联排住宅包括 6 户（2 个尽端户＋4 个中间户）。表 9.5.3 给出的结果是尽端户和中间户的平均值。采暖季从 10 月持续到次年 5 月。所有方案的采暖设定温度都设置为 20℃。

室内采暖总能耗				表9.5.3
	高性能方案	基础案例	改造案例	基础案例–轻型
室内采暖需求（平均值）（kWh/a）	2140	2330	2550	2590
室内采暖需求（平均值）[kWh/（m²·a）]	17.8	19.4	21.3	21.6
系统热损失 [kWh/（m²·a）]	2.0	1.9	1.7	1.8
太阳能比例	18%	19.5%	19.3%	19.4%

　　室内采暖峰值负荷：表 9.5.3 给出了不同解决方案的极限峰值负荷。峰值出现在 1 月，而近峰值需求出现在 2 月和 12 月。这三个月过后，峰值迅速下降。峰值负荷出现在环境温度为 –12.2℃时。

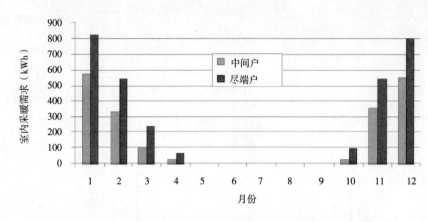

图9.5.2 室内采暖需求
（基础案例）

资料来源：Joachim Morhenne

环境温度为-12.2℃时的最高峰值负荷 表9.5.4

案例	中间户（W）	尽端户（W）
高性能案例	1790	2400
基础案例	1830	2490
改造案例	1990	2680
轻型结构案例	1920	2550

热水需求：由于热负荷和集热器规模不同，生活热水热需差别甚微（见表9.5.5）。

每户生活热水供应所需传输能源和太阳能供热比例（平均值） 表9.5.5

案例/集热器面积	生活热水供应所需传输能源 （kWh/a）	太阳能比例 [kWh/（m²·a）]	高性能案例 （%）
高性能案例/11m²	1470	12.2	58.6
基础案例/12m²	1430	12.0	59.6
改造案例/13m²	1420	11.8	60.1
基础案例轻型/12m²	1450	12.1	59.2

总终端能耗：热水和室内采暖的传输能源总计3990kWh/a（基础案例）。风机、泵和控制器电耗总量为674kWh/a。图9.5.3给出了基础案例和参照案例的能量平衡。

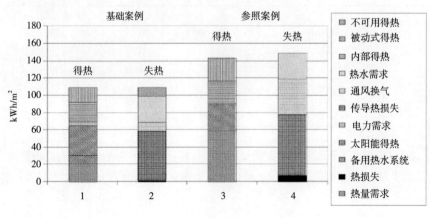

图9.5.3 参照案例及太阳能案例的能量平衡（第1列和第3列为得热，第2列和第4列为失热）

资料来源：Joachim Morhenne

不可再生一次能源需求和 CO_2 排放: 表9.5.6给出了一次能源需求和 CO_2 排放。通过GEMIS（2004）得到相关系数。所有方案都达到了设定的一次能源目标。采用的一次能源系数为:

- 燃气: 1.14;
- 电: 2.35。

CO_2 排放系数为:

- 燃气: 0.247 kg/kWh;
- 电: 0.430 kg/kWh。

		传输能源、不可再生一次能源需求和CO_2排放			表9.5.6
案例	传输能源: 燃气 [kWh/(m²·a)]	传输能源: 电 [kWh/(m²·a)]	太阳能保证率 (%)	一次能源（不可再生） [kWh/(m²·a)]	CO_2 [kg/(m²·a)]
高性能案例	32.1	5.8	39.4	49.7	10.3
基础案例	33.3	5.7	39.5	51.1	10.6
改造案例	34.8	5.6	39.0	52.9	11.0
轻型结构案例	35.5	5.7	38.2	53.7	11.2

9.5.2 夏季舒适性

采暖系统在夏季不运行，只有内部得热和被动式太阳能得热以及新风会造成过热。窗户尺寸和朝向以及遮阳设施都会对过热问题产生影响。图9.5.4给出了室内温度。由于采用遮阳与通风策略，夏季的室内温度很舒适。为进一步提高热舒适性，推荐使用更好的遮阳设施并增加夜间通风。本案例使用的策略有:

- 如有可能，关掉机械通风系统以降低电耗。应注意的是: 气密性非常好的住宅由于空气渗透率非常低，所以通风是很重要的。
- 从6月到8月，晚上7点到早上6点之间使夜间通风量提高到1ach。无论是开窗还是机械通风，夜间通风对于冷却建筑结构非常有效。

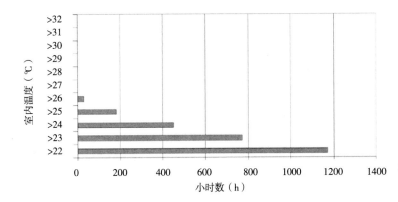

图9.5.4 尽端户室内温度（独立于轻型结构案例之外的其他案例）

资料来源: Joachim Morhenne

- 外部遮阳设施（西向、南向和东向窗户）的透射率为50%，吸收率为10%。
- 如果使用通风系统，建议非供暖季室内温度过高时使用换热器旁通管降低室内温度。

9.5.3 灵敏度分析

系统设计

在此对图9.5.5所示的两种系统设计进行了评估。其中给出的能源性能是针对系统类型1的。系统类型2的能源性能略低，其过热风险却有所增加。

系统类型1，是典型的太阳能联合系统。IEA SHC 第26号任务（Weiss，2004）对不同的太阳能联合系统进行了评估。系统类型2，是与标准热水系统连接的直热式重型楼板。与系统类型1相比，系统类型2的主要区别在于不使用缓冲贮热容器，而是以地板采暖系统直接作为储热和采暖系统。为了充分发挥楼板和顶棚的作用，假设不存在砂浆面层。在所有方案中，炉子都安置在联排住宅的中间位置。图9.5.5给出了各户独立使用的装置（如图9.5.1）。

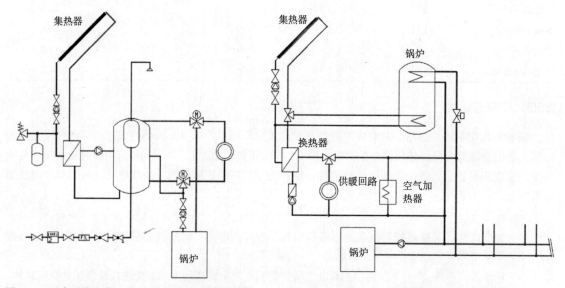

图9.5.5　两套系统方案：（a）系统类型1是典型的独立式太阳能联合系统；（b）系统类型2以建筑质量蓄热
资料来源：Joachim Morhenne

系统类型2的能源性能低5%，并且由于舒适性要求的限制而无法进一步提高。该系统的优点在于它的简单性，缺点在于过热风险和室内温度过高。与系统类型1相比，室内温度过高的小时数为10%。表9.5.7给出了采暖系统最重要的几项参数。

两个系统的重要参数 表9.5.7

温和气候；太阳能策略		
	系统类型1	系统类型2
设计温度	45℃ /40℃	35℃ /30℃
采暖表面/采暖功率	3000W	南侧40m², 北侧20m²
		管道0.3m, 软管0.02m
集热器面积:		
基础案例	12m²	
高性能案例	11m²	10m²
改造案例	13m²	
集热器类型	平板式	平板式
集热器倾角，南向	48°	48°
流量	12 l/m²	30 l/m²
		12 l/m²生活热水
控制器	最高效率	最高效率
换热器	92%	92%
储热罐	75 l/m²	30 l/m²
主要立面	南向	南向
遮阳系数	0.5	0.5
构造	重型	重型

集热器面积

集热器的尺寸、朝向和倾角都会影响能源输出。可以从标准表格（Duffie and Beckman，1991）中了解集热器倾角和方位角的影响，此处用最佳值（方位：南；倾角：48°）。在此选择值范围内，集热器面积的影响最小。图 9.5.6 和图 9.5.7 给出了能源输出与集热器面积的关联性。

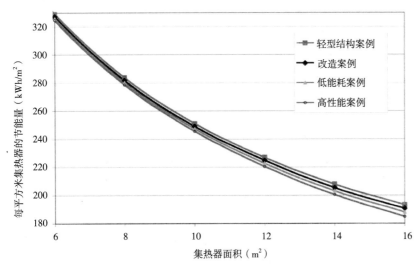

图9.5.6 集热器尺寸对可用太阳能得热的影响

资料来源：Joachim Morhenne

用于降低室内采暖需求的集热器得热，会受到总体采暖需求的限制。建筑越好，室内采暖的可用得热就越少（见图 9.5.7）。如果集热器面积超出图中的数值，只会进一步降低生活热水的能源需求（见图 9.5.6）。

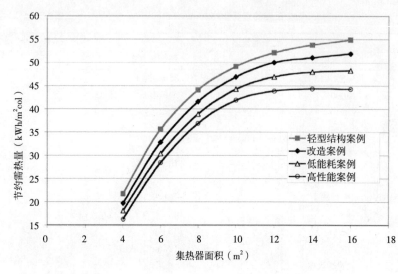

图9.5.7　集热器得热所节约的传输能源（燃气）

资料来源：Joachim Morhenne

建筑结构重量的影响

建筑的蓄热会对采暖需求产生影响，包括蓄存被动得热和内部得热，以及控制系统误差产生的余热。在有过热风险控制时，这种蓄热效应达9%。蓄热最重要的作用是可以提高夏季舒适性，但会对全生命周期评估造成负面影响。

有趣的是，对于轻型结构来说，其较高的采暖需求可被集热器多余的得热能部分所抵消（见图9.5.7）。因而可以进一步增大集热器面积，从而进一步抵消采暖需求。

所分析的轻型结构建筑，外墙和内部隔断质量有一定差异。轻型结构为木框架，而重型墙体由石灰石砌成。但所有案例的楼板都是重型的。建议通过模拟优化建筑的质量及性能。

一次能源需求与集热器面积的关系

图9.5.8给出了由集热器面积对应的一次能源需求。根据室内采暖需求，满足一次能源目标需要5—8m² 的集热器。

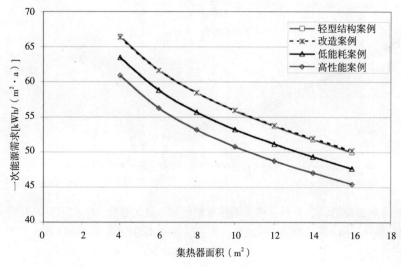

图9.5.8　一次能源需求与集热器面积的关系

资料来源：Joachim Morhenne

采暖系统供热温度的影响

工作温度对太阳能系统的效率影响重大。由于太阳能系统总是与系统回流相连,供暖和回流温度有重要作用。图9.5.9给出该参数的影响。

由于低温系统采暖功率低(每平方米表面),必须用更大的表面积补偿其采暖能力。图9.5.9表现出具体影响情况。根据散热器的设计温度,散热表面积必须增大2.5—5倍才能够实现足够的太阳能得热。推荐采用低于40℃的回流温度(设计温度,由环境温度进行无定位调节),这是成本和性能之间的折中选择。

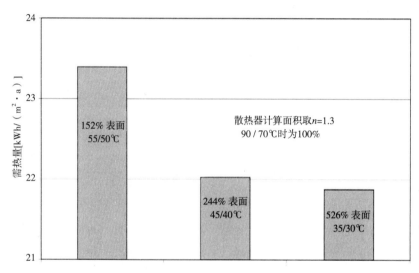

图9.5.9 采暖系统设计温度
对太阳能得热和散热器表面
积的影响
资料来源:Joachim Morhenne

储热罐容量的影响

储热罐超出临界值时其影响较小。当每平方米集热器对应的储热容量在45—85L之间时,贮存容量的影响低于3%。

集热器回路流量的影响

模拟结果表明:为了实现采暖目标,集热器出水温度必须超过采暖系统回流温度,从而向采暖系统传输能源。因此必须降低流量直至集热器能达到必要出水温度,这一点与效率无关。流量的动态控制可优化系统性能。集热器用于采暖是典型的低流量应用。模拟中取流量为12 L/(m²·h)。当使用系统类型2时,集热器的流量与采暖系统流量有关。地板采暖系统的流量限制了最小流量[模拟中取30 L/(m²·h)]。当使用真空管太阳能集热器时,最小流量受限于管道排列方式。

9.5.4 设计建议

在系统类型1中采用了典型的太阳能联合系统。前文已给出主要参数;要进一步了解太阳能联合系统,可参见IEA SHC 第26号任务(Weiss,2003)的结论。对于系统类型2,建议进行模拟,特别是在被动太阳能得热能更高的情况下。

在所有方案中（如果不与区域供热系统相连），推荐使用集中供热炉来降低投资成本并安装尺寸适中的太阳能系统。

与 6 个独立系统相比，中央集热器系统的优点在于成本低以及热损失少；因此，性能得到提高并且可以由较小的集热器面积来获得补偿。独立式太阳能系统的优点是夏季可以关闭供热网从而降低管网热损失。该系统的另一个优点是，热水储存罐比使用换热器提供热水的舒适性更高。

如果选用独立式太阳能系统，为降低供热网热损失，推荐在储热罐中安装备用电加热系统以便于夏季使用。大多数情况下，其能耗不到生活热水供应剩余能源的 5%。

使用生物燃料炉可以进一步降低一次能源消耗，小区中央锅炉需要建立公共产权的采暖系统或成立运营公司。

不同案例的构造（建筑围护结构目标）　　　　　　表9.5.8

	材料	厚度			导热率	百分比	支架	支架	热阻			U值		
		m			λ[W/（m·K）]	（%）	λ[W/（m·K）]	（%）	（m²·K/W）			[W/（m²·K）]		
		温度–参照案例	温度–基础案例	温度–改造案例					温度–参照案例	温度–基础案例	温度–改造案例	温度–参照案例	温度–基础案例	温度–改造案例
墙体	外表面								0.04	0.04	0.04			
	抹灰	0.02	0.02	0.02	0.9	100%			0.02	0.02	0.02			
	聚苯乙烯	0.059	0.1	0.1	0.035	100%			1.69	2.86	2.86			
	石灰石	0.175	0.175	0.175	0.560	100%			0.31	0.31	0.31			
	抹灰	0.015	0.015	0.015	0.7	100%			0.02	0.02	0.02			
									0.13	0.13	0.13			
		0.269	0.31	0.31					2.21	3.38	3.38	0.45	0.30	0.30
墙体	外表面								0.04	0.04	0.04			
东/西	抹灰	0.02	0.02	0.02	0.9	100%			0.02	0.02	0.02			
	聚苯乙烯	0.08	0.12	0.1	0.035	100%			2.29	3.43	2.86			
	石灰石	0.175	0.175	0.175	0.560	100%			0.31	0.31	0.31			
	抹灰	0.015	0.015	0.015	0.7	100%			0.02	0.02	0.02			
									0.13	0.13	0.13			
		0.29	0.33	0.31					2.81	3.95	3.38	0.36	0.25	0.30
屋面	外表面								0.04	0.04	0.04			
	屋面瓦	0.050	0.050	0.050		100%								
	空气间层	0.045	0.045	0.045		100%								
	防护箔	0.0025	0.0025	0.0025		100%								
	矿棉	0.146	0.200	0.160	0.039	85%			3.74	4.59	3.67			
	木构件	0.200	0.220	0.160			0.13	15%	1.54	1.69	1.23			
	聚乙烯薄膜					100%								
	石膏板	0.013	0.013	0.013	0.210	100%			0.06	0.06	0.06			
	内表面								0.10	0.10	0.10			
		0.4565	0.5305	0.4305					3.61	4.36	3.51	0.28	0.23	0.29
楼板	混凝土	0.012	0.012	0.012	2.1	100%			0.01	0.01	0.01			
	矿棉	0.076	0.080	0.080	0.035	100%			2.17	2.29	2.29			
	铺砌层	0.060	0.060	0.060	0.800	100%			0.08	0.08	0.08			
	木构件	0.020	0.020	0.020	0.130	100%			0.15	0.15	0.15			
	内表面								0.17	0.17	0.17			
		0.156	0.160	0.160					2.58	2.69	2.69	0.39	0.37	0.37
窗户					玻璃/低辐射/填充气体									
	窗格	0.004	0.004	0.004	低辐射									
	填充气体	0.016	0.016	0.016	氩									
	窗格	0.004	0.004	0.004	无膜									
		0.024	0.024	0.024								1.2	1.2	1.2
	窗框				木框架							1.70	1.70	1.70

参考文献

Duffie, J. A. and Beckman, W. A. (1991) *Solar Engineering of Thermal Processes*, John Wiley and Sons, New York

TRNSYS (2005) *A Transient System Simulation Program*, Solar Energy Laboratory, University of Wisconsin, Madison, WI

Weiss, W. (ed) (2003) *Solar Heating Systems for Houses: A Design Handbook for Solar Combisystems*, James and James Ltd, London

9.6 温和气候中联排住宅的全生命周期分析

Alex Primas ond Annick Lolive d'Epinoy

当利用全生命周期分析（LCA）进行生态评估时，因为联排住宅是一种常见的节能住宅类型而被选为评估对象。本小节所示结果是关于温和气候中的 6 户联排住宅（参考地点：苏黎世）。

9.6.1 建筑及系统研究对象描述

除了参照建筑（符合建筑规范 2001），还包括两个满足低能耗需求的策略：

1. 策略 1（节能策略）：6 户都有独立的冷凝燃气锅炉用于室内采暖和生活热水供应。各户都有一个 $4m^2$ 的太阳能平板式集热器用于生活热水供应。
2. 策略 2（可再生能源策略）：除了一个用于产生热量的中央冷凝燃气锅炉，各户都有一个 $12m^2$ 的太阳能平板式集热器和一个用于生产热水的小型冷凝燃气锅炉。

在参照住宅中，每户都有独立的燃气锅炉用于热量和热水的生产。对以下建筑构造类型进行研究（见图 9.6.1）：

- 类型 A：外墙为重型结构，由砖墙和膨胀性聚苯乙烯（EPS）紧凑保温材料构成。主要楼板保温材料（泡沫玻璃）铺设在混凝土楼板之下。在混凝土楼板上仅铺设一层薄隔声材料（两层楼板均铺设）。
- 类型 B：重型结构，石灰石墙体、岩棉保温、夹层可通风的木框架立面。主要楼板保温层（岩棉）铺设在混凝土楼板上。在混凝土楼板上还铺设了一层薄隔声材料（两层楼板均需铺设）。
- 类型 C：混合式建筑构造，木框架结构，纤维板保温、夹层可通风木框架立面。钢筋混凝土楼板。主要楼板保温层（挤塑成型聚苯乙烯，XPS）铺设在混凝土楼板下方。楼板之上仅铺设了一层薄隔声材料（所有楼板均需铺设）。

要了解更多被评估建筑的构造详情请参阅 Lalive d'Epipay et al（2004）。

方法

在系统边界内，要考虑影响住宅总能源需求的所有材料生产、更新和处理过程。电网电力使用欧洲电力传输协调联盟（UCTE）调配的低压电。这与 GEMIS（参见 www.oeko.de/service/gemis/en/index.htm）的欧洲 17 国（EU 17）电能累积能源需求（CED）系数差异较大，而后者已用于本书各典型示范方案的能源分析（见附录 2）。这里所用的 UCTE 不可再生电力转换系数为 3.56，而 GEMIS 的 CED 转

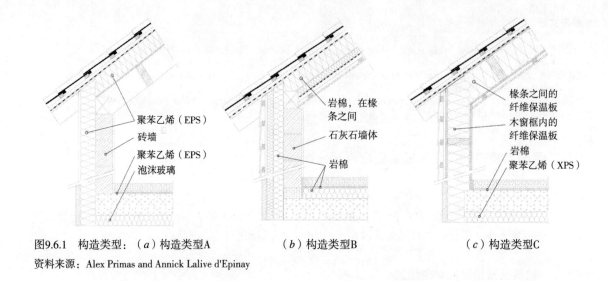

图9.6.1 构造类型：（*a*）构造类型A　　　　　（*b*）构造类型B　　　　　（*c*）构造类型C
资料来源：Alex Primas and Annick Lalive d'Epinay

换系数为 2.35。而全生命周期分析可用数据（Frischknecht et al，1996）中没有 EU17 混合电力。本节讨论结果将不包括家用电器的电能需求。

9.6.2　分析结果

研究中将两种策略分别用于三种构造类型进行计算。图 9.6.2—图 9.6.6 的不同条形代表所使用的策略（1 为节能策略；2 为太阳能策略）及相应的不同构造类型（A、B、C）。参照建筑 "R"（构造类型 A）的出现仅作为参照。所有结果都是指每年每平方米净使用面积的负荷（建筑使用寿命：80 年）。

生命周期各阶段的影响

图 9.6.2 给出了全生命周期内建造、翻新、处理、运输和使用阶段对总影响的作用。应用加权法 Eco-indicator 99（hierarchist）展开分析。下面列出几项最主要的结论：

- 采用策略 1 的高性能建筑，其全寿命期的总体环境影响是参照建筑的 54%—58%。采用策略 2 时，其总体环境影响是参照建筑的 60%—64%。
- 使用阶段的环境影响，仅占高性能建筑总体的 47%—54%。
- 翻新所用的材料对整个建筑使用寿命的影响和原始建筑构造的影响相当。
- 建筑的拆除，以及翻新和拆除时产生材料的处理方式不容忽视，合计占总影响的 11%—14%。
- 材料运输对施工现场的环境影响非常小，仅占高性能建筑总影响的 2%—3%。

在累积能量需求（不可再生能源）计算中，典型方案在使用阶段的环境影响占总体的 65%—72%，明显高于应用 Eco-indicator99 计算所得的结果。这主要是由于在累积能量需求计算中废弃处理阶段的环境影响比例较小（占总影响的 5%—7%）。

如果将累积能量需求的可再生能源部分计算在内，由于建筑构造所用木构件不同，不同构造类型之间存在差异，构造类型 C 尤其如此。不可再生累积能量需求分别占总累积能量需求（可再生 + 不可再生）的 90%（类型 A）、82% 和 84%（类型 C）。

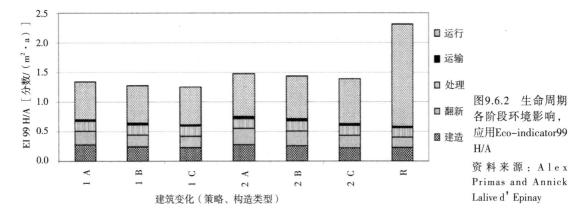

图9.6.2 生命周期各阶段环境影响，应用Eco-indicator99 H/A

资料来源：A l e x Primas and Annick Lalive d'Epinay

建筑构件的影响

在图 9.6.3 中，应用 Eco-indicator 99 法分析了不同材料类别的环境影响在全生命周期总影响中的比例。下面列出几项主要结论：

- 对于构造类型 B 和 C，保温材料的影响仅占高性能建筑总影响的 2%；对于构造类型 A，该比例为 5% 到 7%。
- 重型建筑材料的环境影响占高性能建筑寿命期总体的 17%—26%。其环境影响主要由楼板构造中的水泥和混凝土造成。构造类型 C 的环境影响作用最小。
- 采暖、热水和通风系统的环境影响仅占高性能建筑生命周期总影响的 4%—6%。
- 在策略 2（太阳能策略）中，太阳能集热器（每户 12m^2）的环境影响仅占高性能建筑总体的 6%—7%。在策略 1（节能策略）中，用于生活热水供应的小型太阳能集热器（每户 4m^2）的环境影响仅占建筑总体的 2%—3%。

累计能量需求（针对不可再生能源）计算结果相似，但不同之处在于构件环境影响所占的比例整体上较小，因为该方法中使用阶段的能源更为重要（见图 9.6.4）。最大的差别在于重型建筑材料的影响，累计能量需求计算重型建筑材料的环境影响占总体的 8%—12%。而应用策略 2 的方案中，太阳能集热器的影响占总影响的 3%—4%，这明显过低了。

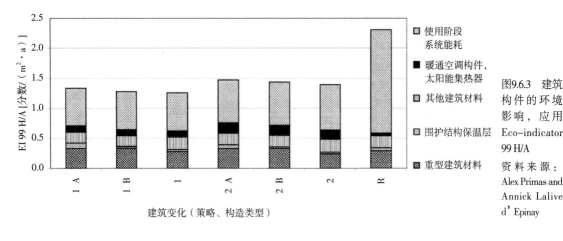

图9.6.3 建筑构件的环境影响，应用Eco-indicator 99 H/A

资料来源：Alex Primas and Annick Lalive d'Epinay

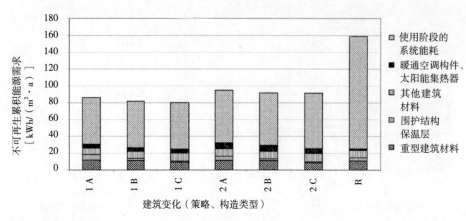

图9.6.4 建筑构件的环境影响，应用累积能量需求（不可再生）分析

资料来源：Alex Primas and Annick Lalive d'Epinay

采暖系统的影响

表 9.6.1 给出了研究的采暖系统的基本数据。所有方案中都应用了构造类型 B（重型墙、岩棉保温）。参照建筑所用数据对应于效率 94% 的燃气锅炉（下限热值（LHV））。

各采暖系统的基本参数；集热器面积对应于联排住宅的每个住户   表9.6.1

系统	效率	策略1	策略2
燃气锅炉	效率100%（下限热值）	+ 4m²太阳能集热器	+ 12m²太阳能集热器
燃油锅炉	效率98%（下限热值）	+ 4m²太阳能集热器	+ 12m²太阳能集热器
热泵	COP 2.52（热量+生活热水）	无太阳能集热器	未研究
颗粒燃料锅炉	效率85%（下限热值）	未研究	+ 12m²太阳能集热器

在图 9.6.5 中，用 Eco-indicator 99 法（hierarchist）分析了不同采暖系统对建筑在全生命周期内总体环境影响的作用。该图给出了 Eco-indicator 99 法中划分的三个不同的环境影响类别。

图 9.6.5 清晰地表示出策略 1（节能策略）中热泵的优点，以及策略 2（可再生能源）中木构件使用的好处。与参照建筑相比，采用这两种策略对全生命周期环境影响的削减率最大可分别达到 47% 和 55%。而这方面的削减仅在"资量损耗"的影响类别中反映。在"人类健康"和"生态系统质量"的影响类别中，热泵由于需要消耗电力而在所有方案（包括参照住宅）中是环境影响最大的。但如果所消耗电力中可再生能源比例很高，则热泵也可以在此类别中显现优势。燃油和燃气之间的比较，燃气略占优势。

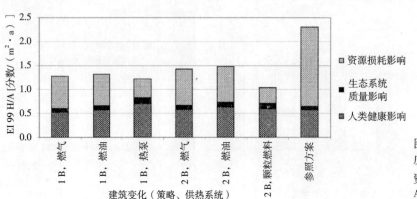

图9.6.5 采暖系统的影响，应用Eco-indicator 99 H/A

资料来源：Alex Primas and Annick Lalive d'Epinay

对热泵进行累计能量需求计算得到的结果有所不同。由于低发电效率，以及空气对水热泵的低COP值，导致所得结果较差。与参照建筑相比，热泵对环境影响仅能削减36%，而策略2中使用颗粒燃料锅炉的方案影响能够减少63%，是对全生命周期影响削弱幅度最大的。

太阳能集热器面积的影响

对于策略2（构造类型B）的典型解决方案，采用Eco-indicator 99法分析太阳能集热器面积对全生命周期总体环境影响的作用。图9.6.6显示，当各户的集热器面积超过10—12m²（单户净使用面积为120m²）时，总体环境影响并不会大幅削减。在累计能量需求（不可再生）评估中，单户集热器面积约为16m²时，其总体环境影响不仅不会削减，反而会有所增加。

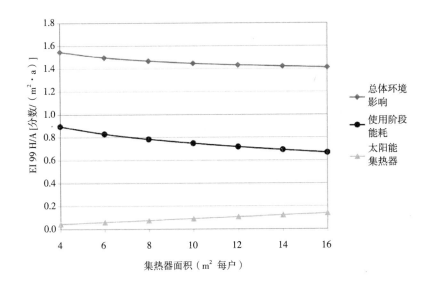

图9.6.6 集热器面积的影响，应用Eco-indicator 99 H/A
资料来源：Alex Primas and Annick Lalive d'Epinay

9.6.3 结论

对于能源性能优良的建筑，使用阶段的环境影响占寿命期内总体影响的三分之一到三分之二。实际比例取决于建筑类型和评估方法。因此选材变得十分重要。显然，考虑到全生命周期内的环境影响，需要对那些会对能量需求产生影响的建筑构件进行生态优化，例如保温材料、太阳能集热器和通风换气设备。

结果表明保温材料的作用在总体环境影响中的比例很小。如果注意保温材料的选择，那么保温材料的环境影响在总体中的比例会低于3%。因此，对于生态优化建筑来讲，保温材料的使用可以进一步提高。另一方面，应用策略2使用更大面积的太阳能集热器（即每平方米净采暖建筑面积的集热器面积超过0.1m²）时，并没有显著的生态效益。对于通风系统来讲，重点在于使用低电耗通风机[通风装置所用直流马达的能耗为0.3W/（m²·h）或更低]。而且还必须考虑热回收效率与电耗之间的平衡（压力损失）。

一般来说，建筑翻新阶段在建筑寿命期内的环境影响与建造阶段相当。因此选用耐用的可再生建筑材料（特别是内部材料）是很重要的。大部分环境影响是由住宅原始结构（楼板、墙体和屋面）材料造成。这种环境影响是由建筑设计的基本概念决定的，因此只能在早期规划阶段进行调整。结果清晰地表明，在所有方案中，如果重型结构材料并非长距离运输而来，那么往建筑工地运输过程的环境影响是很小的。

参考文献

Frischknecht, R., Bollens, U., Bosshart, S., Ciot, M., Ciseri, L., Doka, G., Hischier, R., Martin, A., Dones, R. and Gantner, U. (1996) *Ökoinventare von Energiesystemen, Grundlagen für den ökologischen Vergleich von Energiesystemen und den Einbezug von Energiesystemen in Ökobilanzen für die Schweiz*, Bundesamt für Energie, (BfE), Bern, Switzerland

Lalive d'Epinay, A., Primas, A. and Wille, B. (2004) *Ökologische Optimierung von Solargebäuden über deren Lebenszyklus*, Schlussbericht, IEA SHC Task 28/ECBCS Annex 38, Sustainable Solar Housing, Bundesamt für Energie (BFE), Basler & Hofmann AG, Bern, Switzerland

9.7 温和气候中应用节能策略的公寓楼

D.I. Sture Larsen

温和气候中采用节能策略公寓楼的目标   表9.7.1

	目标
室内采暖	15 kWh/（m² · a）
一次能源	
（室内采暖+生活热水+机械系统电耗）	60 kWh/（m² · a）

　　本小节介绍适用于温和气候中公寓楼的示范方案。将苏黎世作为温和气候的参照城市。该解决方案基于节能措施，旨在将建筑热损失降至最低程度。公寓楼本身的结构紧凑，体形系数小，这样即便围护结构保温水平适中，也足以满足目标要求（若热桥已消除）。采用热回收机械通风系统来降低换气热损失。

9.7.1 解决方案1：采用冷凝式燃气锅炉和太阳能热水系统实现节能

关键部件：

- 热回收率为80%的机械通风系统。
- 中央式供热系统进行辅助配热。
- 冷凝式燃气锅炉。
- 太阳能家用热水（集热器面积75m²）。

建筑围护结构

　　建筑结构包括混凝土楼板和聚苯乙烯外保温砌体结构。外保温的优点在于既能避免热桥又能在围护结构内蓄热，有助于储存被动式太阳能得热。蓄热能够提高夏季舒适性。

　　窗户安装有一层低辐射镀膜并充有氩气的双层玻璃。窗框面积仅占窗户面积的20%。因为窗框 U 值略高于玻璃且不传递太阳辐射，这样做可以增加得热而降低热损失。该方案的设计中需特别注意一些问题，譬如让墙体保温层从外部覆盖住大部分窗框。

表 9.7.2 给出了建筑围护结构的 U 值，影响整个建筑围护结构保温等级的参数还包括松散热强度：没有通风热回收时为 0.78 W/（$m^2 \cdot K$）（建筑面积），有热回收时为 0.50W/（$m^2 \cdot K$）。

建筑构件的 U 值　　　　　　　　　　　　　　　　　　　　　　　　　　　表9.7.2

构件	U值[W/（$m^2 \cdot K$）]
墙体	0.28
	（25 cm 砌体 + 12cm 聚苯乙烯）
屋面	0.21
楼板（不含地面）	0.33
窗户（窗框+玻璃）	1.32
窗框	1.42
窗玻璃	1.30
建筑围护结构平均值	0.40

机械系统

通风：平衡式热回收机械通风系统包括冬季和夏季两种工作模式。夏季模式应用旁通管采用夜间通风进行冷却。如果既不需要热回收也不需要制冷，可以关闭机械通风系统，居住者可以开窗通风。

室内采暖与生活热水：室内采暖是通过采用冷凝燃气锅炉的循环中央供热系统来实现。生活热水供应以太阳能集热器为主，必要时也需要燃气锅炉提供能量，没有电加热备用设施。

能源性能

室内采暖需求与峰值负荷：应用 DEROB — LTH 模拟得出室内采暖需求为 16200kWh/a [10kWh/（$m^2 \cdot a$）]。表 9.7.3 列出了模拟设定条件。采暖系统的小时负荷是基于对被遮蔽建筑的模拟，也就是在不考虑直接太阳辐射的条件下用 DEROB 模拟计算得到。在零下 13.1℃ 条件下，年峰值负荷为 18.0kW 或 11.3W/m^2。

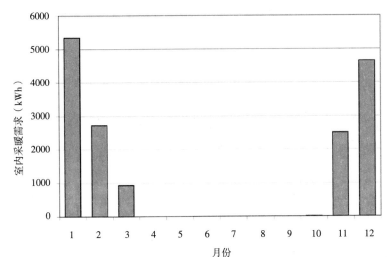

图9.7.1　月室内采暖需求

资料来源：D. I. Sture Larsen

模拟设定条件	表9.7.3
采暖设定温度	20℃
最高室内温度	23℃（采用遮阳和窗户通风）
	6月、7月、8月为26℃
通风量	0.45 ach
空气渗透率	0.05 ach
热回收效率	80%

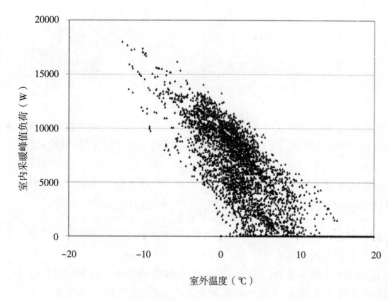

图9.7.2　室内采暖峰值负荷；在无直接太阳辐射条件下的模拟结果

资料来源：D. I. Sture Larsen

　　热水需求：净热水需热量约为 36800 kWh ［23kWh/（m² · a）］。热水需求大于室内采暖需求。这对于散热强度低且体形系数小的紧凑型建筑而言是很典型的。

　　家庭用电：对于有两个大人和一个孩子的家庭，各户家庭用电量为 22kWh/（m² · a）。一次能源目标不考虑家庭用电因素，因为居住者行为以及是否采用节能家电都会使家庭用电量产生极大变化。

　　不可再生一次能源需求和 CO_2 排放：室内采暖、生活热水供应、系统热损失与机械系统的总能耗大约为 40kWh/（m² · a）。考虑到太阳能供应热水的作用，传输能源约为 21kWh/（m² · a）（见表 9.7.4）。不可再生一次能源需求约为 30kWh/（m² · a）（48600 kWh/a），CO_2 当量排放为 6.2 kg/（m² · a）。

　　结果明显低于目标值 15kWh/（m² · a）和 60kWh/（m² · a）。然而，由于建筑围护结构需要经久耐用，保温等级绝不能降低太多。降低一次能源需求的重要手段，是将主动式太阳能用于生活热水供应。

在采用冷凝燃气锅炉和太阳能热水系统的公寓中，总能耗、不可再生一次能源需求和CO_2当量排放 表9.7.4

净能耗 [kWh/(m²·a)]	总能耗 [kWh/(m²·a)]			传输能源 [kWh/(m²·a)]	不可再生一次能源		CO_2当量排放	
	系统能耗	能源			系数	[kWh/(m²·a)]	系数 (kg/kWh)	[kg/(m²·a)]
机械系统 5.0	机械系统 5.0	电	5.0	电 5.0	2.35	11.8	0.43	2.2
室内采暖 10.1	室内采暖 10.1	燃气	16.4	燃气 16.4	1.14	18.7	0.25	4.0
生活热水 23.1	生活热水 23.1							
	储水箱和循环热损失 1.8	太阳能	18.6					
	转换热损失 0.0							
总计 38.2	40.0		40.0	21.4		30.5		6.2

9.7.2 灵敏度分析

玻璃面积及分布

模拟中采用了 A、B、C 三种不同的玻璃窗分布情景（见表9.7.5）。模拟结果显示南向玻璃面积增加（玻璃面积与立面面积比从 22% 增至 47%）对室内采暖需求无显著影响（见图 9.7.3）。窗型为有一层低辐射镀膜并充有氩气的双层玻璃。

南向窗户增大会增加热损失，但又被更多的被动式太阳能得热得到补偿。需要注意的是该结论适用于重型结构。窗墙面积比非常高的轻型构造，会产生更大的室内采暖需求以及更多的过热问题。因而本示范方案中采用玻璃窗分布情景 B。选择玻璃窗分布情景时，除了采暖需求，对室内温度和舒适性的考虑的也很重要。

A、B、C三种玻璃窗分布情景 表9.7.5

北立面和南立面的窗墙面积比				
北	玻璃		17%	
	窗户		21%	
		玻璃窗分布 A	玻璃窗分布 B	玻璃窗分布 C
南	玻璃	22%	30%	47%
	窗户	28%	38%	58%

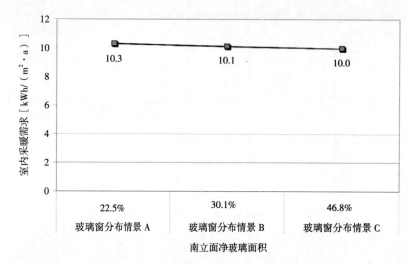

图9.7.3 不同玻璃窗分布情景条件下的室内采暖需求（双层玻璃，有一层低辐射镀膜并充氩气）

资料来源：D. I. Sture Larsen

建筑围护结构与热回收

图 9.7.4 表示出玻璃窗分布情景 B 的围护结构在不同保温水平下的室内采暖需求。研究发现，平均 U 值为 0.40 W/（$m^2 \cdot K$）且有通风热回收时，保温等级达到了节能策略中为公寓设定的目标。

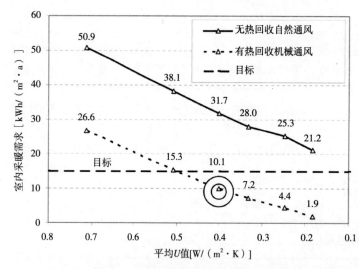

注：图中的点代表不同的模拟方案。所有方案均采用玻璃窗分布情景B。示范方案用双圈标出。水平线表示室内采暖目标15kWh/（$m^2 \cdot a$）

图9.7.4 有通风热回收和无通风热回收条件下不同保温水平的室内采暖需求

资料来源：D. I. Sture Larsen

80% 的通风热回收效率对室内采暖需求影响很大，在任何保温水平下，采暖需求都会降低约 22 kWh/（$m^2 \cdot a$）。无通风热回收的公寓没有达到室内采暖目标 15kWh/（$m^2 \cdot a$）。

曲线斜率（包括无热回收自然通风和有热回收机械通风）的下端与上端略有差别，这是因为在最后两次模拟时，窗型由双层玻璃改为 g 值不同的三层玻璃。这样会导致有效被动式太阳能得热和传输热损失之间的关系发生变化。

9.7.3 结论

只要采用有效的热回收机械通风系统，这类紧凑型的建筑即便保温等级中等也足以达到目标要求。对于结构热质量较大的建筑，玻璃窗的分布只要在一个合理范围内，就不会有很大的影响。

主动式太阳能应被视为常规且极有用的能源。提高生物燃料等可再生能源的利用率也可降低一次能源需求。

建筑围护结构　　　　　表9.7.6

构件		构造	厚度 （m）	导热率 [W/（m·K）]	热阻 [（m²·K）/W]	U值 [W/（m²·a）]
墙体		抹灰	0.015	1.000	0.015	
		砖	0.250	0.580	0.431	
		聚苯乙烯	0.120	0.041	2.927	
		抹灰	0.005	0.700	0.007	
		表面热阻			0.170	
		总计	0.390		3.550	0.28
屋面		种植土	0.100	1.160	0.086	
		排水层（空气）	0.030		0.160	
		塑料膜	0.002	0.190	0.011	
		防护毡	0.002	0.220	0.009	
		聚苯乙烯	0.160	0.038	4.211	
		防护毡	0.002	0.220	0.009	
		隔气层（聚乙烯）	0.001	0.200	0.005	
		找平层	0.030	1.400	0.021	
		钢筋混凝土	0.200	2.330	0.086	
		抹灰	0.015	1.000	0.015	
		表面热阻			0.140	
		总计	0.542		4.753	0.21
楼板		镶木地板	0.015	0.200	0.075	
		找平层	0.060	1.400	0.043	
		隔声板（矿物纤维）	0.030	0.035	0.857	
		级配碎石	0.040	0.700	0.057	
		钢筋混凝土	0.200	2.330	0.086	
		膨胀软木（R=140）	0.070	0.040	1.750	
		抹灰	0.015	1.000	0.015	
		表面热阻			0.170	
		总计	0.430		3.053	0.33
窗户		玻璃	0.004			
		氩	0.015			
		玻璃（低辐射，10%）	0.004			
		全部玻璃合计	0.023			1.30
		窗框（窗户的20%）				1.42
		窗户平均值				1.32

参考文献

Kvist, H. (2005) *DEROB-LTH for MS Windows, User Manual Version 1.0–20050813*, Energy and Building Design, Lund University, Lund, Sweden, www.derob.se

Meteotest (2004) *Meteonorm 5.0 – Global Meteorological Database for Solar Energy and Applied Meteorology*, Bern, Switzerland, www.meteotest.ch

Polysun (2005) *Polysun 3.3.5j (Larsen Version)*, Swiss Federal Office of Energy (Bundesamt für Energie), SPF Rapperswil, Solar Energy Laboratory SPF (Institut für Solartechnik), Bern, Switzerland, www.solarenergy.ch

9.8 温和气候中应用可再生能源策略的公寓楼

D.I. Sture Larsen

温和气候中应用可再生能源策略公寓楼的目标 表9.8.1

	目标
室内采暖	20 kWh/（m² · a）
一次能源	
（室内采暖+生活热水+机械系统电耗）	60 kWh/（m² · a）

本节提出适用于温和气候公寓楼的示范方案。在此将苏黎世作为温和气候的参照城市。本示范方案基于可再生能源策略，目的是将不可再生一次能源消耗量和 CO_2 排放量降至最低。公寓楼本身结构紧凑，而且体量系数小，这样围护结构保温等级适中就足以达到目标。采用平衡式热回收机械通风系统来降低通风热损失。

9.8.1 解决方案2：生物燃料锅炉与太阳能热水系统等可再生能源

关键部件：

- 热回收（热回收率为80%）机械通风。
- 利用中央供热系统进行辅助配热。
- 生物燃料锅炉（颗粒燃料）。
- 主动式太阳能联合系统（集热器面积为100m²）用于生活热水和室内采暖。

建筑围护结构

建筑采用混凝土楼板和聚苯乙烯外保温砌体结构。外保温的优点在于既能避免热桥又能在围护结构内蓄热，有助于储存被动式太阳能得热。蓄热可提高夏季舒适性。

窗户为双层玻璃，带有一层低辐射镀膜并充有氩气。窗框仅占窗户面积的20%。这种设计是为了增加得热并降低热损失，因为窗框 U 值略高于玻璃 U 值并且无法传递太阳辐射。该方案需注意让墙体保温层覆盖大部分窗框。

表 9.8.2. 给出了建筑围护结构 U 值。影响整个建筑围护结构保温等级的参数还包括散热强度，对于没有通风热回收的围护结构，散热强度为 0.78 W/（m² · K）（建筑面积）；对于有热回收的围护结构，则为 0.50W /（m² · K）。

建筑构件U值 表9.8.2

构件	U值[W/（m² · K）]
墙体	0.28
（25cm 砌体 + 12cm 聚苯乙烯）	
屋面	0.21
楼板（不含地面）	0.33
窗户（窗框+玻璃）	1.32
窗框	1.42
窗玻璃	1.30
建筑围护结构平均值	0.40

机械系统

通风：平衡式热回收机械通风系统有冬季和夏季两种模式。夏季模式应用热交换器旁通管回避热回收，可采用夜间空气制冷。如果既不需要热回收也不需要制冷，可关闭机械通风系统，需注意保持良好的室内空气质量。若关闭通风系统，需要注意开窗通风。

生活热水和室内采暖系统：室内采暖通过循环中央供热系统采用冷凝生物燃料锅炉提供。生活热水供应以太阳能集热器为主，必要时也需要生物燃料锅炉提供能量。备用系统没有应用电加热。

能源性能

室内采暖需求与峰值负荷：应用 DEROB – LTH 模拟可得室内采暖需求为 16200kWh/a[10kWh/

模拟设定条件	表9.8.3
采暖设定温度	20℃
最高室内温度	23℃（采用遮阳和开窗通风）
	6月、7月、8月为26℃
通风量	0.45 ach
空气渗透率	0.05 ach
热回收效率	80%

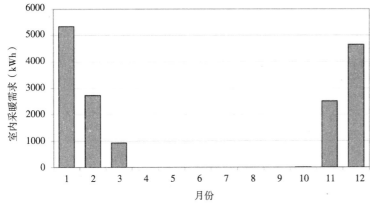

图9.8.1　1月室内采暖需求
资料来源：D. I. Sture Larsen

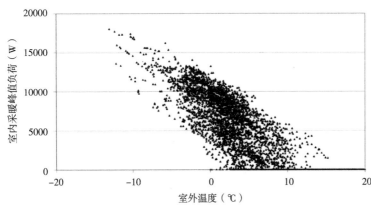

图9.8.2　室内采暖峰值负荷；模拟无直接太阳辐射的结果
资料来源：D. I. Sture Larsen

（$m^2 \cdot a$）]。表 9.8.3 给出了相关设想。采暖系统的小时负荷是基于对被遮蔽建筑的模拟，也就是在不考虑直接太阳辐射的条件下用 DEROB 模拟计算得到。在 $-13.1℃$ 条件下，年峰值负荷为 18.0kW 或 $11.3W/m^2$。

热水需求：净生活热水需热量约为 36800kWh［23kWh/（$m^2 \cdot a$）]。生活热水需求大于室内采暖需求。对于散热强度低并且体形系数小的紧凑型建筑，这是一个典型特征。

家庭用电：对于有两个大人和一个孩子的家庭，各公寓的家庭用电量为 22 kWh/（$m^2 \cdot a$）。一次能源目标不考虑家庭用电因素，因为居住者行为以及是否采用节能家电都会使家庭用电量产生极大变化。

不可再生一次能源需求和 CO_2 排放：室内采暖、生活热水、系统热损失和机械系统的总能耗大约为 43kWh/（$m^2 \cdot a$）。考虑到太阳能在生活热水和室内采暖中的应用，传输能源约为 23kWh/（$m^2 \cdot a$）（见表 9.8.4）。不可再生一次能源需求约为 14kWh/（$m^2 \cdot a$）（22800 kWh/a），CO_2 当量排放为 3.0kg/（$m^2 \cdot a$）。

该计算结果明显低于目标值 15kWh/（$m^2 \cdot a$）和 60kWh/（$m^2 \cdot a$）。然而，由于建筑围护结构应经久耐用，保温等级绝不能降低太多。应用主动式太阳能是降低一次能源需求量的重要手段。

对于采用结合生物燃料锅炉的太阳能热水及采暖系统的公寓，其总能源需求、不可再生一次能源需求和 CO_2 当量排放   表9.8.4

净能耗 [kWh/($m^2 \cdot a$)]		总能耗 [kWh/($m^2 \cdot a$)]		传输能源 [kWh/($m^2 \cdot a$)]	不可再生一次能源		CO_2当量排放	
		系统能耗	能源		系数	[kWh/($m^2 \cdot a$)]	系数 (kg/kWh)	[kg/($m^2 \cdot a$)]
机械系统 5.0		机械系统 5.0	电 5.0	电 5.0	2.35	11.8	0.43	2.2
室内采暖 10.1		室内采暖 10.1	生物质颗粒燃料 18.0	生物质颗粒燃料 18.0	0.14	2.5	0.04	0.8
生活热水 23.1		生活热水 23.1						
		储水箱和循环热损失 2.2	太阳能 20.1					
		转换热损失 2.7						
总计 38.2		43.1	43.1	23.0		14.3		3.0

9.8.2　灵敏度分析

集热器面积

模拟中采用了 6 种不同的集热器面积（0 m^2，50 m^2，75 m^2，100 m^2，150 m^2 与 200 m^2）。结果表明，是否采用主动式太阳能系统对一次能源需求和 CO_2 排放的影响最为显著。集热器面积重要性其次。增大集热器面积的益处会随着集热器尺寸的增大而降低。

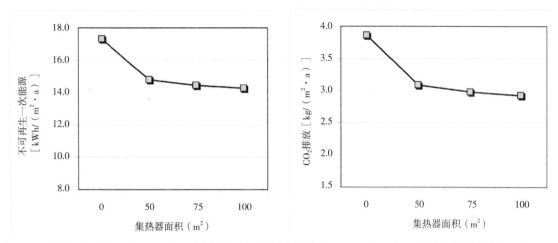

图9.8.3 集热器面积对一次能源需求量（左）和CO$_2$排放（右）的影响：采用生物燃料锅炉和太阳能联合系统的方案。
资料来源：D. I. Sture Larsen

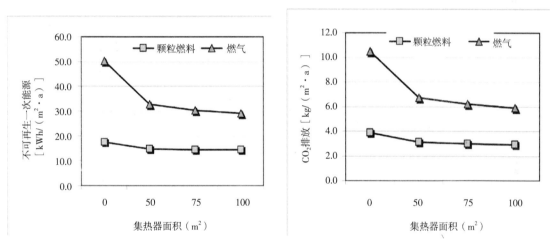

图9.8.4 能源选择对一次能源需求量（左）和CO$_2$排放（右）的影响：对生物质燃料和燃气的比较
资料来源：D. I. Sture Larsen

9.8.3 设计建议

建筑热损失包括传导热损失和通风热损失，因而通风热回收相当重要。如何选择太阳能系统和燃料，对于不可再生一次能源需求的影响都很大。而太阳能系统是必须考虑的。

对于体量紧凑的公寓，生活热水需求远高于室内采暖需求，因而更为重要。用于耦合太阳能系统和中央供热系统的增量成本很少也很值得。生物质或木质颗粒燃料可有效代替矿物燃料。使用生物燃料是降低一次能源需求并减少二氧化碳排放的重要手段。木材燃烧排放的二氧化碳和废木构件在森林中腐烂排放的二氧化碳相当。

建筑围护结构 表9.8.5

部件		构造	厚度 （m）	导热率 [W/（m·K）]	热阻 [（m²·K）/W]	U值 [W/（m²·K）]
墙体		抹灰	0.015	1.000	0.015	
		砖块	0.250	0.580	0.431	
		聚苯乙烯	0.120	0.041	2.927	
		抹灰	0.005	0.700	0.007	
		表面热阻			0.170	
		总计	0.390		3.550	0.28
屋面		种植土	0.100	1.160	0.086	
		排水层（空气）	0.030		0.160	
		塑料膜	0.002	0.190	0.011	
		防护毡	0.002	0.220	0.009	
		聚苯乙烯	0.160	0.038	4.211	
		防护毡	0.002	0.220	0.009	
		隔气层（聚乙烯）	0.001	0.200	0.005	
		找平层	0.030	1.400	0.021	
		钢筋混凝土层	0.200	2.330	0.086	
		抹灰	0.015	1.000	0.015	
		表面热阻			0.140	
		总计	0.542		4.753	0.21
楼板		镶木地板	0.015	0.200	0.075	
		找平层	0.060	1.400	0.043	
		隔声板（矿物纤维）	0.030	0.035	0.857	
		级配碎石	0.040	0.700	0.057	
		钢筋混凝土	0.200	2.330	0.086	
		膨胀软木（R=140）	0.070	0.040	1.750	
		抹灰	0.015	1.000	0.015	
		表面热阻			0.170	
		总计	0.430		3.053	0.33
窗户		玻璃	0.004			
		氩气	0.015			
		玻璃（低辐射，10%）	0.004			
		全部玻璃合计	0.023			1.30
		窗框（占窗户面积20%）				1.42
		窗户平均值				1.32

参考文献

Kvist, H. (2005) *DEROB-LTH for MS Windows, User Manual Version 1.0–20050813*, Energy and Building Design, Lund University, Lund, Sweden, www.derob.se

Meteotest (2004) *Meteonorm 5.0 – Global Meteorological Database for Solar Energy and Applied Meteorology*, Bern, Switzerland, www.meteotest.ch

Polysun (2005) *Polysun 3.3.5j (Larsen Version)*, Swiss Federal Office of Energy (Bundesamt für Energie), SPF Rapperswil, Solar Energy Laboratory SPF (Institut für Solartechnik), Bern, Switzerland, www.solarenergy.ch

第10章 温暖气候

10.1 温暖气候中的设计

Maria Wall 与 Johan Smeds

本章将介绍节能和可再生能源示范方案，与之进行对比的参照建筑符合 2001 年意大利北部以及其他有采暖需求的阿尔卑斯山脉南部相似气候带的建筑规范。本章案例的设计在满足项目所设定能源目标的同时，还能实现较高舒适性。

10.1.1 温暖气候特征

在此将米兰气候作为温暖气候区的代表。米兰位于北纬 45.3°，年平均气温为 11.7℃（Meteotest，2004）。图 10.1.1 对温暖气候和本书中的另两种气候区进行了比较。

温暖气候的特征是采暖度日数少，太阳能得热高于其他两个气候区，室外温度高。图 10.1.2 给出了米兰的月平均室外温度及太阳辐射总体情况。月总水平辐射在 28kWh/m²（12 月）和 188kWh/m²（7 月）之间变化。

当前，较温暖的气候成为该地区建筑保温水平差的一种借口。然而面对这种情况，我们应该把它看做是应用已在欧洲其他地区普及的标准化技术来实现高性能住宅的极好机会。

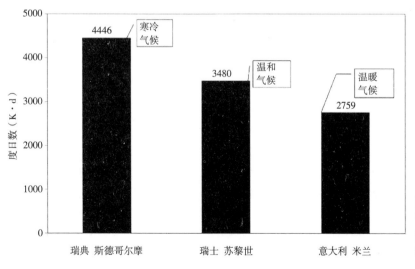

图10.1.1　寒冷、温和以及温暖气候城市的度日数（20/12）
资料来源：Maria Wall and Johan Smeds

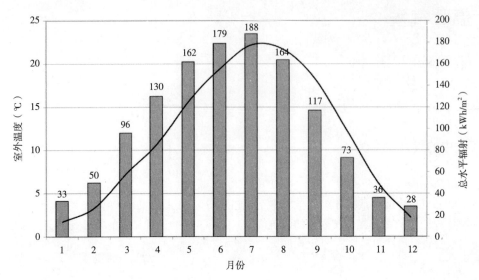

图10.1.2 米兰月平均室外温度与太阳辐射（总水平辐射）

资料来源：Maria Wall and Johan Smeds

在温暖气候中，更容易实现本书提出的能源目标。然而，与普通案例相比，高性能解决方案需要更高的保温水平。温暖气候可以实现许多种不同的解决方案；但是降低热损失仍是在能源供给系统设计前的关键所在，并且最好要基于可再生能源。

温暖气候中实现高性能目标，还要求围护结构具有高气密性并利用热回收机械通风。保证足量的新风供给十分重要。理论上，在温暖气候中采用自然通风就足够了，但对于气密性良好的建筑则完全取决于用户的行为。另一方面，上述措施的增量成本可以部分的被较小规模的供热系统相抵消。

温暖气候中，即使是仲冬时节，被动式太阳能得热也常常会超过窗户热损失。必须控制窗户的尺寸，以减少过热风险和由此导致的热负荷增加。建筑中的蓄热体量可抑制温度波动，降低峰值负荷并提高热舒适性。窗户遮阳措施也相当重要。

相对而言，这里的太阳能资源很丰富，而生物质燃料却较多受地理条件的限制（譬如山区地带）。城市中的区域供热也越来越普遍了。

10.1.2 独栋住宅

独栋住宅参照建筑

参照独栋住宅建筑面积 $150m^2$，围护结构平均 U 值 $0.74W/（m^2 \cdot K）$。这反映了意大利北部 2001 年建筑规范的平均保温水平。其中假设将冷凝燃气锅炉用于生活热水和室内采暖，如果没有热回收功能，通风量和空气渗透率总计为 0.6 ach。据 TRNSYS 模拟得知，参照住宅的室内采暖需求为 $100\,kWh/（m^2 \cdot a）$。热水需求为 $18.7kWh/（m^2 \cdot a）$。假设参照住宅的家庭用电量为 $29kWh/（m^2 \cdot a）$。

生活热水、室内采暖、机械系统和系统热损失的总能耗约为 $131kWh/（m^2 \cdot a）$。以电和天然气为能源，则不可再生一次能源需求 $155kWh/（m^2 \cdot a）$ 和 CO_2 当量排放 $33kg/（m^2 \cdot a）$。

独栋住宅示范方案

不同的解决方案都能轻易地满足室内采暖目标，策略 1（节能策略）的目标为 20 kWh/（m²·a）；策略 2(可再生能源策略)的目标为 25kWh/（m²·a）。示范方案中采用热回收率为 80% 的机械通风系统。示例如下：

节能: 解决方案1	
整个建筑 U 值:	0.28 W/（m²·K）
室内采暖需求:	18.7kWh/（m²·a）
配热:	热水辐射采暖
供暖系统:	冷凝燃气锅炉
生活热水系统	太阳能集热器和冷凝燃气锅炉

可再生能源: 解决方案2	
整个建筑 U 值:	0.32 W/（m²·K）
室内采暖需求:	23.6kWh/（m²·a）
配热:	热水辐射采暖
生活热水与室内采暖系统:	结合冷凝燃气锅炉的太阳能联合系统

图 10.1.3 给出了两种解决方案和参照独栋住宅的总能源需求、传输能源和不可再生一次能源需求。与参照住宅相比，这两种解决方案中的总能源需求和传输能源需求低于 40%，不可再生一次能源需求仅占 33%。解决方案 2 与解决方案 1 中的传输能源和不可再生一次能源需求大致相同。这是因为解决方案 2 中建筑围护结构 U 值比解决方案 1 高，传导热损失也更大，但同时其太阳能集热器的效用恰被这部分增加的传导热损失抵消了。

图 10.1.4 所示为 CO_2 当量排放。两个解决方案中 CO_2 排放仅为 10kg/（m²·a），是燃气供热的参照住宅 CO_2 排放量的 32%。

结果表明不同的策略和系统解决方案可能形成相近的热工性能和 CO_2 排放。

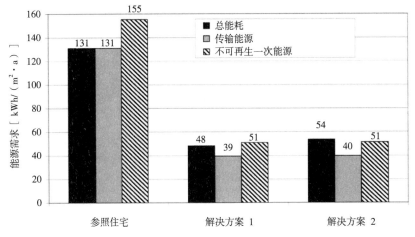

图10.1.3 独栋住宅的总能源需求、传输能源以及不可再生一次能源需求概况；参照住宅采用冷凝式燃气锅炉

资料来源: Maria Wall and Johan Smeds

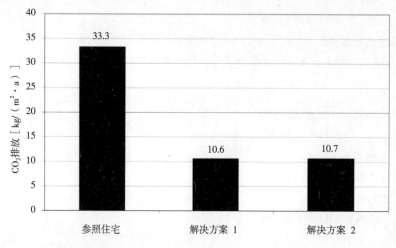

图10.1.4 独栋住宅的CO_2当量排放概况；参照建筑采用冷凝燃气锅炉

资料来源：Maria Wall and Johan Smeds

10.1.3 联排住宅

联排住宅参照建筑

设定联排住宅共有 6 户，建筑面积均为 120m²，建筑围护结构平均 U 值为 0.86 W/（m²·K）。生活热水和室内采暖由冷凝燃气锅炉提供，联合自然通风渗透率为 0.6ach 且没有热回收。应用 TRNSYS 模拟得到参照住宅的室内采暖需求为 64.7kWh/（m²·a）。热水需求为 23.4kWh/（m²·a）。家庭用电量设定为 36kWh/（m²·a）。

生活热水、室内采暖、机械系统和系统热损失的总能耗约为 102kWh/（m²·a）。以电力和燃气为能源，将产生不可再生一次能源需求 122kWh/（m²·a）和 CO_2 当量排放 26 kg/（m²·a）。

联排住宅示范方案

如本书第 10.4 和 10.5 小节所示，应用策略 1（节能策略）示范方案的室内采暖目标为 15 kWh/（m²·a），应用策略 2（可再生能源策略）示范方案的室内采暖目标 20kWh/（m²·a）。在联排住宅中采用公共供热系统是一个不错的主意，而且这在许多地区都可以实现。在此所示各示范方案均采用了热回收率为 80% 的机械通风系统。

主要示例如下：

节能: 解决方案1	
整个建筑的U值：	0.38 W/（m²·K）
室内采暖需求：	13.2 kWh/（m²·a）
配热：	热水辐射采暖
生活热水和室内采暖系统	室外空气对水热泵

可再生能源: 解决方案2	
整个建筑的U值：	0.46 W/（m²·K）
室内采暖需求：	16.1 kWh/（m²·a）
配热 ：	热水辐射采暖
生活热水和室内采暖系统	埋管热泵

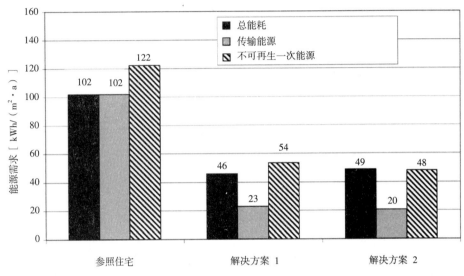

图10.1.5 联排住宅的总能耗、传输能源和不可再生一次能源需求概况；参照住宅采用冷凝式燃气锅炉

资料来源：Maria Wall and Johan Smeds

图 10.1.5 给出了参照联排住宅和示范方案的总能耗、传输能源和不可再生一次能源消耗量。方案2采用了埋管热泵，尽管其建筑围护结构保温水平低于方案2，但其传输能源和一次能源需求量还是略低于采用室外空气热泵的方案1。这是因为而言，埋管热泵的性能系数（COP）较高（3.1），而室外空气热泵较低（2.3）。总能源需求和传输能源需求分别为参照住宅的50%和20%。不可再生一次能源需求减少到原来的40%，CO_2当量排放仅为参照住宅的33%—37%（如图10.1.6）。当然，其他解决方案（例如太阳能系统）也可采用。

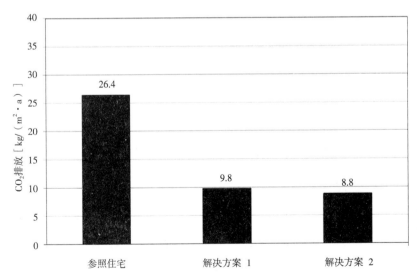

图10.1.6 联排住宅的CO_2当量排放概况；参照住宅采用冷凝式燃气锅炉

资料来源：Maria Wall and Johan Smeds

参考文献

Meteotest (2004) *Meteonorm 5.0 – Global Meteorological Database for Solar Energy and Applied Meteorology*, Bern, Switzerland, www.meteotest.ch

TRNSYS (2005) *A Transient System Simulation Program*, Solar Energy Laboratory, University of Wisconsin, Madison, WI

10.2　温暖气候中应用节能策略的独栋住宅

Luca Pietro Gattoni

温暖气候中应用节能策略的独栋住宅的目标		表10.2.1
	目标	
室内采暖	20 kWh/（m² · a）	
一次能源		
（室内采暖+生活热水+机械系统电耗）	60 kWh/（m² · a）	

本节介绍温暖气候中高性能独栋住宅应用节能策略时的示范方案。以米兰作为温暖气候的参照城市。温暖气候需要兼顾考虑采暖需求和夏季舒适度。

10.2.1　解决方案 1：应用冷凝燃气锅炉和太阳能热水的节能策略

建筑围护结构

独栋住宅存在体形系数过大的问题。若围护结构质量不好，将导致很高的热量损失。与其他建筑形式（联排住宅或公寓）相比，独栋住宅更难达到室内采暖目标。

与参照建筑相比，推荐示范方案要求大幅增加保温层厚度。考虑到经济和技术原因，屋面保温层厚度可大于墙体保温层。另外，对于低层建筑来说，屋面保温层的影响与墙体差不多甚至更大。提高不透明围护结构保温水平使围护结构整体平均 U 值达到 0.18W/（m² · K）。保温层的导热率设为 $\lambda = 0.035$ W/（m · K）。U 值分别为：

- $U_{墙体} = 0.20$ W/（m² · K），相应保温层厚度为 16cm；
- $U_{屋面} = 0.16$ W/（m² · K），相应保温层厚度为 20 cm。

窗户是围护结构中高 U 值的部分，其尺寸应当能够满足白天的采光需求，且南向窗户面积应足够大以尽量获得太阳能得热，从而更利于实现目标；各推荐示范方案的玻璃面积均小于参照建筑。然而其太阳能得热水平都在相同数量级，并且由于示范方案的保温水平较高，能有效地降低需热量。

推荐窗型为具有一层低辐射镀膜的双层玻璃；空气间层填充氩气 [玻璃 U 值为 1.10 W/（m² · K）]。这种窗型并不少见，尽管目前在温暖气候地区不常使用，但在中欧地区却很普遍。所选玻璃的 U 值低于窗框。因此窗框面积应越小越好。鉴于此，南向窗的窗框面积比为 25% 而不是如参照案例的 30%。

机械系统

通风：为达到室内采暖目标，必须降低通风热损失。因此选择采用热回收率为 80% 的机械通风系统。通风量为 0.45 ach，空气渗透率为 0.05 ach。

生活热水与室内采暖系统：为实现既定目标，设定在该示范方案中使用天然气，于是便可采用高效冷凝式燃气锅炉。但是为达到一次能源目标，不能完全依赖该系统。一部分生活热水需求要由可再生能源满足。因而设置了 4m² 的太阳能集热器，至少可供应 40% 的生活热水。能源需求可由下列方式满足：

- 室内采暖需求：100% 由燃气锅炉满足（一次能源系数或 PEF = 1.14；设备效率 =1.00）。
- 生活热水需求：60% 由燃气炉满足（PEF = 1.14；设备效率 =0.85），其余 40% 由太阳能集热器满足（PEF = 0）。
- 机械系统电力需求：100% 通过电力提供（PEF = 2.35）。

机械系统电力需求大约为 5kWh/（m²·a）。住户每天的生活热水需求量为 160L。冷水进水温度为 13.5℃，需加热至 55℃。系统热损失估算为 1.45W/K，热水器效率为 85%。

为实现一次能源目标 60kWh/（m²·a），也可能采用其他生活热水与室内采暖系统。如不能采用天然气，或者因某种原因或用户要求无法采用太阳能系统，则可考虑用各类热泵来满足所有供热需求以实现既定目标。本书 10.4 节为联排住宅提出了类似的示范方案，会产生相近的一次能源需求（同时见 10.3 节灵敏度分析）。

能源性能

室内采暖需求：应用上述各基本原理并采用重型结构时，室内采暖需求为 18.7kWh/（m²·a），符合目标要求。采用轻型结构而平均 U 值相等时，室内采暖需求为 20.0kWh/（m²·a）。

图 10.2.1 和表 10.2.2 给出了通风热损失的影响。对于采用高性能方案的住宅，通风热损失为 8.6kWh/（m²·a），而参照住宅的通风热损失为 34.5kWh/（m²·a）。采用更优良的通风系统来提高节能效果，也需要进一步改善围护结构的气密性（表 10.2.2 中空气渗透率从 0.10ach 变为 0.05 ach）。

独栋住宅建筑与能源性能主要数据比较；推荐方案南向窗的窗框面积比为25%而非30%			参照建筑	推荐方案	表10.2.2
围护结构					
墙体	$U_{墙体}$	W/（m²·K）	0.60	0.20	
屋面	$U_{屋面}$	W/（m²·K）	0.48	0.16	
楼板	$U_{楼板}$	W/（m²·K）	0.80	0.34	
窗户					
玻璃占70%面积	$U_{玻璃}$	W/（m²·K）	2.80	1.10	
	g	—	0.75	0.60	
窗框占30%面积	$U_{窗框}$	W/（m²·K）	2.40	1.80	
窗户面积					
（窗墙比）					
南窗	A_S	m²（%）	9.0（28%）	12.8（40%）	
东窗	A_E	m²（%）	3.0（8%）	3.0（8%）	
西窗	A_W	m²（%）	9.0（25%）	3.0（8%）	
北窗	A_N	m²（%）	1.6（5%）	1.6（5%）	
换气率					
渗透	n_{inf}	ach	0.10	0.05	
通风	n_{vent}	ach	0.50	0.45	
热回收	η	—	—	0.80	
室内采暖需求	Q_h	kWh/（m²·a）	100.1	18.7	

得益于应用节能策略，采暖季缩短为 11 月到次年 3 月（如图 10.2.2），而参照案例的采暖季较长，要从 10 月到次年 4 月。当室外温度达到约 –10℃时出现峰值负荷，大约为 2800W，但持续时间很短，米兰很少有这么低的气温（如图 10.2.3）。温暖气候区北部、纬度较高的乡村地区，这种最寒冷的时间段更具代表性。

采暖季能量平衡模拟结果（10月1日至次年4月30日）			参照建筑	推荐方案	表10.2.3
热损失					
传导热损失	Q_{TRA}	kWh/（$m^2 \cdot a$）	98.4	38.0	
通风热损失	Q_{VENT}	kWh/（$m^2 \cdot a$）	34.5	8.6	
得热					
太阳能	Q_{SOL}	kWh/（$m^2 \cdot a$）	17.6	16.1	
内部	Q_{INT}	kWh/（$m^2 \cdot a$）	16.1	11.8	
室内采暖需求	Q_h	kWh/（$m^2 \cdot a$）	100.1	18.7	

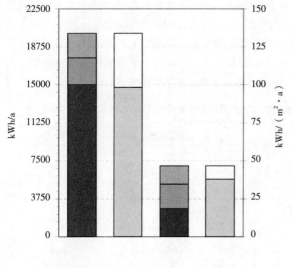

室内采暖需求
已利用太阳能得热
已利用内部得热
传导热损失
通风热损失

注：该柱状图对比了参照建筑（第一和第二柱）和推荐方案（第三和第四柱）。第二和第四柱表示热损失，第一和第三柱表示得热和需热量。

图10.2.1　按照表10.2.3所示独栋住宅的能量平衡模拟结果
资料来源：Luca Pietro Gattoni

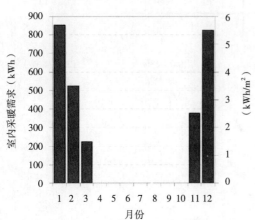

图10.2.2　该独栋住宅的每月室内采暖需求
资料来源：Luca Pietro Gattoni

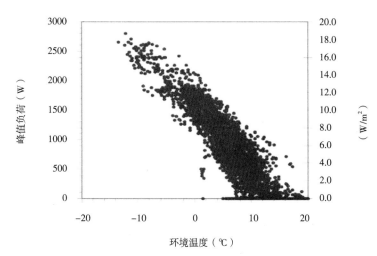

图10.2.3　无直接太阳辐射时的小时峰值负荷模拟结果

资料来源：Luca Pietro Gattoni

　　家庭用电：对于有两个大人和两个孩子的家庭，家庭用电量约为2500kWh[16.6kWh/（m²·a）]。由于家庭用电完全取决于居住者，表10.2.4所示的一次能源计算不含家庭用电。

　　不可再生一次能源需求和CO_2排放：上述系统的不可再生一次能源需求和CO_2评估在表10.2.4给出，推荐方案符合一次能源目标，结果如下所示：

- 不可再生一次能源需求：50.9kWh/（m²·a）；
- CO_2当量排放：10.6kg/（m²·a）。

总能源需求、一次能源需求与CO_2当量排放　　表10.2.4

净能耗 [kWh/(m²·a)]		总能耗 [kWh/(m²·a)]		传输能源 [kWh/(m²·a)]	不可再生一次能源系数（—）	不可再生一次能源 [kWh/(m²·a)]	CO_2排放系数 (kg/kWh)	CO_2当量排放 [kg/(m²·a)]
		系统能耗	能源					
机械系统 5.0		机械系统 5.0	电 5.0	电 5.0	2.35	11.8	0.43	2.2
室内采暖 18.7		室内采暖 18.7	天然气 34.3	天然气 34.3	1.14	39.1	0.25	8.5
生活热水 18.7		生活热水 18.7						
		储水箱和循环热损失 3.4	太阳能 8.9					
		转换热损失 2.3						
总计 42.4		48.2	48.2	39.3		50.9		10.6

10.2.2　夏季舒适性

　　为评估夏季的情况，对特定室内温度小时数进行了研究，按以下两个基本策略进行。

　　1. 夜间自然通风降温：夜间通风量为1ach。

　　2. 窗户遮阳：遮阳系数为0.5或0.8。

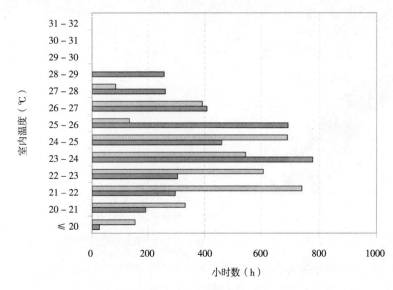

图10.2.4 保持一定室内温度的小时数：模拟时间为5月1日到9月30日；采用夜间通风和遮阳措施

资料来源：Luca Pietro Gattoni

图 10.2.4 所示结果清晰地表明温暖气候区的建筑物容易过热，因此需特别设计，以避免夏季舒适性差或使用机械制冷系统。遮阳和夜间通风可有效降低过热风险。

研究夜间通风时应考虑到局部气候条件，因为空气流量（设定为1ach）与空气温度会因区位差异（郊区或市区）而产生很大变化。

即便是低需热量的示范方案，也需要针对过热风险问题进行评估。某些措施可同时有利于实现冬夏两季的不同目标（譬如保温层），但也有一些（譬如增大玻璃面积）会导致恶劣的室内环境状况。

10.2.3 灵敏度分析

本节将介绍窗户和玻璃的面积、玻璃类型以及墙体保温层厚度对室内采暖需求的影响。本节所示研究结果针对实际的高性能住宅案例，但也提示性地给出了某些总体趋势，这也有助于早期设计阶段的决策。

图 10.2.5 所示为不同的窗户面积比例组合下，室内采暖需求和窗地面积比之间的关系。图 10.2.5 中的网格大致呈长方形。四边中的两边分别表示南窗和北窗面积的增加。每个单点代表南窗和北窗面

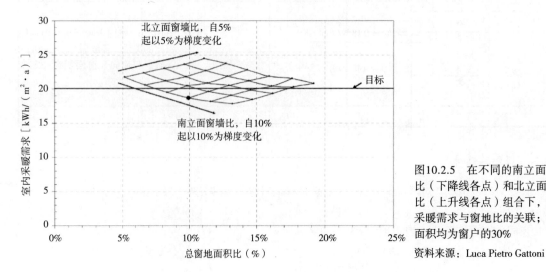

图10.2.5 在不同的南立面窗墙比（下降线各点）和北立面窗墙比（上升线各点）组合下，室内采暖需求与窗地比的关联；窗框面积均为窗户的30%

资料来源：Luca Pietro Gattoni

积准确的数据，从而形成对应的总窗地面积比数值（X 轴）。黑点表示表 10.2.2 中描述的解决方案。下降线上的点表示南立面窗户面积比例（自 10% 开始，以 10% 为梯度）的变化，上升线上的点表示北立面窗户面积比例（自 5% 开始，以 5% 为梯度）的变化。

　　图 10.2.5 给出了玻璃面积的变化，正是这些玻璃实现了太阳能得热并造成了大部分热损失。得热与失热之间的关系将影响室内采暖需求。X 轴所示为总玻璃面积与建筑面积之比。很多建筑规程都将该值作为有效室内采光的衡量标准。如图 10.2.5 所示，相近的窗地比可能产生不同的室内采暖需求。这是因为总窗地面积比保持不变时，南北向开窗面积比例可以不同。

　　据图 10.2.5 可知：

- 在不同的南北向窗户面积组合下都可以实现室内采暖目标 20kWh/（m^2·a）。
- 增大南向窗户面积，将降低室内采暖需求，而增大北向窗户面积，将提高室内采暖需求。

　　以推荐方案为例，如表 10.2.2 所述，图 10.2.6 和图 10.2.7 给出了参变量分析结果。两图表明了在围护结构部件（墙体或玻璃）的厚度或热工性能（主要指 U 值和 g 值）发生改变时，室内采暖需求与窗地面积比之间的关联变化。在此仅有南向窗面积发生改变，而北向窗面积总是保持最小值。图 10.2.6 给出了不同墙体保温水平的影响。而由图 10.2.7 可知，不同窗户类型可有相同的曲线。其中 U 值 =0.7W/（m^2·K）的曲线所示对应于采用 3 层玻璃、2 层低辐射镀膜且充氩气的窗户。而 U 值为 1.1 的曲线则对应于采用双层玻璃、1 层低辐射镀膜且充氩气的窗户。U 值 =1.4W/（m^2·K）的曲线对应于采用相同的双层玻璃但填充空气的窗户。

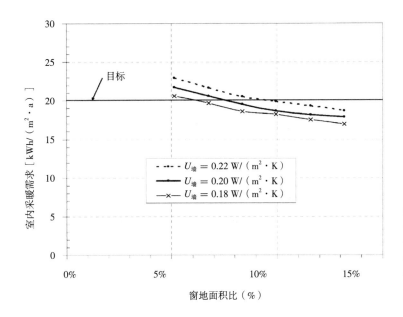

图10.2.6　室内采暖需求与窗地面积比的关系：各数值与均表10.2.2一致，仅南向开窗面积有一定变化以对应于X轴所示的总窗地面积比；不同曲线表示不同的墙体保温水平

资料来源：Luca Pietro Gattoni

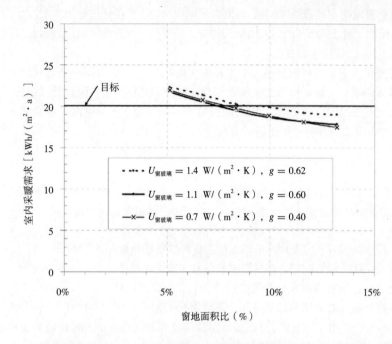

图10.2.7　室内采暖需求与窗地面积比的关系：各数值与均表10.2.2一致，仅南向开窗面积有一定变化以对应于X轴所示的总窗地面积比；不同曲线表示不同的玻璃保温水平

资料来源：Luca Pietro Gattoni

　　图 10.2.6 与图 10.2.7 均表明，随着南立面采光面积比例的增大，室内采暖需求降低。这是因为虽然得热与失热都增加了，但温暖气候中太阳能有效性更高，得热大于失热。然而，采光面积大幅增加可能对建筑的总体热工性能和热舒适性产生负面影响。尽管室内采暖需求可能会降低，但过大的窗户面积会导致夜间和阴天的峰值负荷变得更高。

参考文献

TRNSYS (2005) *A Transient System Simulation Program*, Solar Energy Laboratory, University of Wisconsin, Madison, WI

10.3　温暖气候中应用可再生能源策略的独栋住宅

Luca Pietro Gattoni

温暖气候中应用可再生能源策略的独栋住宅的目标	表10.3.1
	目标
室内采暖	25 kWh/（m² · a）
一次能源	
（室内采暖+生活热水+机械系统电耗）	60 kWh/（m² · a）

　　本节介绍温暖气候中高性能独栋住宅的可再生能源策略示范方案。其中一次能源目标与节能策略相同。不过为了将投资从节能方面（围护结构）转移到可再生能源供给，可以接受较高的室内采暖需求。在此将米兰作为温暖气候的参照城市。需要同时考虑采暖需求和夏季舒适性。

10.3.1　解决方案 2：应用太阳能联合系统和冷凝燃气锅炉的可再生能源策略

建筑围护结构

与参照住宅相比，不透明围护结构的保温水平有所增加并且平均 U 值达到 0.23W/（m²·K）。设定保温层的导热率为 λ=0.035W/（m·K）。传导热损失降低了 55%，整体外墙和屋面的 U 值为：

- $U_{墙}$=0.25W/（m²·K），对应保温层厚度为 12 cm；
- $U_{屋面}$=0.22W/（m²·K），对应保温层厚度为 15cm。

与第 10.2 小节的节能案例相比，本案区别在于不透明建筑围护结构保温较弱。这两个示范方案中所采用的窗户相同。对于温暖气候中的高性能住宅来说，选择 U 值为 1.3W/（m²·K）的窗型是实现高热工性能和热舒适性的基本要求。

机械系统

通风：为了实现室内采暖目标，必须降低通风热损失。因而采用热回收率为 80% 的机械通风系统。通风量为 0.45 ach，空气渗透率为 0.05 ach。

生活热水与室内采暖系统：应用带有燃气锅炉的太阳能联合系统。能源需求通过以下方式满足：

- 室内采暖需求：70% 由燃气炉提供（一次能源系数或 PEF 为 1.14；设备效率为 1.00），30% 由太阳能联合系统（PEF=0）提供。
- 生活热水需求：70% 求由燃气炉提供（PEF=1.14；设备效率 =0.85），30% 由太阳能联合系统（PEF=0）提供。
- 机械系统供电需求：100% 的由电力提供（PEF = 2.35）。

机械系统用电需求大约为 5kWh/（m²·a）。另外，住户每天需要生活热水 160L。冷水进水温度为 13.5℃并需加热至 55℃。系统热损失估算为 1.45 W／K，热水器效率为 85%。

能源性能

室内采暖需求：建筑若采用重型结构，可实现室内采暖需求 23.6kWh/（m²·a）（见表 10.3.3）。这满足了室内采暖目标，并且其能耗不到参照住宅的四分之一。

图 10.3.1 所示为示范方案和参照建筑的能量平衡。图 10.3.2 和图 10.3.3 分别表示每月室内采暖需求和峰值负荷。结果与第 10.2 小节的节能策略方案相近。

独栋住宅建筑与能源性能主要数据比较；该推荐方案的南向窗窗框面积比为25%而非30%　表10.3.2

			参照建筑	推荐方案
围护结构				
墙体	$U_{墙体}$	W/（m²·K）	0.60	0.25
屋面	$U_{屋面}$	W/（m²·K）	0.48	0.22

续表

			参照建筑	推荐方案
楼板	$U_{楼板}$	W/（m²·K）	0.80	0.34
窗户				
玻璃面积70%	$U_{玻璃}$	W/（m²·K）	2.80	1.10
	g	—	0.75	0.60
窗框面积30%	$U_{窗框}$	W/（m²·K）	2.40	1.80
窗户面积				
（窗墙面积比）				
南窗	A_S	m²（%）	9.0（28%）	12.8（40%）
东窗	A_E	m²（%）	3.0（8%）	3.0（8%）
西窗	A_W	m²（%）	9.0（25%）	3.0（8%）
北窗	A_N	m²（%）	1.6（5%）	1.6（5%）
换气率				
渗透	n_{inf}	ach	0.10	0.05
通风	n_{vent}	ach	0.50	0.45
热回收	η	—	—	0.80
室内采暖需求	Q_h	kWh/（m²·a）	100.1	23.6

采暖期能量平衡模拟结果（10月1日至次年4月30日）　　　　表10.3.3

			参照建筑	推荐方案
失热				
传导热损失	Q_{TRA}	kWh/（m²·a）	98.4	43.9
通风热损失	Q_{VENT}	kWh/（m²·a）	34.5	8.5
得热				
太阳能	Q_{SOL}	kWh/（m²·a）	17.6	16.7
内部	Q_{INT}	kWh/（m²·a）	16.1	12.1
室内采暖需求	Q_h	kWh/（m²·a）	100.1	23.6

　　家庭用电：对于有两个大人和两个孩子的家庭，用电量约为2500kWh［16.6kWh/（m²·a）］。由于家庭用电完全取决于居住者，表10.3.4中的一次能源计算不含家庭用电。

　　不可再生一次能源需求和CO_2排放：示范方案的不可再生一次能源需求与CO_2排放的评估结果由表10.3.4给出。示范方案达到了既定的一次能源目标：

- 不可再生一次能源需求为：51.4kWh/（m²·a）；
- CO_2当量排放：10.7kg/（m²·a）。

　　与节能策略示例相比，该方案的传输能源（即由用户支付的能源费用）增加了15%。若详细分析太阳能联合系统在不同围护结构保温水平下的保证率，可进一步优化投资与运营费用。

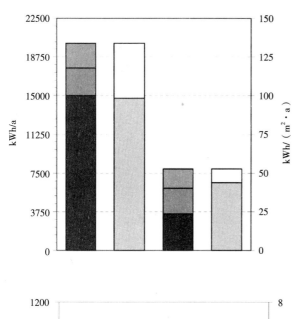

注：该柱状图对比了参照建筑（第一和第二柱）和推荐方案（第三和第四柱）。第二和第四柱表示热损失，第一和第三柱表示得热和需热量。

图例：
室内采暖需求
已利用太阳能得热
已利用内部得热
传导热损失
通风热损失

图10.3.1 按照表10.3.3所示独栋住宅能量平衡模拟结果

资料来源：Luca Pietro Gattoni

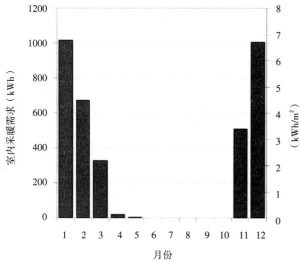

图10.3.2 独栋住宅的每月室内采暖需求

资料来源：Luca Pietro Gattoni

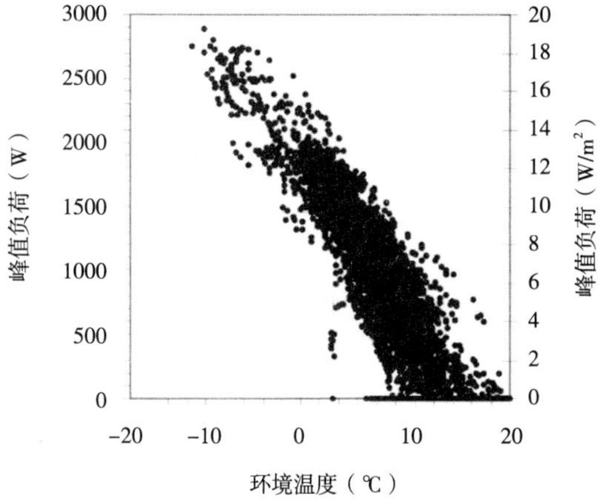

图10.3.3 无直接太阳辐射条件下的小时峰值负荷模拟结果

资料来源：Luca Pietro Gattoni

总能源需求、一次能源需求和CO₂当量排放　　　　　　　　表10.3.4

净能耗 [kWh/(m²·a)]	总能耗 [kWh/(m²·a)]			传输能源 [kWh/(m²·a)]	不可再生 一次能源 系数（—）	不可再生 一次能源 [kWh/(m²·a)]	CO₂排放 系数 （kg/kWh）	CO₂当量排放 [kg/(m²·a)]
	系统能耗	能源						
机械系统　5.0	机械系统　5.0	电　5.0	电	5.0	2.35	11.8	0.43	2.2
室内采暖　23.6	室内采暖　23.6	天然气　34.7	天然气	34.7	1.14	39.6	0.25	8.6
生活热水　18.7	生活热水　18.7							
	储水箱 和循环 热损失　3.4	太阳能　13.7						
	转换热 损失　2.7							
总计　47.3	53.5	53.5		39.7		51.4		10.7

10.3.2　夏季舒适性

为评估夏季的情况，对特定室内温度小时数进行了研究，按以下两个基本策略进行。

1. 夜间自然通风降温：夜间通风量为1ach。
2. 窗户遮阳：遮阳系数为0.5或0.8。

图10.3.4所示为室内温度小时数，其中超过26℃的小时数可以作为过热风险的指标。根据参数研究可得出以下结论：

- 当遮阳系数由0.5提高到0.8时，应用可再生能源策略可将过热小时数减少37%，所以应优先选择遮阳措施。而对于10.2节的节能策略方案，过热小时数甚至减少得更多（达到62%）。
- 大面积外露表面（如屋面）的高水平保温能有效提高热舒适性。遮阳系数同取0.8时，比较$U_{屋面}=0.18$ W/（m²·K）的节能方案和$U_{屋面}=0.34$ W/（m²·K）的可再生能源方案，前者可将26℃以上的小时数减少约45%。
- 提升保温水平有助于防范过热问题，因为由外至内的热传递水平被降低了，但这仍然要有很好的遮阳措施配合。

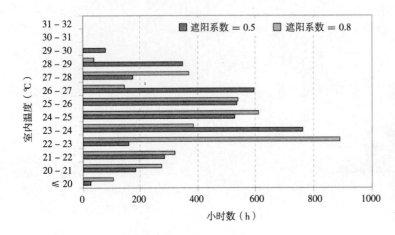

图10.3.4　保持一定室内温度的小时数：模拟时间为5月1日到9月30日；采用夜间通风和遮阳措施

资料来源：Luca Pietro Gattoni

10.3.3 敏感性分析

在温暖气候中探索出切实可行的可再生能源策略应用方案，既不是建筑方面的技术性问题，也不是机械系统方面的技术性问题。最终的优化技术组合取决于很多因素，如安装和运营费用，当地可再生能源的可用性；客户意愿，设计与施工队伍的工作能力等。

示范方案依赖于温暖气候区两类最充足能源的结合：天然气，以及可再生能源——太阳能。图10.3.5 清晰地表明，如果只采用化石燃料（天然气,曲线 A），则很难实现一次能源目标。加强利用太阳能，将使不可再生一次能源的需求满足并低于目标值 60kWh/（m²·a）。这是可以实现的，因为室内采暖需求低。示范方案 [Q_h=23.6kWh/（m²·a）] 在使用不同供能系统时产生的一次能源需求如下：

- 曲线 B：燃气炉 + 以太阳能满足 40% 生活热水供应——不可再生一次能源 56.5kWh/（m²·a），CO_2 当量排放 11.8kg/（m²·a）。

- 曲线 C：室外空气对水热泵（COP = 2.3）——不可再生一次能源需求 58.0kWh/（m²·a），CO_2 当量排放 10.7kg/（m²·a）。

- 曲线 D：燃气炉 + 太阳能联合系统——不可再生一次能源 51.4 kWh/（m²·a），CO_2 当量排放 10.7kg/（m²·a）。

- 曲线 E：燃气炉 + 太阳能联合系统 + 光伏发电（用于机械系统）——不可再生一次能源 39.6kWh/（m²·a），CO_2 当量排放 8.6kg/（m²·a）。可以采用生物质燃料来代替化石燃料（图10.3.5 中曲线 F）。

- 曲线 F：生物质燃料 + 以太阳能满足 40% 生活热水供应——不可再生一次能源 20.4kWh/（m²·a），CO_2 当量排放 4.8kWh/（m²·a）。

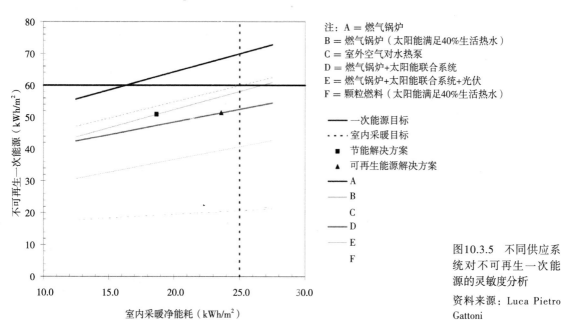

图10.3.5 不同供应系统对不可再生一次能源的灵敏度分析

资料来源：Luca Pietro Gattoni

参考文献

TRNSYS (2005) *A Transient System Simulation Program*, Solar Energy Laboratory, University of Wisconsin, Madison, WI

10.4　温暖气候中应用节能策略的联排住宅

Luca Pietro Gattoni

温暖气候中应用节能策略的联排住宅的目标　　　　　　　　　　　　表10.4.1

	目标
室内采暖	15 kWh/（m² · a）
一次能源	
（室内采暖+生活热水+机械系统电耗）	60 kWh/（m² · a）

本节将介绍温暖气候中高性能联排住宅应用节能策略的示范方案，将米兰作为温暖气候的参照城市。需要同时考虑采暖需求和夏季舒适性。

10.4.1　解决方案1：应用室外空气对水热泵的节能策略

建筑围护结构

这里研究的联排住宅包括4个中间户和2个端头户。除首层外，不透明建筑围护结构均由以下三个主要部分构成：

1. 屋面（所有户均有）；
2. 北墙和南墙（中间户仅有这两个立面）；
3. 东墙和西墙（端头户有）。

屋面占了外表面的很大一部分。而大部分窗户开在主要的南向和北向立面上，因而对于这部分窗户的影响有必要予以关注。

端头户的外墙面积较大，这对峰值负荷和室内采暖需求都会产生影响。这意味着要对屋面和两端墙体使用更多的保温材料。不透明围护结构的平均 U 值是 0.25 W/（m² · K）。表 10.4.2 给出了参照住宅和示范方案的 U 值。设定保温材料的导热率为 $\lambda= 0.035$ W/（m · K）。示范方案中 U 值为：

- 墙体：$U_{墙}$=0.30W/（m² · K），相应保温层厚度为 10 cm；$U_{两端墙体}$=0.25W/（m² · K），相应保温层厚度为 12 cm；
- 屋面：$U_{屋面}$=0.22W/（m² · K），相应保温层厚度 15cm。

窗户主要设置在南立面上以增加太阳能得热；其他立面的开口应尽量减少，以控制热损失（北立面）并避免夏季过热（东西立面）。选择玻璃类型时，保温性能与太阳能总透射比都很重要。U 值为 1.10W/（m² · K）、g 值为 0.60 的玻璃在温暖气候中就已经相当不错了，这当中也考虑了舒适性因素。与此相对比，譬如意大利的建筑规范，普通的双层玻璃 [U=2.80W/（m² · K）] 就能达标了。

机械系统

通风：为了实现室内采暖目标，必须降低通风热损失。因此选择采用热回收率为 80% 的机械通风系统。通风量为 0.45 ach，空气渗透率为 0.05ach。

生活热水与室内采暖系统：示范方案将以其他能源替代天然气。对于节能策略，是采用了空气对水热泵。该方案将完全依赖电力：

- 室内采暖需求：100% 由热泵提供（PEF =2.35；COP=2.30）；
- 生活热水需求：100% 由热泵提供（PEF =2.35；COP=2.30）；
- 机械系统供电需求：100% 由电力提供（PEF = 2.35）。

机械系统用电需求大约为 5kWh/（m^2·a）。住户每天需消耗热水 160L。冷水进水温度为 13.5℃，需加热至 55℃。系统热损失估算为 1.45W/K，热水器加热效率为 85%。

能源性能

室内采暖需求：采用重型结构时，6 户联排住宅的平均室内采暖需求为 Q_h=13.2kWh/（m^2·a）（见表 10.4.2 和表 10.4.3）。具体而言：

- 中间户：Q_h=10.9kWh/（m^2·a），因外墙面积小，其采暖需求较低；
- 端头户：Q_h=18.0kWh/（m^2·a），不仅满足联排住宅既定目标，也满足端头户需求。

采暖季从 11 月持续到次年 3 月（如图 10.4.2），对于参照住宅来说则从 10 月持续到次年 4 月。室内采暖峰值负荷约为 2400W（如图 10.4.3）。

联排住宅的建筑与能源性能主要数据比较；推荐方案中南向窗户窗框面积比为25%而非30% 表10.4.2

			参照住宅	推荐方案
围护结构				
墙体	$U_{墙体}$	W/（m^2·K）	0.60	0.30
	$U_{墙体}$	W/（m^2·K）	0.60	0.25
屋面	$U_{屋面}$	W/（m^2·K）	0.55	0.22
楼板	$U_{楼板}$	W/（m^2·K）	0.80	0.34
窗户				
玻璃面积70%	$U_{玻璃}$	W/（m^2·K）	2.80	1.10
	g	—	0.75	0.60
窗框面积30%	$U_{玻璃}$	W/（m^2·K）	2.40	1.80
窗户面积				
（窗墙面积比）				
南窗	A_S	m^2（%）	11.7（40%）	13.1（45%）
东窗（端头户）	A_E	m^2（%）	4.0（10%）	3.2（8%）
西窗（端头户）	A_W	m^2（%）	4.0（10%）	3.2（8%）
北窗	A_N	m^2（%）	5.8（20%）	4.4（15%）
换气率				
渗透	n_{inf}	ach	0.10	0.05
通风	n_{vent}	ach	0.50	0.45
热回收	η	—	—	0.80
室内采暖需求	Q_h	kWh/（m^2·a）	64.7	13.2
中间户	Q_h	kWh/（m^2·a）	58.1	10.9
端头户	Q_h	kWh/（m^2·a）	77.9	18.0

采暖季能量平衡模拟结果（10月1日至次年4月30日）			参照住宅	推荐方案	表10.4.3
失热					
传导热损失	Q_{TRA}	kWh/（m²·a）	76.8	39.2	
通风热损失	Q_{VENT}	kWh/（m²·a）	27.8	8.5	
得热					
太阳能	Q_{SOL}	kWh/（m²·a）	23.7	15.3	
内部	Q_{INT}	kWh/（m²·a）	16.1	12.4	
室内采暖需求	Q_h	kWh/（m²·a）	64.7	13.2	

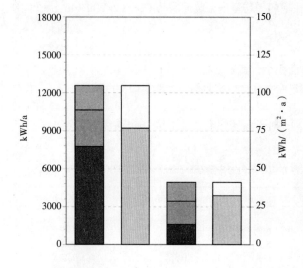

图10.4.1 基于表10.4.3所示联排住宅的能量平衡模拟结果：4个中间户＋2个端头户的平均值

资料来源：Luca Pietro Gattoni

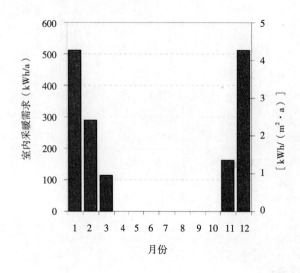

图10.4.2 联排住宅月室内采暖需求：4个中间户＋2个端头户的平均值

资料来源：Luca Pietro Gattoni

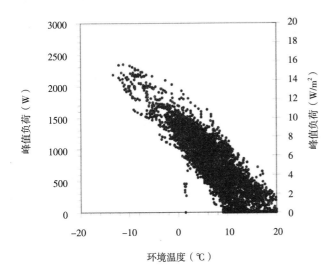

图10.4.3 无直接太阳辐射时端头户的小时峰值负荷模拟

资料来源：Luca Pietro Gattoni

家庭用电：对于有两个大人和两个孩子的家庭，家庭用电量约为2500kWh[20.8 kWh/（m^2·a）]。由于家庭用电完全取决于居住者，表10.4.4所示的一次能源计算不包含家庭用电。

不可再生一次能源需求和CO_2排放：评估不可再生一次能源需求与CO_2排放，结果在表10.4.4中给出。推荐方案达到了既定的一次能源目标：

- 不可再生一次能源需求：53.5kWh/（m^2·a）;
- CO^2当量排放：9.8kg/（m^2·a）。

总能源需求、一次能源需求和CO_2当量排放　　　表10.4.4

净能耗 [kWh/(m^2·a)]	总能耗 [kWh/(m^2·a)]		传输能源 [kWh/(m^2·a)]	不可再生一次能源系数（—）	不可再生一次能源 [kWh/(m^2·a)]	CO_2排放系数 (kg/kWh)	CO_2当量排放 [kg/(m^2·a)]
	系统能耗	能源					
机械系统　5.0	机械系统　5.0	电　5.0	电　5.0	2.35	11.8	0.43	2.2
室内采暖　13.2	室内采暖　13.2	电热泵　17.8	电热泵　17.8	2.35	41.8	0.43	7.6
生活热水　23.4	生活热水　23.4						
	储水箱和循环热损失　4.2	室外空气　23.1					
	转换热损失　0.0						
总计　41.6	45.9	45.9	22.8		53.5		9.8

10.4.2 夏季舒适性

为评估夏季舒适性，对室内温度小时数进行研究。评估基于两个基本策略：

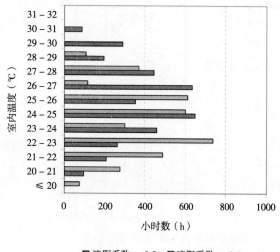

图10.4.4 室内温度小时数：模拟时间段为5月1日到9月30日；采用夜间通风和遮阳措施

资料来源：Luca Pietro Gattoni

1. 夜间自然通风降温：夜间通风量为 1ach。
2. 窗户遮阳：遮阳系数为 0.5 或 0.8。

图 10.4.4 所示结果清晰地表明，温暖气候区的联排住宅容易过热，因此需特别设计或采用机械制冷系统以避免舒适性过差。遮阳与夜间通风可有效减少过热问题。

10.4.3 灵敏度分析

本节将介绍窗户以及玻璃面积、玻璃种类和墙体保温层厚度对室内采暖需求的影响。本节所示研究结果针对实际的高性能住宅案例，但也提示性地给出了某些总体趋势，这也有助于早期设计阶段的决策。

图 10.4.5 所示为不同的窗户面积比例组合下，室内采暖需求和窗地面积比之间的关系。图 10.4.5

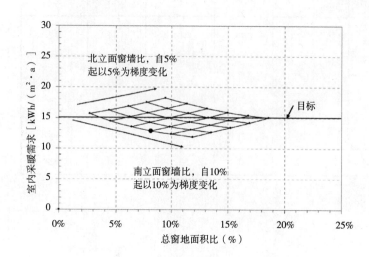

图10.4.5 在不同的南立面窗墙比（下降线各点）和北立面窗墙比（上升线各点）组合下，室内采暖需求与窗地比的关联；窗框面积均为窗户的30%

资料来源：Luca Pietro Gattoni

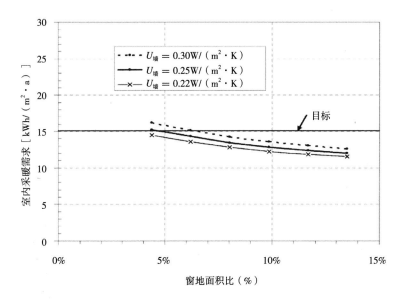

图10.4.6　室内采暖需求与窗地面积比的关系：各数值与均表10.4.2一致，仅南向开窗面积有一定变化以对应于X轴所示的总窗地面积比；不同曲线表示不同的墙体保温水平

资料来源：Luca Pietro Gattoni

中的网格大致呈长方形。四边中的两边分别表示南窗和北窗面积的增加。每个单点代表南窗和北窗面积准确的数据，从而形成对应的总窗地面积比数值（X轴）。黑点表示表10.4.2中描述的解决方案。下降线上的点表示南立面窗户面积比例（自10%开始，以10%为梯度）的变化，上升线上的点表示北立面窗户面积比例（自5%开始，以5%为梯度）的变化。

　　由图10.4.5可知，南向窗户面积增加能够降低室内采暖需求。另外，由于比独栋住宅的建筑围护结构保温水平高，窗口尺寸的影响有所降低。这表明即使在南立面被其他物体遮挡时，厚实的围护结构在较低太阳能得热条件下仍然表现较好，而且对北立面窗户的变化也较不敏感。

　　图10.4.6给出了在可利用太阳能得热和内部热质量不变的条件下，保温对降低室内采暖需求的作用。

　　图10.4.7则显示，不同类型的玻璃对于室内采暖需求的影响，在玻璃面积很大时（从占南立面40%起）差别更加明显。这一点对于保温较差的建筑尤为突出。图中U值=0.7W/（$m^2 \cdot K$）的曲线代表采用了三层玻璃，有两层低辐射镀膜且充氩气的类型。U值为1.1的曲线表示采用双层玻璃，有一层

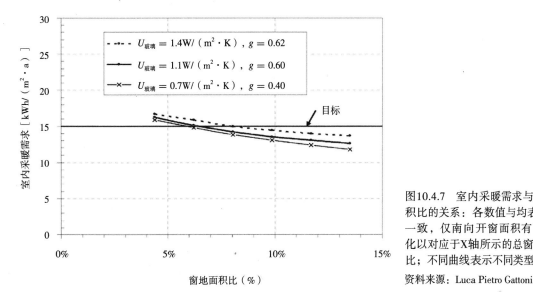

图10.4.7　室内采暖需求与窗地面积比的关系：各数值与均表10.4.2一致，仅南向开窗面积有一定变化以对应于X轴所示的总窗地面积比；不同曲线表示不同类型的玻璃

资料来源：Luca Pietro Gattoni

低辐射镀膜并充氩气的类型，U 值 =1.4W/（$m^2 \cdot K$）的曲线表示采用同样的双层玻璃但是仅填充空气。

此外，玻璃面积变大时，考虑到表面温度和热舒适性的要求，最好能选择三层玻璃 [U=0.7W/（$m^2 \cdot K$）]。g 值低的玻璃能够降低夏季太阳能得热。然而玻璃面积很大也会意味着过热风险的增高。

参考文献

TRNSYS (2005) *A Transient System Simulation Program*, Solar Energy Laboratory, University of Wisconsin, Madison, WI

10.5　温暖气候中应用可再生能源策略的联排住宅

Luca Pietro Gattoni

温暖气候中应用可再生能源策略的联排住宅的目标	表10.5.1

	目标
室内采暖	20 kWh/（$m^2 \cdot a$）
一次能源	
（室内采暖+生活热水+机械系统电耗）	60 kWh/（$m^2 \cdot a$）

本节将介绍温暖气候中高性能联排住宅应用可再生能源策略的解决方案。以米兰作为温暖气候的参照城市。需要同时考虑采暖需求和夏季舒适性。

10.5.1　解决方案 2：应用埋管热泵的可再生能源策略

建筑围护结构

该方案建筑围护结构的保温性能比参照建筑好，其传导热损失为 40.9kWh/（$m^2 \cdot a$），而参照建筑是 76.8kWh/（$m^2 \cdot a$）（见表 10.5.2 和表 10.5.3）。保温层导热率设为 λ= 0.035 W /（$m \cdot K$）。不透明围护结构的平均 U 值为 0.30W/（$m^2 \cdot K$），其中：

- 墙体：$U_{墙}$=0.35W/（$m^2 \cdot K$），对应保温层厚度为 8cm；$U_{两端墙体}$=0.30W/（$m^2 \cdot K$），对应保温层厚度为 10cm。
- 屋面：$U_{屋面}$=0.28W/（$m^2 \cdot K$），对应保温层厚度为 12cm。

南立面的总玻璃面积较大（达到 60%），北立面窗户尺寸最小。由于可再生能源策略设定的室内采暖目标值略高一些，而且中间户的体型系数更好，因而可以采用有一层低辐射镀膜充空气的双层玻璃；$U_{玻璃}$=1.4W/（$m^2 \cdot K$）（g 值为 0.62），这种窗型是示范方案的最基本要求。而同类双层玻璃但充氩气，U 值为 1.10W/（$m^2 \cdot K$）（g=0.60）的类型，其性能好许多，甚至接近于三层玻璃窗，也是一种选择。

机械系统

通风：为了达到室内采暖目标，必须降低通风热损失。因此选用热回收率为 80% 的机械通风系统。通风量为 0.45ach，空气渗透率为 0.05 ach。

生活热水与室内采暖系统：以埋管热泵系统代替天然气。目前这种方案还不多见，但却很有发展前景，而且随着同类建设工程的日益增长，其建设成本必将逐步降低。另外，因为其效率高，运营成本也非常低。

- 室内采暖需求：100% 由埋管热泵提供（PEF =2.35；COP=3.1）；
- 热水需求：100% 由埋管热泵提供（PEF =2.35；COP=2.7）；
- 机械系统供电需求：100% 由电力提供（PEF = 2.35）。

机械系统用电需求大约为 5kWh/（$m^2 \cdot a$），住户每天的热水消耗量为 160L，冷水进水温度为 13.5℃并需加热至 55℃。系统热损失估算为 1.45W/K，热水器加热效率为 85%。

能源性能

室内采暖需求：对于重型结构类型、有 4 个中间户和 2 个端头户的联排住宅，平均室内采暖需求为 16.1kWh/（$m^2 \cdot a$）。其中，各类住户需求分别为：

- 中间户：Q_h = 13.2kWh/（$m^2 \cdot a$）；
- 端头户：Q_h = 21.9kWh/（$m^2 \cdot a$）。

独栋住宅的建筑与能源性能主要数据比较；推荐方案中南立面窗户的窗框面积比为25%而非30%　表10.5.2

			参照建筑	推荐方案
围护结构				
墙体	$U_{墙体}$	W/（$m^2 \cdot K$）	0.60	0.35
	$U_{墙体}$	W/（$m^2 \cdot K$）	0.60	0.30
屋面	$U_{屋面}$	W/（$m^2 \cdot K$）	0.55	0.28
楼板	$U_{楼板}$	W/（$m^2 \cdot K$）	0.80	0.34
窗户				
玻璃面积70%	$U_{玻璃}$	W/（$m^2 \cdot K$）	2.80	1.40
	g	—	0.75	0.62
窗框面积30%	$U_{窗框}$	W/（$m^2 \cdot K$）	2.40	1.80
窗户面积				
（窗墙面积比）				
南窗	A_S	m^2（%）	11.7（40%）	17.5（60%）
东窗（端头户）	A_E	m^2（%）	4.0（10%）	4.8（12%）
西窗（端头户）	A_W	m^2（%）	4.0（10%）	4.8（12%）
北窗	A_N	m^2（%）	5.8（20%）	4.4（15%）
换气率				
渗透	n_{inf}	ach	0.10	0.05
通风	n_{vent}	ach	0.50	0.45
热回收	η	—	—	0.80
室内采暖需求	Q_h	kWh/（$m^2 \cdot a$）	64.7	16.1
中间户	Q_h	kWh/（$m^2 \cdot a$）	58.1	13.2
端头户	Q_h	kWh/（$m^2 \cdot a$）	77.9	21.9

采暖季能量平衡模拟结果（10月1日至次年4月30日）			参照建筑	推荐方案
				表10.5.3
失热				
传导热损失	Q_{TRA}	kWh/（m² · a）	76.8	40.9
通风热损失	Q_{VENT}	kWh/（m² · a）	27.8	8.8
得热				
太阳能	Q_{SOL}	kWh/（m² · a）	23.7	21.1
内部	Q_{INT}	kWh/（m² · a）	16.1	12.4
室内采暖需求	Q_h	kWh/（m² · a）	64.7	16.1

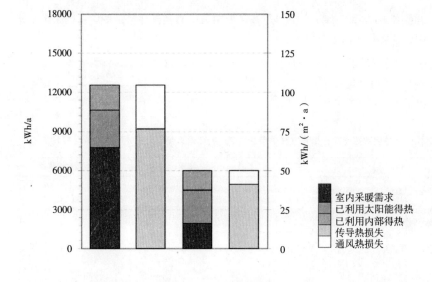

图10.5.1 基于表10.5.3所示联排住宅的能量平衡模拟结果：4个中间户+2个端头户的平均值

资料来源：Luca Pietro Gattoni

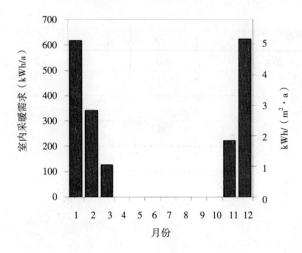

图10.5.2 联排住宅的月室内采暖需求：4个中间户+2个端头户的平均值

资料来源：Luca Pietro Gattoni

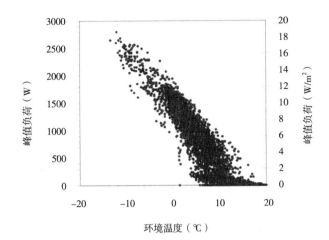

图10.5.3 无直接太阳辐射条件下端头户的小时峰值负荷模拟

资料来源：Luca Pietro Gattoni

家庭用电：对于有两个大人和两个孩子的家庭，家庭用电量约为2500kWh[20.8 kWh/（m²·a）]。由于家庭用电完全取决于居住者，表10.5.4所示的一次能源计算不含家庭用电。

不可再生一次能源需求和CO_2排放：评估示范方案的不可再生一次能源需求和CO_2排放，结果显示在表10.5.4中。一次能源需求为48kWh/（m²·a），符合既定目标值60kWh/（m²·a）。CO_2当量排放为8.8kg/（m²·a）。

总能源需求、一次能源需求和CO_2当量排放   表10.5.4

净能耗 [kWh/(m²·a)]	总能耗 [kWh/(m²·a)]			传输能源 [kWh/(m²·a)]	不可再生一次能源系数（—）	不可再生一次能源 [kWh/(m²·a)]	CO_2排放系数 (kg/kWh)	CO_2当量排放 [kg/(m²·a)]
	系统能耗		能源					
机械系统 5.0	机械系统 5.0	电	5.0	电 5.0	2.35	11.8	0.43	2.2
室内采暖 16.1	室内采暖 16.1	电热泵	15.4	电热泵 15.4	2.35	36.2	0.43	6.6
生活热水 23.4	生活热水 23.4							
	储水箱和循环热损失 4.2	埋管	28.4					
	转换热损失 0.0							
总计 44.5	48.8		48.8	20.4		48.0		8.8

10.5.2 夏季舒适性

为评估夏季舒适性，对室内温度小时数进行研究。评估基于两个项基本策略：

1. 夜间自然通风降温：夜间通风量为1ach。
2. 窗户遮阳：遮阳系数为0.5或0.8。

图10.5.4所示结果清晰地表明，温暖气候区内的联排住宅容易过热，因此需特别设计或采用机械制冷系统以避免舒适性过差。如图所示，由于南立面窗户面积大于节能策略中的相应数值，其过热小时数也有所增加。

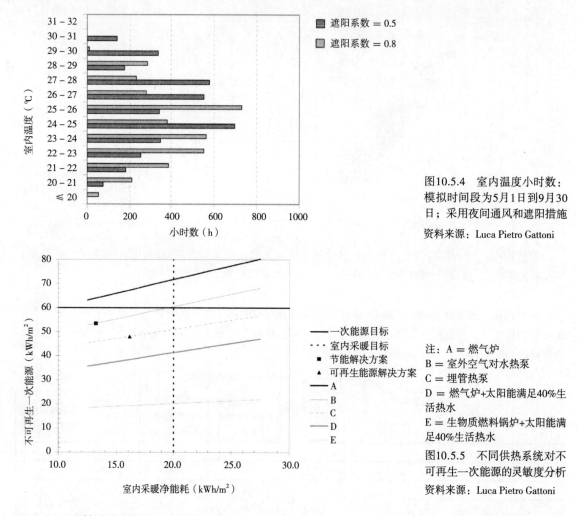

图10.5.4　室内温度小时数：模拟时间段为5月1日到9月30日；采用夜间通风和遮阳措施

资料来源：Luca Pietro Gattoni

注：A = 燃气炉

B = 室外空气对水热泵

C = 埋管热泵

D = 燃气炉+太阳能满足40%生活热水

E = 生物质燃料锅炉+太阳能满足40%生活热水

图10.5.5　不同供热系统对不可再生一次能源的灵敏度分析

资料来源：Luca Pietro Gattoni

10.5.3　灵敏度分析

图 10.5.5 给出了在不同室内采暖需求下，采用不同能源类型时的一次能源需求。推荐方案室内采暖需求为 Q_h= 16.1kWh/（$m^2 \cdot a$），主要依靠埋管热泵供热（曲线 C，标注点）。该图还表明，如果仅采用化石燃料（天然气，曲线 A）是无法达到一次能源目标的。而大量应用太阳能，将实现不可再生一次能源需求目标值 60kWh/（$m^2 \cdot a$）甚至更低。这完全是可能实现的，因为其室内采暖需求较低。

与温暖气候的其他方案相比，尽管采用地源热泵的安装成本较高，但却是一种很有前景的技术。对于联排住宅，可以由多栋住宅楼一起分摊安装成本。另外，由于采用该技术时地温波动小，其季节性能系数更高，这也会降低运营和维护成本。

另外，还可以将它作为建筑制冷系统，从能耗和热舒适性角度看这都是十分高效的。尤其是温暖气候区会有更高的制冷需求，这会是极好的做法。

参考文献

TRNSYS (2005) *A Transient System Simulation Program*, Solar Energy Laboratory, University of Wisconsin, Madison, WI

附录1 参照建筑：建造方式与设定条件

Johan Smeds

A1.1 简介

不同国家的建筑规范对住宅楼采暖需求计算的要求有很大差别。尽管各地区间的基本自然规律没有差异，而且邻国之间的气候条件差异也非常小，但是每个国家都有独有的建筑热工规范和住房能耗计算方法。

建筑规范中常用的方式有四种。方式之一：针对建筑构件提要求，给出墙壁、窗户或屋顶等建筑构件的最大允许 U 值的详细信息。方式之二：为整个建筑设定平均 U 值，使各部分建筑构件的做法有更高的灵活性。还有一种方式是基于性能，即设置能耗限值。另有一些建筑规程，除基于性能外，还把采暖系统纳入考虑范畴。采用某些采暖系统时，U 值可以高一些。

较早前有一个基于 MURE 数据库建筑规范的比较研究（Eichhammer 和 Schlomann，1999），其中缺乏关于参照住宅的说明，也没有明确具体采用了哪种计算方法。MURE 报告中的案例，假定了内部得热及太阳能得热与通风热损失之间相互平衡，从而在计算中将三者忽略。因而在此有必要重新设定参照建筑物，从而满足国际能源署（IEA）任务 28/ 子项目 38 的要求。对于 IEA 任务 28 的此次建筑比较研究工作而言，确定公寓、联排住宅和独栋住宅这三种建筑类型的形式是很重要的。另外，研究还必须按照国际认可的、包含所有能量增益和损失的方法进行计算。

通过建筑规范标准之间的比较，可以清楚地看到哪个国家需要改进其建筑规范。比较研究的方法首先对依照 2001 年各国建筑规范建造的住房进行能量平衡计算。参与 IEA 任务 28 的十三个国家都为该能量平衡计算提供了数据材料。各参与国专家代表分别按照各国建筑规范建立了三种不同形式的建筑：公寓、联排住宅和独栋住宅。由于各建筑类型的形式一致，其内部尺寸也相同，而建筑构件的 U 值、热回收以及气候数据则有所不同。每个国家都挑选了一座代表性城市来提供气候资料。由于只采用一种计算方法，能够很容易比较计算结果。德国锡根大学开发的 Bilanz 程序（Heidt，1999）是按照欧洲标准 EN 832 来计算住房能量平衡的，因而获得采用。

计算结果将用于在温暖气候、温和气候和寒冷气候区建立参照住宅。这些参照住宅的能耗就反映了各气候区住房当前的供热需求水平。参照住宅的形式也是对高保温、高性能住宅进行计算的基础。于是，住宅的节能潜力等级便能够被揭示出来了。

A1.2 参照公寓住宅

  针对该能量平衡计算工作，在此选择了一幢4层公寓楼，共有公寓16间。标注的表面积和尺寸都是以建外墙的内表面为基准进行测量的。到外墙外缘的尺寸取决于保温厚度。

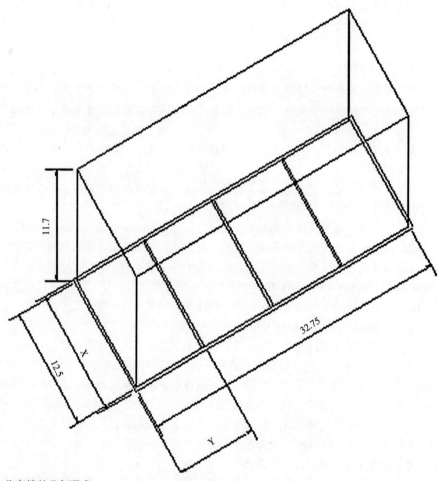

图A1.1 公寓楼的几何形式
资料来源：AEU Ltd

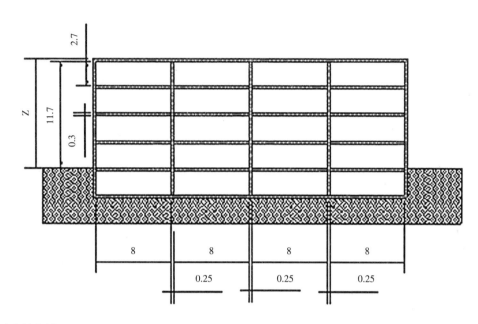

图A1.2 公寓楼的剖面
资料来源：AEU Ltd

公寓楼概况	表A1.1
依据内部尺寸得出的建筑总容积	4789.7 m³
依据内部尺寸得出的围护结构总面积	1877.6 m²
净采暖面积（室内面积）	1600.0 m²；每户100m²
依据内部尺寸得出的面积体积比	0.39 m⁻¹
不透明墙体面积	834.8 m²
屋面面积	409.4 m²
楼板面积	409.4 m²
北窗面积	80.0 m²
南窗面积	144.0 m²
窗框面积比	30.0 %
通风	空气渗透率0.2ach+通风量 0.4ach = 0.6ach
每户公寓居住者	两个成年人和一个小孩

A1.3 参照联排住宅

针对该能量平衡计算工作，我们选择了一个尽端户和一个中间户。尽端户是指联排住宅的两端的公寓住户，中间户则位于其他各户之间。图 A1.3、表 A1.2 和表 A1.3 中的尺寸是从外墙内表面上测得的。图 A1.3 所示为联排住宅单户的几何形式。

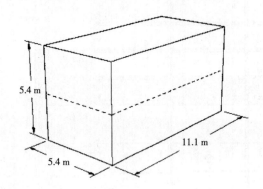

图A1.3 联排住宅单户的几何形式
资料来源：Johan Smeds

联排住宅中间户概况		表A1.2
依据内部尺寸得出的建筑总容积	323.5 m³	
依据内部尺寸得出的围护结构总面积	178.3 m²	
净采暖面积（室内面积）	120.0 m²	
依据内部尺寸得出的面积体积比	0.55 m⁻¹	
不透明墙体面积	39.4 m²	
屋面面积	60.0 m²	
楼板面积	60.0 m²	
北窗面积	3.0 m²	
南窗面积	14.0 m²	
窗框面积比	30.0 %	
通风	空气渗透率0.2ach+通风量 0.4ach = 0.6ach	
居住者	两个成年人和一个小孩	

联排住宅尽端户概况		表A1.3
依据内部尺寸得出的建筑总容积	323.5 m³	
依据内部尺寸得出的围护结构总面积	238.3 m²	
净采暖面积（室内面积）	120.0 m²	
依据内部尺寸得出的面积体积比	0.74 m⁻¹	
不透明墙体面积	96.4 m²	
屋面面积	60.0 m²	
楼板面积	60.0 m²	
北窗面积	3.0 m²	
南窗面积	14.0 m²	
东西窗户面积	3.0 m²	
窗框面积比	30.0 %	
通风	空气渗透率0.2ach+通风量 0.4ach = 0.6ach	
居住者	两个成年人和一个小孩	

A1.4 参照独栋住宅

针对该能量平衡计算工作，我们选择了一栋两层（一层半）独栋住宅的简化模型。图 A1.4 和表 A1.4 采用的尺寸都是从外墙内表面测量得到的。

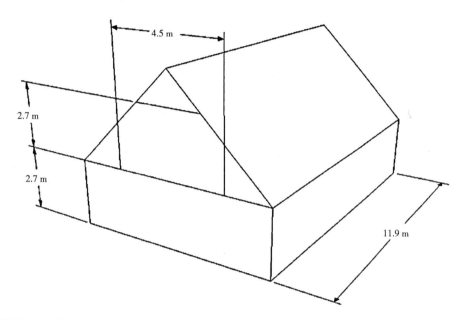

图A1.4 独栋住宅的形式
资料来源：Johan Smeds

独栋住宅概况		表A1.4
依据内部尺寸得出的建筑容积	436.7 m³	
依据内部尺寸得出的围护结构总面积	363.8 m²	
依据内部尺寸得出的面积体积比	0.93 m⁻¹	
通风容积	389.4 m³	
净采暖面积（室内面积）	150.0 m²	
不透明墙体面积	113.6 m²	
屋面面积	129.7 m²	
楼板面积	96.4 m²	
北窗面积	1.0 m²	
南窗面积	9.0 m²	
东窗面积	3.0 m²	
西窗面积	9.0 m²	
窗框面积比	30.0 %	
通风	空气渗透率0.2ach+通风量 0.4ach = 0.6ach	
居住者	两个成年人和一个小孩	

A1.5　国家和区域参照 *U* 值

表 A1.5 到表 A1.12 总结了按 EN 832 计算能量平衡时所输入的数据。根据各国规定的 *U* 值，得出温暖、温和和寒冷气候区的平均 *U* 值。由于瑞典和荷兰使用热交换器，通风热损失的减少是通过降低建筑外围护结构 *U* 值、且以每小时 0.4 次的自然通风和每小时 0.2 次的空气渗透率来得到补偿性体现的。位于温暖、温和或寒冷气候区以外其他气候区（如罗马、仙台和多伦多）的建筑物也进行了计算，但这些建筑物的数据并未影响上述三个气候区的 *U* 值。

A1.5.1　参照建筑的 *U* 值

参照建筑的*U*值　　　　　　　　　　　　　　　　　　　　　　　　表A1.5

气候区	寒冷气候			区域气候			其他气候			
	瑞典	挪威	芬兰	温暖气候	温和气候	寒冷气候	意大利	日本	加拿大1[*]	加拿大2[+]
参照气候	斯德哥尔摩	奥斯陆	赫尔辛基	米兰	苏黎世	斯德哥尔摩	罗马	仙台	多伦多	多伦多
度日数	4446	4566	5137	2759	3480	4446	1586	2747	4286	4286
独栋独户住宅（SFH）										
通风量（ach）	0.5	0.4	0.4	0.4	0.4	0.4	0.4	0.4	0.4	0.5
空气渗透率（ach）	0.1	0.2	0.2	0.2	0.2	0.2	0.2	0.2	0.2	0.1
热回收（%）	50%	0%	0%	0%	0%	0%	0%	0%	0%	55%
墙体*U*值[W/（m²·K）]	0.18	0.22	0.28	0.50	0.40	0.20	0.70	0.75	0.34	0.23
窗户*U*值[W/（m²·K）]	1.74	1.650	1.98	4.50	2.35	1.81	4.50	3.49	2.60	2.40
屋面*U*值[W/（m²·K）]	0.25	0.15	0.22	0.45	0.26	0.19	0.64	0.37	0.23	0.19
楼板*U*值[W/（m²·K）]	0.28	0.15	0.36	0.57	0.39	0.20	0.74	0.53	0.63	0.63
建筑*U*值[W/（m²·K）]	0.33	0.26	0.38	0.74	0.47	0.29	0.92	0.72	0.52	0.45
公寓（APT）										
通风量	0.5	0.4	0.4	0.4	0.4	0.4	0.4	0.4	0.4	0.4
空气渗透率	0.1	0.2	0.2	0.2	0.2	0.2	0.2	0.2	0.2	0.2
热回收	50%	0%	0%	0%	0%	0%	0%	0%	0%	0%
墙体*U*值[W/（m²·K）]	0.25	0.22	0.28	0.45	0.40	0.18	0.74	0.75	0.55	0.33
窗户*U*值[W/（m²·K）]	1.72	1.60	1.89	4.50	2.35	1.74	4.50	3.49	3.33	2.55
屋面*U*值[W/（m²·K）]	0.21	0.15	0.22	0.40	0.26	0.10	0.70	0.37	0.47	0.29
楼板*U*值[W/（m²·K）]	0.33	0.30	0.36	0.55	0.40	0.20	0.76	0.53	0.92	0.92
建筑*U*值[W/（m²·K）]	0.43	0.39	0.48	0.94	0.60	0.35	1.18	0.95	0.94	0.71
联排住宅中间户（ROW - M）										
通风量	0.5	0.4	0.4	0.4	0.4	0.4	0.4	0.4	0.4	0.5
空气渗透率	0.1	0.2	0.2	0.2	0.2	0.2	0.2	0.2	0.2	0.1
热回收	50%	0%	0%	0%	0%	0%	0%	0%	0%	50%
墙体*U*值[W/（m²·K）]	0.30	0.22	0.28	0.53	0.45	0.20	0.70	0.75	0.55	0.33
窗户*U*值[W/（m²·K）]	1.72	1.60	1.89	4.50	2.44	1.74	4.50	3.49	2.99	2.47
屋面*U*值[W/（m²·K）]	0.28	0.15	0.22	0.44	0.28	0.16	0.60	0.37	0.20	0.14
楼板*U*值[W/（m²·K）]	0.21	0.15	0.36	0.56	0.39	0.20	0.80	0.53	0.92	0.92
建筑*U*值[W/（m²·K）]	0.4	0.31	0.44	0.89	0.56	0.33	1.07	0.81	0.79	0.67
联排住宅尽端户（ROW - E）										
通风量	0.5	0.4	0.4	0.4	0.4	0.4	0.4	0.4	0.4	0.4
空气渗透率	0.1	0.2	0.2	0.2	0.2	0.2	0.2	0.2	0.2	0.1
热回收	50%	0%	0%	0%	0%	0%	0%	0%	0%	50%
墙体*U*值[W/（m²·K）]	0.23	0.22	0.28	0.44	0.40	0.20	0.64	0.75	0.55	0.33
窗户*U*值[W/（m²·K）]	1.72	1.60	1.89	4.50	2.44	1.74	4.50	3.49	3.05	2.52
屋面*U*值[W/（m²·K）]	0.28	0.15	0.22	0.44	0.28	0.16	0.60	0.37	0.20	0.14
楼板*U*值[W/（m²·K）]	0.21	0.15	0.36	0.56	0.39	0.20	0.70	0.53	0.92	0.92
建筑*U*值[W/（m²·K）]	0.36	0.30	0.42	0.81	0.54	0.32	0.97	0.83	0.77	0.62

注：＊天然气
　　＋电

续表

气候区	温和气候							
	英国	比利时	奥地利	荷兰1*	荷兰2+	德国	瑞士	苏格兰
参照气候	诺丁汉	乌克尔	维也纳	阿姆斯特丹	阿姆斯特丹	维尔茨堡	苏黎士	格拉斯哥
度日数	3086	3101	3169	3185	3185	3384	3480	3639
独栋独户住宅（SFH）								
通风量（ach）	0.4	0.4	0.4	0.4	0.5	0.4	0.4	0.4
空气渗透率（ach）	0.2	0.2	0.2	0.2	0.1	0.2	0.2	0.2
热回收率（%）	0%	0%	0%	0%	45%	0%	0%	0%
墙体U值[W/（m²·K）]	0.45	0.50	0.40	0.32	0.32	0.41	0.30	0.45
窗户U值[W/（m²·K）]	3.30	3.00	1.90	2.20	2.20	1.80	1.59	3.00
屋面U值[W/（m²·K）]	0.25	0.35	0.2	0.27	0.32	0.25	0.3	0.25
楼板U值[W/（m²·K）]	0.45	0.7	0.4	0.27	0.31	0.45	0.4	0.45
建筑U值[W/（m²·K）]	0.55	0.65	0.42	0.4	0.43	0.45	0.41	0.53
公寓（APT）								
通风量	0.4	0.4	0.4	0.4	0.5	0.4	0.4	0.4
空气渗透率	0.2	0.2	0.2	0.2	0.1	0.2	0.2	0.2
热回收	0%	0%	0%	0%	45%	0%	0%	0%
墙体U值[W/（m²·K）]	0.45	0.50	0.40	0.27	0.32	0.59	0.28	0.45
窗户U值[W/（m²·K）]	3.30	3.00	1.90	1.90	2.80	1.80	1.34	3.00
屋面U值[W/（m²·K）]	0.25	0.40	0.20	0.27	0.32	0.30	0.30	0.25
楼板U值[W/（m²·K）]	0.45	0.90	0.40	0.27	0.31	0.60	0.60	0.45
建筑U值[W/（m²·K）]	0.75	0.86	0.54	0.46	0.61	0.67	0.43	0.71
联排住宅中间户（ROW-M）								
通风量	0.4	0.4	0.4	0.4	0.5	0.4	0.4	0.4
空气渗透率	0.2	0.2	0.2	0.2	0.1	0.2	0.2	0.2
热回收率	0%	0%	0%	0%	45%	0%	0%	0%
墙体U值[W/（m²·K）]	0.45	0.60	0.40	0.27	0.32	0.62	0.30	0.45
窗户U值[W/（m²·K）]	3.30	3.00	1.90	2.70	2.80	1.80	1.59	3.00
屋面U值[W/（m²·K）]	0.25	0.40	0.20	0.27	0.32	0.30	0.30	0.25
楼板U值[W/（m²·K）]	0.45	0.90	0.40	0.27	0.31	0.60	0.40	0.45
建筑U值[W/（m²·K）]	0.66	0.87	0.48	0.5	0.56	0.62	0.46	0.63
联排住宅尽端户（ROW-E）								
通风量	0.4	0.4	0.4	0.4	0.5	0.4	0.4	0.4
空气渗透率	0.2	0.2	0.2	0.2	0.1	0.2	0.2	0.2
热回收率	0%	0%	0%	0%	45%	0%	0%	0%
墙体U值[W/（m²·K）]	0.45	0.54	0.40	0.27	0.32	0.41	0.30	0.45
窗户U值[W/（m²·K）]	3.30	3.00	1.90	2.40	2.30	1.80	1.59	3.00
屋面U值[W/（m²·K）]	0.25	0.40	0.20	0.27	0.32	0.30	0.30	0.25
楼板U值[W/（m²·K）]	0.45	0.70	0.40	0.27	0.31	0.60	0.40	0.45
建筑U值[W/（m²·K）]	0.64	0.75	0.48	0.45	0.48	0.55	0.43	0.61

注：＊自然通风和太阳能集热器
　　＋机械通风和热回收

A1.5.2 各气候区公寓楼的 U 值和热阻

表 A1.6 和表 A1.7 的 U 值为建筑物的平均 U 值，是根据三个不同气候区所在国家 2001 年建筑规范得出。该 U 值包含内部热阻和外部热阻（R_{si}，R_{se}）。

各气候区公寓楼的U值   表A1.6

墙体	朝向	面积 （m²）	U值及g值		温暖气候区	温和气候区	寒冷气候区
	北	303.2	U值		0.45	0.40	0.18
	南	239.2	[W/（m²·K）]		0.45	0.40	0.18
	东	146.2			0.45	0.40	0.18
	西	146.2			0.45	0.40	0.18
	平均	834.8			0.45	0.40	0.18
窗户	北	80.0	U值	整体	4.50	2.35	1.74
			[W/（m²·K）]	玻璃70%	5.70	2.63	1.75
				窗框30%	1.70	1.70	1.70
			g值		0.86	0.76	0.68
	南	144.0	U值	整体	4.50	2.35	1.74
			[W/（m²·K）]	玻璃70%	5.70	2.63	1.75
				窗框30%	1.70	1.70	1.70
			g值		0.86	0.76	0.68
	平均	224.0	U值	整体	4.50	2.35	1.74
			[W/（m²·K）]	玻璃70%	5.70	2.63	1.75
				窗框30%	1.70	1.70	1.70
			g值		0.86	0.76	0.68
屋面		409.4	U值	[W/（m²·K）]	0.40	0.26	0.10
楼板		409.4	U值	[W/（m²·K）]	0.55	0.40	0.20
整个建筑	平均	1877.6	U值	[W/（m²·K）]	0.94	0.60	0.35

U 值与 g 值是根据以下窗型对应选择的。温暖气候区采用单层玻璃窗。温和气候区采用玻璃厚度为 4mm，空气间隙为 30 mm 的双层中空玻璃窗。在寒冷气候区采用三层玻璃中空窗，其中包括一层 4mm 厚的玻璃、30mm 空气间层，以及由 4mm 厚的玻璃、12mm 空气间层构成的双层中空玻璃。

按照 ISO13370 标准描述，该 U 值包含内部和外部热阻（R_{si}，R_{se}）。总热阻（R）与 U 值成反比，因此为获得建筑结构的实际热阻必须减去 R_{si} 和 R_{se}。在这里，减去了楼板结构热阻 $R_{si} = 0.17$，减去屋面结构热阻 $R_{si} = 0.10$ 和 $R_{se} = 0.04$，减去墙体结构热阻 $R_{si} = 0.13$ 和 $R_{se} = 0.04$。

各气候区公寓楼热阻   表A1.7

热阻.公寓楼总热阻（不含R_{si}和R_{se}）

（1/U）R_{si}和R_{se} 温暖气候区	（1/U）R_{si}和R_{se} 温和气候区	（1/U）R_{si}和R_{se} 寒冷气候区	
2.05	2.33	5.39	北墙
2.05	2.33	5.39	南墙
2.05	2.33	5.39	东墙
2.05	2.33	5.39	西墙
2.36	3.71	9.86	屋面
1.65	2.33	4.83	楼板

A1.5.3　各气候区联排住宅中间户的 *U* 值

表 A1.8 所列 *U* 值为建筑物平均 *U* 值，是根据三个不同气候区所在国家 2001 年建筑规范得出的。该 *U* 值包含内部和外部热阻（R_{si}，R_{se}）。

各气候区联排住宅中间户的*U*值　　　　表A1.8

墙体	朝向	面积（ m² ）	*U*值及*g*值		温暖气候区	温和气候区	寒冷气候区
	北	24.2	*U*值		0.53	0.45	0.20
	南	15.2	［W/（m²·K）］		0.53	0.45	0.20
	总体平均	39.4			0.53	0.45	0.20
窗户	北	3.0	*U*值	整体	4.50	2.44	1.74
			［W/（m²·K）］	玻璃70%	5.70	2.76	1.75
				窗框30%	1.70	1.70	1.70
			*g*值		0.86	0.76	0.68
	南	14.0	*U*值	整体	4.50	2.44	1.74
			［W/（m²·K）］	玻璃70%	5.70	2.76	1.75
				窗框30%	1.70	1.70	1.70
			*g*值		0.86	0.76	0.68
	平均	17.0	*U*值	整体	4.50	2.44	1.74
			［W/（m²·K）］	玻璃70%	5.70	2.76	1.75
				窗框30%	1.70	1.70	1.70
			*g*值		0.86	0.76	0.68
屋面		60.0	*U*值	［W/（m²·K）］	0.44	0.28	0.16
楼板		60.0	*U*值	［W/（m²·K）］	0.56	0.39	0.20
整个建筑	总体平均	176.4	*U*值	［W/（m²·K）］	0.89	0.56	0.33

U 值与 *g* 值是根据以下窗型对应选择的。温暖气候区采用单层玻璃窗。在温和气候区采用双层中空玻璃窗，由 4mm 玻璃、12mm 空气间层和 4mm 玻璃构成。在寒冷气候区采用三层玻璃中空窗，其中包括一层 4mm 厚的玻璃、30mm 空气间层，以及由 4mm 厚的玻璃和 12mm 空气间层构成的双层中空玻璃。

A1.5.4　各气候区联排住宅尽端户的 *U* 值

表 A1.9 给出建筑物平均 *U* 值，是根据三个不同气候区所在国家 2001 年建筑规范得出的。该 *U* 值包含内部和外部热阻（R_{si}，R_{se}）。

U 值与 *g* 值是根据以下窗型对应选择的。温暖气候区采用单层玻璃窗。在温和气候区采用玻璃厚度为 4mm，空气间隙为 12mm 的双层中空玻璃窗。在寒冷气候区采用三层玻璃中空窗，其中包括一层 4mm 厚的玻璃、30mm 空气间层，以及由 4mm 厚的玻璃和 12mm 空气间层构成的双层中空玻璃。

各气候区联排住宅尽端户的U值 表A1.9

墙体	朝向	面积（m²）	U值及g值		温暖气候区	温和气候区	寒冷气候区
	北	24.2	U值		0.53	0.45	0.20
	南	15.2	[W/（m²·K）]		0.53	0.45	0.20
	东或西	57.0			0.37	0.36	0.20
	总体平均	96.4			0.44	0.40	0.20
窗户	北	3.0	U值	整体	4.50	2.44	1.74
			[W/（m²·K）]	玻璃70%	5.70	2.76	1.75
				窗框30%	1.70	1.70	1.70
			g值		0.86	0.76	0.68
	南	14.0	U值	整体	4.50	2.44	1.74
			[W/（m²·K）]	玻璃70%	5.70	2.76	1.75
				窗框30%	1.70	1.70	1.70
	东或西	3.0	g值		0.86	0.76	0.68
			U值	整体	4.50	2.44	1.74
			[W/（m²·K）]	玻璃70%	5.70	2.76	1.75
				窗框30%	1.70	1.70	1.70
			g值		0.86	0.76	0.68
	平均	20.0	U值	整体	4.50	2.44	1.74
			[W/（m²·K）]	玻璃70%	5.70	2.76	1.75
				窗框30%	1.70	1.70	1.70
			g值		0.86	0.76	0.68
屋面		60.0	U值	[W/（m²·K）]	0.44	0.28	0.16
楼板		60.0	U值	[W/（m²·K）]	0.56	0.39	0.20
整个建筑	总体平均	236.4	U值	[W/（m²·K）]	0.81	0.54	0.32

A1.5.5 各气候区联排住宅的热阻

表 A1.10 所示 U 值包含内部热阻和外部热阻（R_{si}，R_{se}）。总热阻（R）与 U 值成反比，因此为获得建筑结构的实际热阻必须减去 R_{si} 和 R_{se}。这里减去了楼板结构热阻 $R_{si}=0.17$，减去屋面结构热阻 $R_{si}=0.10$ 和 $R_{se}=0.04$，减去墙体结构热阻 $R_{si}=0.13$ 和 $R_{se}=0.04$。

联排住宅的热阻 表A1.10

热阻 公寓楼总热阻（不含R_{si}和R_{se}）			
（1/U）R_{si}和R_{se}	（1/U）R_{si}和R_{se}	（1/U）R_{si}和R_{se}	
温暖气候区	温和气候区	寒冷气候区	
1.72	2.05	4.83	北墙
1.72	2.05	4.83	南墙
2.53	2.61	4.83	东墙、西墙
2.13	3.43	6.11	屋面
1.62	2.39	4.83	楼板

A1.5.6 各气候区独栋住宅的 U 值和热阻

表 A1.11 和表 A1.12 所示 U 值为建筑物的平均 U 值，是根据三个不同气候区所在国家 2001 年建筑规范得出的。该 U 值包含内部和外部热阻（R_{si}，R_{se}）。

各气候区独栋住宅的U值　　　　　　　　　　　　　　表A1.11

墙体	朝向	面积（m²）	U值及g值		温暖气候区	温和气候区	寒冷气候区
	北	29.1	U值		0.50	0.40	0.20
	南	23.1	［W/（m²·K）］		0.50	0.40	0.20
	东	33.7			0.50	0.40	0.20
	西	27.7			0.50	0.40	0.20
	平均	113.6			0.50	0.40	0.20
窗户	北	1.0	U值	整体	4.50	2.35	1.81
			［W/（m²·K）］	玻璃70%	5.70	2.63	1.85
				窗框30%	1.70	1.70	1.70
			g值		0.86	0.76	0.71
	南	9.0	U值	整体	4.50	2.35	1.81
			［W/（m²·K）］	玻璃70%	5.70	2.63	1.85
				窗框30%	1.70	1.70	1.70
			g值		0.86	0.76	0.71
	东	3.0	U值	整体	4.50	2.35	1.81
			［W/（m²·K）］	玻璃70%	5.70	2.63	1.85
				窗框30%	1.70	1.70	1.70
			g值		0.86	0.76	0.71
	西	9.0	U值	整体	4.50	2.35	1.81
			［W/（m²·K）］	玻璃70%	5.70	2.63	1.85
				窗框30%	1.70	1.70	1.70
			g值		0.86	0.76	0.71
	平均	22.0	U值	整体	4.50	2.35	1.81
			［W/（m²·K）］	玻璃70%	5.70	2.63	1.85
				窗框30%	1.70	1.70	1.70
			g值		0.86	0.76	0.71
屋面		129.7	U值	［W/（m²·K）］	0.45	0.26	0.19
楼板		96.4	U值	［W/（m²·K）］	0.57	0.39	0.20
整个建筑	平均	361.7	U值	［W/（m²·K）］	0.74	0.47	0.29

U 值与 g 值是根据以下窗型对应选择的。温暖气候区采用单层玻璃窗。温和气候区采用玻璃厚度为 4mm，空气间隙为 30mm 的双层中空玻璃窗。寒冷气候区采用双层中空玻璃窗，其中包括 4mm 厚的玻璃、12mm 的空气间层、4mm 厚的玻璃和一层低辐射镀膜。

该 U 值包含内部热阻和外部热阻（R_{si}，R_{se}）。总热阻（R）与 U 值成反比，因此为获得建筑结构的实际热阻必须减去 R_{si} 和 R_{se}。在此减去了楼板结构热阻 $R_{si} = 0.17$，减去屋面结构热阻 $R_{si} = 0.10$ 和 $R_{se} = 0.04$，减去墙体结构热阻 $R_{si} = 0.13$ 和 $R_{se} = 0.04$。

各气候区独栋住宅热阻　　　　　　　　　　　　　　表A1.12

热阻公寓楼总热阻（不含Rsi和Rse）			
（1/U）Rsi和Rse 温暖气候区	（1/U）Rsi和Rse 温和气候区	（1/U）Rsi和Rse 寒冷气候区	
1.83	2.30	4.83	北墙
1.83	2.30	4.83	南墙
1.83	2.33	4.83	东墙
1.83	2.33	4.83	西墙
2.08	3.71	5.12	屋面
1.58	2.39	4.83	楼板

A1.6 按照 EN 832 的计算结果

如图 A1.5 ～图 A1.8 所示，不同气候区内各种建筑形式的实际热损失大不相同。热损失的幅度取决于建筑围护结构的 U 值和各国当地气候条件。在热损失和各气候区度日数之间建立关联，可在一定程度上表现建筑规范对能源性能的影响。如图 A1.9 ～图 A1.12 所示，意大利、英国、苏格兰、比利时、日本 2001 年建筑规范，不如奥地利、瑞士、德国、荷兰、芬兰、挪威、瑞典和加拿大的严格。

A1.6.1 得热和失热

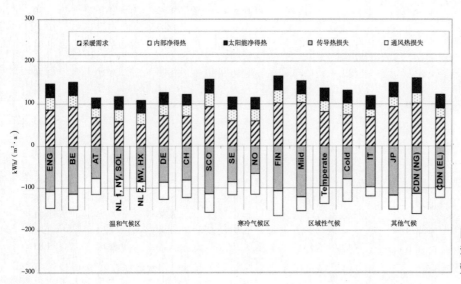

图 A1.5 得热和失热：独栋住宅

资料来源: Johan Smeds

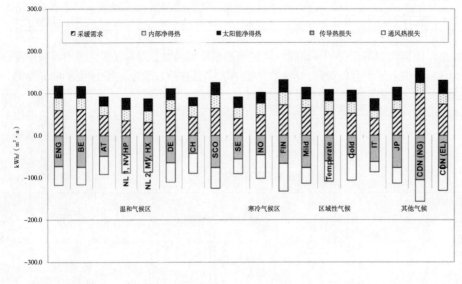

图 A1.6 得热和失热：公寓

资料来源: Johan Smeds

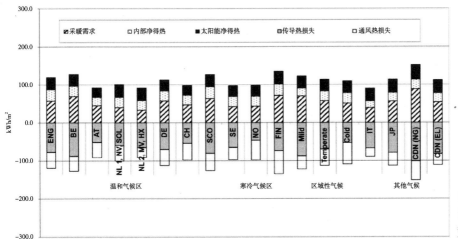

图A1.7 得热和失热：联排住宅中间户

资料来源：Johan Smeds

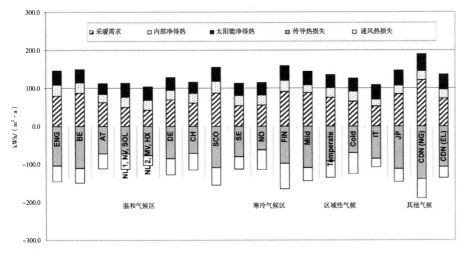

图A1.8 得热和失热：联排住宅尽端户

资料来源：Johan Smeds

A1.6.2 得热和失热除以度日数

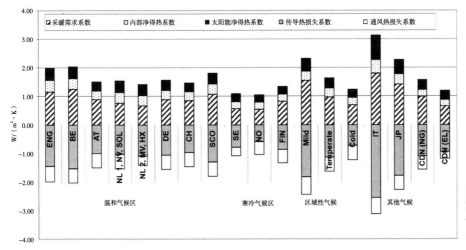

图A1.9 得热和失热除以度日数：独栋住宅

资料来源：Johan Smeds

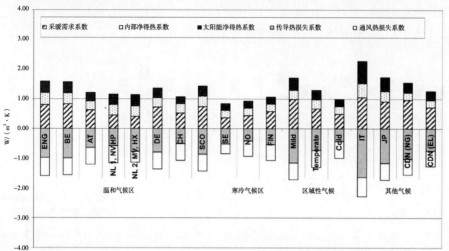

图A1.10 得热和失热
除以度日数：公寓
资料来源：Johan Smeds

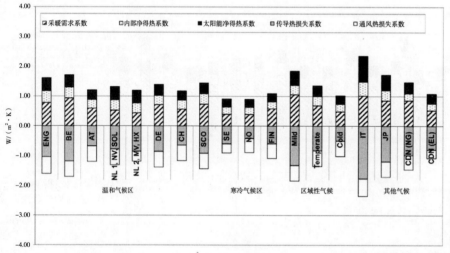

图A1.11 得热和失热
除以度日数：联排住
宅中间户
资料来源：Johan Smeds

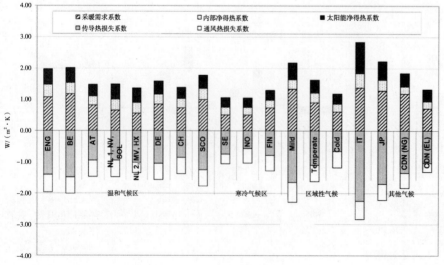

图A1.12 得热和失热
除以度日数：联排住
宅尽端户
资料来源：Johan Smeds

参考文献

Eichhammer, W. and Schlomann B. (1999) *Mure Database Case Study: A Comparison of Thermal Building Regulations in the European Union*, Fraunhofer Institute for Systems and Innovation Research, Karlsruhe, Germany, www.mure2.com/studies.shtml

Heidt, F. D. (1999) *Bilanz, Berechnungswerkzeug, NESA-Datenbank*, Fachgebiet Bauphysik und Solarenergie, Universität Siegen, Siegen, Germany

ISO 13370 (1998) *Thermal Performance of Buildings, Heat Transfer via the Ground, Calculation Methods*, International Organization for Standardization, Geneva, Switzerland

附录2　一次能源与CO_2排放换算系数

Carsten Petersdorff 和 Alex Primas

建筑物采暖和热水供应需要传输和消耗的能源，通常有化石燃料（燃气及燃油）、区域供热、电力或可再生能源，这些能源在转换为热量的过程中会产生不同的CO_2排放。为了判定建筑使用过程中的不同环境影响，本书采用了两个指标：

1. 一次能源：是建筑能耗及能源转换、分配和提取过程中能量损失的总和。
2. CO_2排放：与热能消耗相关，存在于从载能体中提取到转化为热能的整个过程中。CO_2当量排放值（CO_2eq）包括CO_2和所有温室气体，用它来衡量它们对全球气候变暖的影响。

可以采用不同方法来确定一次能源使用量或相关CO_2当量排放。本附录用于说明本书模拟试验中的定义和边界条件：

- 只考虑一次能源中的不可再生部分。
- 一切因素均与下限热值（LHV）相关，因而不包含冷凝消耗的能源。也就是说，理论上讲，当采用冷凝燃气炉时，供热系统效率可能超过100%。不过，我们在此设定燃气效率为100%，石油为98%，生物质颗粒燃料为85%。对于家用热水系统，效率设为85%。
- 空间边界为建筑用地边界，这意味着输送至建筑的各种能源形式是通过加权系数法换算为一次能源和CO_2当量排放。
- 为了更好地对比各模拟结论，这里使用了欧洲平均值。

表A2.1是本书模拟实验中一次能源和CO_2当量排放值的换算系数，该计算基于GEMIS工具（GEMIS，2004）。

一次能源系数（PEF）和CO₂换算系数 表A2.1

一次能源和 CO_2 换算系数	PEF （ kWh$_{pe}$/kWh$_{end}$ ）	CO_{2eq} （ g/kWh ）
轻质油	1.13	311
天然气	1.14	247
硬煤	1.08	439
褐煤	1.21	452
原木	0.01	6
木屑	0.06	35
木质颗粒燃料	0.14	43
欧洲17国混合（EU–17）电力，电网	2.35	430
热电联供（CHP）区域供热——液化燃煤70%，燃油30%	0.77	241
区域供热CHP——液化燃煤35%，燃油65%	1.12	323
区域供热，供热厂；燃油100%	1.48	406
小区热电联供区域供热——液化燃煤35%，油65%	1.10	127
小区区域供热厂；油100%	1.47	323
本地太阳能	0.00	0
平板式太阳能集中供热	0.16	51
光伏（多晶）	0.40	130
风电	0.04	20

需要注意的是，一次能源和 CO_2 转换系数因具体国家环境的不同而各异。尤其是不同的电力换算系数对国家层面的分析结论有显著影响（见图 A1.1 和图 A1.2）。但另一方面，由于电力市场是国际性的，而这会使应用 EU–17 电网的平均值变得更为合理。

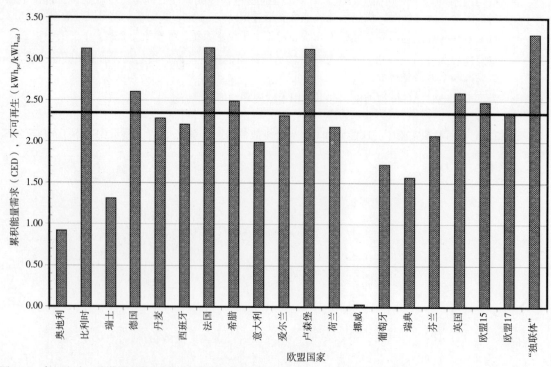

图A2.1　各国电力一次能源系数；图中黑横线表示本书所采用的EU–17 混合电力的系数

资料来源：Corsten Petersdorff 和Alex Primas

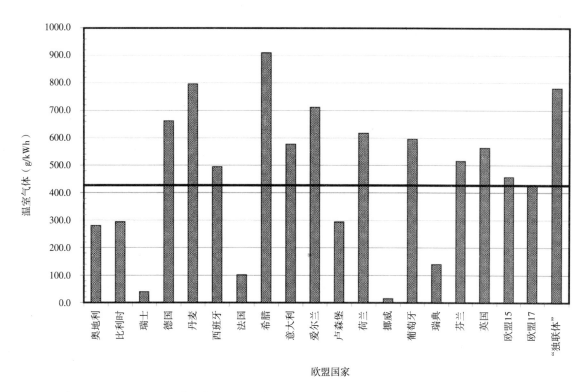

图A2.2 各国电力CO₂当量排放换算系数；图中黑横线表示本书所采用的EU–17混合电力的系数

资料来源：Corsten Petersdorff 和Alex Primas

A2.1 全生命周期分析设想

全生命周期分析中（见本篇第3章），使用了欧洲电力传输协调联盟（UCTE）的混合电力。表A2.2 所示为全生命周期分析中的电力（UCTE 混合电力）的一次能源系数，以及在各典型示范方案能源分析中的电力（EU17 混合电力）的一次能源系数。欧洲电力传输协调联盟和欧盟17 国的混合电力不同，导致这两个数值存在差异。另外，由于两个数据源（Frischknecht et al, 1996；GEMIS, 2004）各自的方法论中对基准（热值）的定义不同，从而使其中的差异变得更为明显。

	电力（不可再生）的一次能源系数		表A2.2
系统	基准	一次能源系数（PEF） （kWh$_{pe}$/kWh$_{end}$）	数据源
UCTE 混合电力	总热值	3.56	Frischknecht et al（1996）
EU 17 混合电力	净热值	2.35	GEMIS（2004）

参考文献

Frischknecht, R., Bollens, U., Bosshart, S., Ciot, M., Ciseri, L., Doka, G., Hischier, R., Martin, A., Dones, R. and Gantner, U. (1996) *Ökoinventare von Energiesystemen, Grundlagen für den ökologischen Vergleich von Energiesystemen und den Einbezug von Energiesystemen in Ökobilanzen für die Schweiz*, Bundesamt für Energie, (BfE), Bern, Switzerland

GEMIS (2004) *GEMIS: Global Emission Model for Integrated Systems*, Öko-Institut, Darmstadt, Germany

附录3 太阳能保证率的定义

Tobias Bostrom

为了对各太阳能系统进行模拟，这里采用了瑞士拉珀斯维尔太阳能实验室 SPF 的 Polysun 程序。这套程序为用户提供了近 100 种不同的参数。如此高的灵活性可适应大量不同运行方式的主动式太阳能供热系统的定义和分析。

针对此项研究，这里专门创建了一个连接子程序，以便使 Derob－LTH 建筑模拟程序中输出的文件嵌入 Polysun。Polysun 程序中采用的小时气象资料来自 Meteonorm。因而在各气候区中，建筑太阳能系统的模拟可以非常精确。

最清晰准确的太阳能保证率（*SF*）的定义，必须与参照系统关联在一起考虑。比如该参照系统可以是冷凝气或是生物质采暖系统。为计算太阳能保证率，首先要进行没有太阳能集热器条件下辅助能源需求量（Aux_0，以 kWh 计）的模拟计算。然后模拟带有太阳能系统的建筑，以确定该条件下的辅助能源需求（Aux_1）。接下来便可通过以下公式计算太阳能保证率：

$$SF = 1 - \frac{Aux_1}{Aux_0} \tag{A3.1}$$

然而 Polysun 是以储水箱输入量——而不是输出量，来计算太阳能保证率。于是太阳能保证率的定义是太阳能储热量与总储热量（包括辅助热量输入）之比。

$$SF_{替代} = \frac{太阳能}{辅助能源 ＋太阳能} = \frac{Q_{太阳能储热量}}{Q_{辅助储热量} + Q_{太阳能储热量}} \tag{A3.2}$$

因为其中不反映系统损失，这将导致 Polysun 高估主动式太阳能系统的太阳能保证率。不过本研究中的所有出现的太阳能保证率，都是按照前一个定义公式计算的，没有采用 Polysun 的定义。

附录4　国际能源署

S. Robert Hastings

A4.1　简介

本书介绍的工作内容均在国际能源署（IEA）两个执行协议的资助框架下完成：

1. 太阳能供热与供冷（SHC）；
2. 建筑和社区系统节能（ECBCS）。

本书内容为研究项目 SHC 任务 28 / ECBCS 附件 38：可持续太阳能住宅。

A4.2　国际能源署

国际能源署（IEA）成立于 1974 年，是隶属于经济合作与发展组织（OECD）框架下的一个独立机构，旨在于欧洲共同体 25 个成员国间广泛推行能源合作项目。

国际能源署的一项重要工作就是协调新能源技术的研究、开发和示范，从而降低对进口石油的过度依赖，促进长期能源安全并减少温室气体排放。国际能源署总部设在巴黎，其关于太阳能供热与制冷的研发活动是在能源研究与技术委员会（CERT）领导下，并在秘书处成员的支持下进行的。另外，能源署有三个工作组负责监督各种能源合作协议，拓展新的合作区域，并且对能源研究和技术委员会议题给予指导。

不同能源技术领域的合作项目需要按照协议各方（政府机构或政府机构指定单位）签订的实施合约来执行。目前有涉及化石燃料技术、可再生能源技术、终端能源节能技术、核聚变科学与技术以及能源技术信息中心等 42 个实施中的协议。

IEA 总部
9，rue de la Federation
75739 Paris Cedex 15，France
Tel：+33 1 40 57 65 00/01
Fax：+33 1 40 57 65 59
info@iea.org

A4.3   太阳能供热与制冷项目

太阳能供热与制冷项目是首批 IEA 实施协议中的一项。自 1977 年以来，能源署成员一直积极合作推广主动式太阳能、被动式太阳能和光伏技术及其在建筑中的应用。

能源署共提出了 36 项任务，其中的 27 项已经圆满完成。每项任务都会由来自其中一个成员国的执行机构进行管理。整个项目则由协议中各国代表组成的执行委员会全面控制。除此以外，能源署还组织有工作组、会议和研讨等多项专设活动。国际能源署的太阳能供热与制冷项目包括以下（已完成的和操作中的）任务：

已完成任务：

1. 太阳能供热与制冷系统性能调查；
2. 太阳能供热与制冷的研发合作；
3. 太阳能集热器性能测试；
4. 日照手册和工具包开发；
5. 既有气象信息在太阳能应用技术中利用；
6. 真空集热太阳能系统的性能；
7. 季节储热式太阳能集中供热系统；
8. 被动式与混合式太阳能低能耗建筑；
9. 太阳辐射与天空辐射测量方法研究；
10. 太阳能材料研究与开发；
11. 被动式与混合式太阳能商业建筑；
12. 太阳能应用技术的建筑能源分析与设计工具；
13. 先进太阳能低能耗建筑；
14. 先进主动式太阳能系统；
15. 建筑的光伏系统；
16. 光谱辐射测量与模拟；
17. 太阳能应用技术中的先进玻璃材料；
18. 太阳能空气系统；
19. 建筑改造中的太阳能；
20. 建筑自然采光；
21. 建筑能源分析工具；
22. 大型建筑的太阳能利用优化；
23. 主动式太阳能获取；
24. 太阳能辅助建筑空调系统；
25. 太阳能联合系统；
26. 太阳能幕墙构件的性能；
27. 可持续太阳能住宅。

进行中的任务：

28. 太阳能谷物干燥技术；
29. 21 世纪的自然采光建筑；
30. 先进太阳能储热概念；
31. 低能耗建筑中的系统；
32. 用于工业过程的光热技术；
33. 建筑能源模拟工具的测试与验证；
34. 光伏 / 光热系统；
35. 太阳能资源知识管理；
36. 应用太阳能与节能技术的高水平房屋改造。

想要了解更多国际能源署太阳能供热与制冷项目的资料，请登录网址：www.iea-shc.org，或联系执行秘书 Pamela Murphy；邮箱 pmurphy@MorseAssociatesInc.com.

A4.4 建筑和社区系统节能项目

国际能源署在能源相关领域展开多方面研究与开发。建筑和社区系统节能项目（ECBCS）就是其中之一，旨在通过在决策、建设组合系统与商业化过程中不断创新和研究，以加快和促进在绿色建筑和社区中引入节能和环境可持续技术。由于国际能源署成员国在建筑工程、能源市场和研究方面面临诸多能源环境挑战，迫切需要在 ECBCS 研发项目中寻求合作。ECBCS 面临的重要挑战和机遇主要在以下方面：

- 信息技术开发与创新；
- 节能措施对室内健康和可用性的影响；
- 将建筑节能措施与不断变化的生活方式、工作环境和商业环境相结合。

A4.4.1 执行委员会

本项目由执行委员会全面掌握，不仅需要监督现有项目，还需要确定适宜合作的新领域。迄今为止，该执行委员会已在建筑与社区节能系统中开展以下项目。

已完成的附件（即子项目）：

1. 建筑物负荷能量的确定；
2. 人类环境生态学与高级社区能源系统；
3. 住宅中的节能措施；
4. 格拉斯哥商业建筑监测；
5. 社区能源系统与设计；
6. 地方政府能源规划；
7. 居住者行为对通风的影响；
8. 最低通风量；

9. 建筑暖通空调系统模拟；

10. 能源审计；

11. 窗户及其布局；

12. 医院能源管理；

13. 冷凝与能源；

14. 学校的能效；

15. BEMS 1– 用户界面与系统集成；

16. BEMS 2– 评估与仿真技术；

17. 需求控制通风系统；

18. 低坡度屋顶系统；

19. 建筑内部气流分布；

20. 热工模拟；

21. 高能效社区；

22. 多分区气流模拟（COMIS）；

23. 围护结构内的热量、空气与水分转移；

24. HEVAC 实时模拟；

25. 大空间节能通风；

26. 室内通风系统的评估与示范；

27. 低能耗制冷系统；

28. 建筑采光；

29. 将模拟应用于实践；

30. 建筑能源环境影响；

31. 建筑围护结构整体性能评估；

32. 高水平小区能源规划；

33. 计算机辅助暖通空调系统性能评估；

34. 高能效混合通风（HYBVENT）设计；

35. 教育建筑改造；

36. 建筑供热与制冷的低㶲系统（LowEx）；

37. 可持续太阳能住宅；

38. 高性能保温系统；

39. 增强能效的建筑空调系统运行。

进行中的附件（即子项目）：

40. 空气渗透率与换气中心；

41. 建筑整体热量、空气与水分响应（MOIST – ENG）；

42. 建筑集成燃料电池和其他联合系统（COGEN – SIM）模拟；

43. 建筑能源模拟软件的测试与验证；

44. 环保型构件在建筑中的整合应用；

45. 未来的建筑高效照明；

46. 政府建筑节能改造措施的全面评估工具集（EnERGo）；

47. 现状建筑和低能耗建筑的高成本效益运行；

48. 热泵与可逆式空调；

49. 高性能建筑环境和社区的低烟系统；

50. 低能耗 / 高舒适性建筑更新的预制系统。

想要了解更多 ECBCS 项目资料，请访问：www.ecbcs.org

A4.5　IEA SCH 任务 28 / ECBCS 38：可持续太阳能住宅

持续时间：2000 年 4 月至 2005 年 4 月

目标：国际能源署本次研究活动的目标，是通过对市场策略、设计与施工概念、示范住房项目展示和项目监测结果等进行研究和交流，帮助会员国在 2010 年之前有效实现可持续太阳能住宅的市场化。研究中已通过多种途径对研究结果进行交流：

- 已在 IEA SHC 的网站上发布了一本小册子："可持续住宅的商机"，可访问网站：www.iea-shc.org，同时也可以通过挪威国家住房银行获得纸张印刷版小册子：www.husbanken.no；

- IEA SHC 网站上以 PDF 格式发表的 30 个示范建筑手册，作为本书各章的基础资料，均以当地语言撰写。（www.iea-shc.org）；

- 参考图书《采冷需求为主气候区中的可持续太阳能住宅》（Sustainable Solar Housing for Cooling Dominated Climates）（即将出版）；

- 图书《环境设计大纲》（The Environmental Design Brief）（即将出版）

图A4.5.1　瑞士Bruttisholz超低能耗住宅，由建筑师 Norbert Aregger 设计

资料来源：D. Enz, AEU GmbH, CH -8304 Wallisellen

A4.5.1　对 IEA SHC 任务 28 / ECBCS 附件 38：可持续太阳能住宅项目作出贡献的积极参与者

项目负责人
S. Robert Hastings
（子任务 B 联合负责人）
AEU Architecture，Energy and
Environment Ltd
Wallisellen，Switzerland

奥地利
Gerhard Faninger
University of Klagenfurt
Klagenfurt，Austria

Sture Larsen
Architekturb ü ro Larsen
A–6912 HÖrbranz，Austria

Helmut Schöberl
Schöberl & PÖll OEG
Wien，Austria

澳大利亚
Richard Hyde
（制冷研究组负责人）
University of Queensland
Brisbane，Australia

巴西
Marcia Agostini Ribeiro
Federal University of Minas
Gerais
Belo Horizonte，Brazil

加拿大
Pat Cusack
Arise Technologies
Corporation
Kitchener，Ontario
Canada

捷克
Miroslav Safarik
Czech Environmental Institute
Praha，Czech Republic

芬兰
Jyri Nieminen
VTT Building and Transport
Finland

德国
Christel Russ
Karsten Voss
（子任务 D 联合负责人）
Andreas Buehring
Fraunhofer ISE
Freiburg，Germany

Hans Erhorn/
Johann Reiss
Fraunhofer Inst. f ü r Bauphysik
Stuttgart，Germany

Frank D. Heidt/
Udo Giesler
UniversitÄt–GH Siegen，
Germany

Berthold Kaufmann
Passivhaus Institut
Darmstadt，Germany

Joachim Morhenne
Ing.b ü ro Morhenne GbR
Wuppertal，Germany

Carsten Petersdorff
Ecofys GmbH
KÖln，Germany

伊朗
Vahid Ghobadian
（邀请专家）
Azad Islamic
Tehran，Iran

意大利
Valerio Calderaro
University La Sapienza of
Rome，Italy

Luca Pietro Gattoni
Politecnico di Milano
Milan，Italy

Francesca Sartogo
PRAU Architects
Rome，Italy

日本
Kenichi Hasegawa
Org. Akita Prefectural
University，Akita
Japan

Motoya Hayashi
Miyagigakuin Women's
College，Sendai
Japan

Nobuyuki Sunaga
Tokyo Metropolitan University
Tokyo，Japan

荷兰
Edward Prendergast/
Peter Erdtsieck
（子任务 A 联合负责人）
MoBius consult bv.
Driebergen–Rijsenburg,
The Netherlands

新西兰
Albrecht Stoecklein
Building Research Assoc.
Porirua, New Zealand

挪威
Tor Helge Dokka
SINTEF
Trondheim, Norway

Anne Gunnarshaug Lien
（子任务 C 负责人）
Enova SF
Trondheim, Norway

Trond Haavik
Segel AS
Nordfjordeid, Norway

Are Rodsjo
Norwegian State Housing
Bank
Trondheim, Norway

Harald N. Rostvik
Sunlab/ABB Building Systems
Stavanger, Norway

瑞典
Maria Wall
（子任务 B 联合负责人）
Lund University
Lund, Sweden

Hans Eek
Arkitekt Hans Eek AB,
Alingsås
Sweden

Tobias Boström
Uppsala University, Sweden

Johan Nilsson/Björn Karlsson
Lund University
Lund, Sweden

瑞士
Tom Andris
Renggli AG
Switzerland

Anne Haas
EMPA
Dübendorf, Switzerland

Annick Lalive d'Epinay
Fachstelle Nachhaltigkeit
Amt für Hochbauten
Postfach, CH–8021 Zürich
Switzerland

Daniel Pahud
SUPSI – DCT – LEEE
Canobbio, Switzerland

Alex Primas
Basler and Hofmann
CH 8029 Zurich, Switzerland

英国
Gökay Deveci
Robert Gordon, University of
Aberdeen, Scotland, UK

美国
Guy Holt
Coldwell Banker
Kansas City MO, US

缩略语表（List of Acronyms and Abbreviations）

ach	air changes per hour 每小时换气次数	
ATS	architecture towards sustainability 可持续性建筑	
A/V	area to volume ratio 面积体积比	
BI	business intelligence 商务情报	
℃	Celsius 摄氏度	
CED	cumulative energy demand 累积能源需求	
CERT	Committee on Energy Research and Technology 能源研究与技术委员会	
CHP	combined heat and power 热电联产	
CI	competitive intelligence 竞争情报	
cm	centimetre 厘米	
CO_2	carbon dioxide 二氧化碳	
CO_{2eq}	carbon dioxide equivalent 二氧化碳当量	
COP	coefficient of performance 性能系数	
DHW	domestic hot water 生活热水	
ECBCS	Energy Conservation in Buildings and Community Systems 建筑和社区系统节能项目	
EPS	expanded polystyrene insulation 膨胀聚苯乙烯保温层	
ERDA	US Energy and Research Administration 美国能源研究开发署	
EU	European Union 欧盟	
GW	gigawatt 吉瓦，十亿瓦特	
h	hour 小时	
HVAC	heating，ventilating and air conditioning 暖通空调	
IEA	International Energy Agency 国际能源署	
ISO	International Organization for Standardization 国际标准化组织	
K	kelvin 开尔文	
kg	kilogram 千克	
kW	kilowatt 千瓦	
L	litre 升	
LCA	life-cycle analysis 全生命周期分析	
LCI	life-cycle inventory 全生命周期清单	
LCIA	life-cycle impact assessment 全生命周期影响评估	
LHV	lower heating value 下限热值	
m	metre 米	
MCDM	multi-criteria decision-making 多准则决策	
MW	megawatt 兆瓦，百万瓦特	

NO_x	nitrogen oxide 氮氧化物
OECD	Organisation for Economic Co-operation and Development 经济合作与发展组织
Pa	Pascal 帕，帕斯卡
PEF	primary energy factor 一次能源系数
PEST	political，economical，social and technological 政治－经济－社会－技术分析法
PV	photovoltaic（s）光伏
SF	solar fraction 太阳能保证率
SHC	Solar Heating and Cooling Programme 太阳能供热与供冷计划
SO_2	sulphur dioxide 二氧化硫
SPF	seasonal performance factor 季节性能系数
SWOT	strengths，weaknesses，opportunities and threats 优势－劣势－机遇－威胁分析法
TIM	transparent insulation materials 透明保温材料
TQA	total quality assessment 全面质量评估
UCTE	Union for the Coordination of Transmission of Electricity 欧洲输电联盟
UK	United Kingdom 英国
US	United States 美国
VOC	volatile organic compound 挥发性有机化合物
W	watt 瓦

撰稿人名录 (List of Contributors)

Inger Andresen
Architecture and Building Technology
SINTEF Technology and Society
Trondheim, Norway

Tobias Boström
Solid State Physics
Uppsala University, Sweden
Tobias.Bostrom@angstrom.uu.se

Manfred Bruck
Kanzlei Dr Bruck
A-1040 Wien, Austria
bruck@ztbruck.at

Tor Helge Dokka
Architecture and Building Technology
SINTEF Technology and Society,
Trondheim, Norway
Tor.H.Dokka@sintef.no

Annick Lalive d'Epinay
Fachstelle Nachhaltigkeit
Amt für Hochbauten
Postfach, CH-8021 Zurich
Switzerland
abbick.lalive@zuerich.ch
www.stadt-zuerich.ch/nachhaltiges-bauen

Helena Gajbert
Energy and Building Design
Lund University
PO Box 118
SE-221 00
Lund, Sweden
Helena.Gajbert@ebd.lth.se

Susanne Geissler
Arsenal Research
Geschäftsfeld: Nachhaltige Energiesysteme
A-1210 Wien, Austria
susanne.geissler@arsenal.ac.at

Udo Gieseler
Contact: Professor Frank Heidt
Division of Building Physics and Solar Energy
University of Siegen, Germany

Trond Haavik
Synnøve Aabrekk
Segel AS
N-6771 Nordfjordeid
Norway
trond@segel.no

S. Robert Hastings
AEU Architecture, Energy
and Environment Ltd
Wallisellen, Switzerland
robert.hastings@aeu.ch

Anne Grete Hestnes
Faculty of Architecture
Norwegian University of Science
and Technology
Trondheim, Norway

Lars Junghans
Passivhaus Institut
D- 64283
Darmstadt, Germany
www.passiv.de

Berthold Kaufmann
Passivhaus Institut
D- 64283
Darmstadt, Germany
www.passiv.de

Sture Larsen
Architekturbüro Larsen
A-6912 Hörbranz, Austria
www.solarsen.com

Joachim Morhenne
Ingenieurbuero Morhenne GbR,
Wuppertal, Germany
info@morhenne.com

Kristel de Myttenaere
Architecture et Climat
Université Catholique de Louvain
B-1348 Louvain-la-Neuve, Belgium
www.climat.arch.ucl.ac.be

Carsten Petersdorff
Energy in the Built Environment
Ecofys GmbH
D-50933 Köln, Germany
c.petersdorff@ecofys.de
www.ecofys.de

Luca Pietro Gattoni
Building Environment Science
and Technology
Politecnico di Milano, Italy
luca.gattoni @polimi.it

Edward Prendergast
moBius Consult
NL 3971 Driebergen-Rijsenburg,
The Netherlands
Edward@moBiusconsult.nl

Alex Primas
Basler and Hofmann
CH 8029 Zurich, Switzerland
alex.primas@bhz.ch
www.bhz.ch

Martin Reichenbach
Reinertsen Engineering AS
Avdeling for Arkitektur
N 0216 Oslo, Norway

Johan Smeds
Energy and Building Design
Lund University
Lund, Sweden
Johan.Smeds@ebd.lth.se

Maria Wall
Energy and Building Design
Lund University
Lund, Sweden
maria.wall@ebd.lth.se